全国高等职业教育"十三五"规划教材

物联网技术概论
第2版

季顺宁　编著

机械工业出版社

本书紧紧围绕物联网中"感知、传输、应用"涉及的 3 项技术架构物联网技术知识体系，比较全面地介绍了物联网的基本概念、体系结构、软硬件平台系统组成、关键技术以及主要应用领域与发展；感知技术、射频识别（RFID）工作组成和原理及应用；传感器及传感网的基本知识及应用；与物联网相关的无线通信与网络技术及其关键支撑技术等；应用技术、中间件及云计算等；物联网的应用；物联网的安全。

本书可以作为高职高专院校物联网专业的专业基础课教材，也可以作为通信、计算机等相关专业学生的选修课教材，还可以作为从事物联网相关工作研究人员、工程技术人员的参考用书。

本书配有授课电子课件，需要的教师可登录 www.cmpedu.com 免费注册、审核通过后下载，或联系编辑索取（QQ：1239258369，电话：010-88379739）。

图书在版编目（CIP）数据

物联网技术概论 / 季顺宁编著. —2 版. —北京：机械工业出版社，2016.10（2019.9重印）
全国高等职业教育"十三五"规划教材
ISBN 978-7-111-56103-3

Ⅰ. ①物… Ⅱ. ①季… Ⅲ. ①互联网络－应用－高等职业教育－教材
②智能技术－应用－高等职业教育－教材 Ⅳ. ①TP393.4 ②TP18

中国版本图书馆 CIP 数据核字（2017）第 031656 号

机械工业出版社（北京市百万庄大街 22 号 邮政编码 100037）

策划编辑：王 颖 责任编辑：王 颖
责任校对：张艳霞 责任印制：孙 炜

河北宝昌佳彩印刷有限公司印刷

2019 年 9 月第 2 版·第 5 次印刷
184mm×260mm·12.75 印张·303 千字
12001–15000 册
标准书号：ISBN 978-7-111-56103-3
定价：36.00 元

出 版 说 明

《国务院关于加快发展现代职业教育的决定》指出：到 2020 年，形成适应发展需求、产教深度融合、中职高职衔接、职业教育与普通教育相互沟通，体现终身教育理念，具有中国特色、世界水平的现代职业教育体系，推进人才培养模式创新，坚持校企合作、工学结合，强化教学、学习、实训相融合的教育教学活动，推行项目教学、案例教学、工作过程导向教学等教学模式，引导社会力量参与教学过程，共同开发课程和教材等教育资源。机械工业出版社组织全国 60 余所职业院校（其中大部分是示范性院校和骨干院校）的骨干教师共同策划、编写并出版的"全国高等职业教育规划教材"系列丛书，已历经十余年的积淀和发展，今后将更加结合国家职业教育文件精神，致力于建设符合现代职业教育教学需求的教材体系，打造充分适应现代职业教育教学模式的、体现工学结合特点的新型精品化教材。

"全国高等职业教育规划教材"涵盖计算机、电子和机电三个专业，目前在销教材 300 余种，其中"十五""十一五""十二五"累计获奖教材 60 余种，更有 4 种获得国家级精品教材。该系列教材依托于高职高专计算机、电子、机电三个专业编委会，充分体现职业院校教学改革和课程改革的需要，其内容和质量颇受授课教师的认可。

在系列教材策划和编写的过程中，主编院校通过编委会平台充分调研相关院校的专业课程体系，认真讨论课程教学大纲，积极听取相关专家意见，并融合教学中的实践经验，吸收职业教育改革成果，寻求企业合作，针对不同的课程性质采取差异化的编写策略。其中，核心基础课程的教材在保持扎实的理论基础的同时，增加实训和习题以及相关的多媒体配套资源；实践性较强的课程则强调理论与实训紧密结合，采用理实一体的编写模式；涉及实用技术的课程则在教材中引入了最新的知识、技术、工艺和方法，同时重视企业参与，吸纳来自企业的真实案例。此外，根据实际教学的需要对部分课程进行了整合和优化。

归纳起来，本系列教材具有以下特点：

1）围绕培养学生的职业技能这条主线来设计教材的结构、内容和形式。

2）合理安排基础知识和实践知识的比例。基础知识以"必需、够用"为度，强调专业技术应用能力的训练，适当增加实训环节。

3）符合高职学生的学习特点和认知规律。对基本理论和方法的论述容易理解、清晰简洁，多用图表来表达信息；增加相关技术在生产中的应用实例，引导学生主动学习。

4）教材内容紧随技术和经济的发展而更新，及时将新知识、新技术、新工艺和新案例等引入教材。同时注重吸收最新的教学理念，并积极支持新专业的教材建设。

5）注重立体化教材建设。通过主教材、电子教案、配套素材光盘、实训指导和习题及解答等教学资源的有机结合，提高教学服务水平，为高素质技能型人才的培养创造良好的条件。

由于我国高等职业教育改革和发展的速度很快，加之我们的水平和经验有限，因此在教材的编写和出版过程中难免出现问题和疏漏。我们恳请使用这套教材的师生及时向我们反馈质量信息，以利于我们今后不断提高教材的出版质量，为广大师生提供更多、更适用的教材。

机械工业出版社

前　言

物联网是国家新兴战略产业中信息产业发展的核心领域之一，将在国民经济发展中发挥重要的作用。目前，物联网是全球研究的热点问题之一，国内外都把它的发展提到了国家级的战略高度，称之为继计算机、互联网之后世界信息产业的第三次浪潮。新技术发展需要大批专业技术人才。为适应国家战略性新兴产业发展的需要，加大信息网络高级专门人才的培养力度，许多高职院校利用已有的基础和教学条件，设置物联网相关技术专业，或修订人才培养计划，推进课程体系、教学内容、教学方法的改革和创新，以满足新兴产业发展对物联网技术人才的迫切需求。为适应电气信息类相关专业的教学需要，编者编写了这本书。

物联网是通过各种信息传感设备及系统（传感网、射频识别系统、红外感应器、激光扫描器等）、条码与二维码、全球定位系统，按约定的通信协议，将物与物、人与物连接起来，通过各种接入网、互联网进行信息交换，以实现智能化识别、定位、跟踪、监控和管理的一种信息网络。物联网的主要特征是每一个物件都可以寻址，每一个物件都可以控制，每一个物件都可以通信。显然，它作为"感知、传输、应用"3项技术相结合的一种产物，是一种全新的信息获取和处理技术。因此，本书将紧紧围绕物联网中相关技术构建知识体系，分为物联网概述、感知技术、通信技术、应用技术、物联网应用及物联网安全共6章内容，比较全面地介绍了物联网的概念、实现技术和典型应用。

《物联网技术概论 第2版》中更新了部分内容：增加了定位系统、数据库系统及移动互联网等技术内容；提高了可读性、易读性；增加了部分习题。本书在编写过程中得到了南京信息职业技术学院相关领导、老师以及学生的支持和帮助。在此，向所有为本书的出版做出贡献的人们表示衷心感谢！

鉴于编者水平有限，书中难免存在疏漏和不足，恳请广大读者批评指正。

编　者

目 录

出版说明
前言
第1章 物联网概述 ……………………………………………………………………… 1
  1.1 物联网相关的概念 …………………………………………………………… 1
    1.1.1 物联网 ……………………………………………………………………… 1
    1.1.2 无线传感器网络 …………………………………………………………… 3
    1.1.3 泛在网络 …………………………………………………………………… 4
    1.1.4 物联网、传感网与泛在网之间的关系 …………………………………… 4
  1.2 物联网的特点与发展 ………………………………………………………… 5
    1.2.1 物联网的特点 ……………………………………………………………… 5
    1.2.2 物联网的发展 ……………………………………………………………… 6
  1.3 物联网体系架构 ……………………………………………………………… 7
    1.3.1 感知层 ……………………………………………………………………… 8
    1.3.2 网络层 ……………………………………………………………………… 8
    1.3.3 应用层 ……………………………………………………………………… 9
  1.4 物联网的技术体系框架 ……………………………………………………… 9
    1.4.1 感知层技术 ………………………………………………………………… 10
    1.4.2 网络层技术 ………………………………………………………………… 11
    1.4.3 应用层技术 ………………………………………………………………… 12
  1.5 本章小结 ……………………………………………………………………… 14
  1.6 习题 …………………………………………………………………………… 14
第2章 感知技术 ………………………………………………………………………… 15
  2.1 嵌入式系统 …………………………………………………………………… 15
    2.1.1 嵌入式系统的概念 ………………………………………………………… 15
    2.1.2 嵌入式系统的组成 ………………………………………………………… 17
    2.1.3 嵌入式系统的应用 ………………………………………………………… 23
  2.2 传感器技术 …………………………………………………………………… 24
    2.2.1 传感器的概念 ……………………………………………………………… 24
    2.2.2 传感器的组成 ……………………………………………………………… 25
    2.2.3 传感器的分类 ……………………………………………………………… 26
    2.2.4 常用传感器 ………………………………………………………………… 27
  2.3 无线传感器网络 ……………………………………………………………… 37
    2.3.1 无线传感器网络的发展 …………………………………………………… 37
    2.3.2 无线传感器网络的结构 …………………………………………………… 38

      2.3.3 无线传感器网络的特点 ·· 42

      2.3.4 无线传感器网络的应用 ·· 43

   2.4 RFID 系统 ··· 46

      2.4.1 RFID 系统的组成 ·· 46

      2.4.2 RFID 系统的工作原理 ·· 50

      2.4.3 RFID 系统的分类 ·· 54

      2.4.4 RFID 系统的应用 ·· 57

   2.5 条形码技术 ··· 59

      2.5.1 一维条形码 ··· 59

      2.5.2 二维条形码 ··· 61

   2.6 定位 ·· 63

      2.6.1 位置信息 ·· 63

      2.6.2 定位系统 ·· 64

      2.6.3 定位技术 ·· 65

   2.7 本章小结 ·· 66

   2.8 习题 ·· 67

第 3 章 通信技术 ··· 69

   3.1 数字通信 ·· 69

      3.1.1 数字通信概述 ·· 69

      3.1.2 数据链路传输控制规程 ·· 77

      3.1.3 数据传输 ·· 81

      3.1.4 数据交换技术 ·· 82

   3.2 移动通信 ·· 90

      3.2.1 移动通信概述 ·· 90

      3.2.2 GSM 全球移动通信系统 ··· 93

      3.2.3 CDMA 移动通信系统 ·· 102

      3.2.4 3G 移动通信技术标准 ·· 108

      3.2.5 移动互联网 ·· 110

   3.3 短距离无线通信 ··· 111

      3.3.1 蓝牙技术 ·· 111

      3.3.2 ZigBee 无线接入技术 ··· 119

      3.3.3 超宽带 ··· 123

   3.4 本章小结 ··· 128

   3.5 习题 ·· 129

第 4 章 应用技术 ··· 130

   4.1 物联网中间件 ··· 130

      4.1.1 中间件的概述 ··· 130

      4.1.2 RFID 中间件定义 ·· 132

      4.1.3 典型的 RFID 中间件模型 ······································ 133

4.2　云计算 ··· 134
　　4.2.1　云计算的概念 ··· 134
　　4.2.2　云计算的架构 ··· 135
　　4.2.3　云计算的关键技术 ··· 136
　　4.2.4　典型云计算平台介绍 ··· 138
　　4.2.5　云计算主要服务形式 ··· 142
4.3　M2M ··· 142
　　4.3.1　M2M 概述 ··· 143
　　4.3.2　M2M 系统架构 ·· 144
　　4.3.3　M2M 支撑技术 ·· 144
　　4.3.4　M2M 业务应用 ·· 146
　　4.3.5　M2M 发展现状 ·· 147
4.4　数据库系统 ·· 149
　　4.4.1　数据库的基本结构 ·· 150
　　4.4.2　数据库的特点 ·· 150
　　4.4.3　数据结构模型 ·· 150
　　4.4.4　层次、网状和关系数据库系统 ·· 151
4.5　本章小结 ··· 151
4.6　习题 ··· 152
第5章　物联网应用 ·· 153
5.1　智能电网 ··· 153
　　5.1.1　智能电网概述 ·· 153
　　5.1.2　物联网在智能电网中应用的基本架构 ·· 154
　　5.1.3　物联网在智能电网中的应用模型 ··· 156
5.2　智能交通系统 ·· 157
　　5.2.1　智能交通系统概述 ·· 158
　　5.2.2　智能交通系统服务领域架构 ··· 158
　　5.2.3　ITS 中 6 项重要的关键技术 ··· 159
5.3　智能家居 ··· 163
　　5.3.1　智能家居概述 ·· 164
　　5.3.2　智能家居系统体系结构 ··· 164
　　5.3.3　智能家居系统主要模块设计 ··· 165
　　5.3.4　远程医疗系统设计 ·· 168
5.4　智能物流 ··· 169
　　5.4.1　智能物流概述 ·· 169
　　5.4.2　智能物流系统案例——物流园区供应链管理平台 ·························· 170
　　5.4.3　智能物流系统案例——商业卷烟物流配送中心物联网总体架构 ·········· 173
5.5　本章小结 ··· 174
5.6　习题 ··· 175

第 6 章　物联网安全 ·· 176

　　6.1　信息安全 ·· 176

　　　　6.1.1　信息安全的基本概念 ·· 176

　　　　6.1.2　信息安全的分类 ··· 177

　　6.2　无线传感器网络安全 ·· 180

　　　　6.2.1　传感器网络的安全机制 ·· 180

　　　　6.2.2　传感器网络的安全分析 ·· 181

　　6.3　RFID 安全 ·· 182

　　　　6.3.1　RFID 的安全和隐私问题 ·· 183

　　　　6.3.2　RFID 安全解决方案 ·· 186

　　6.4　物联网安全体系 ··· 188

　　　　6.4.1　物联网的安全层次模型及体系结构 ···································· 188

　　　　6.4.2　感知层安全 ··· 189

　　　　6.4.3　网络层安全 ··· 190

　　　　6.4.4　应用层安全 ··· 191

　　　　6.4.5　物联网安全的非技术因素 ··· 192

　　6.5　本章小结 ·· 192

　　6.6　习题 ··· 193

参考文献 ··· 194

第1章 物联网概述

物联网描绘了人类未来全新的信息活动场景，让所有的物品都与网络实现任何时间和任何地点的无处不在的连接。人们可以通过对物体进行识别、定位、追踪、监控并触发相应事件，形成信息化的解决方案。物联网技术不是对现有技术的颠覆性革命，而是对现有技术的综合运用。物联网技术融合现有技术，实现全新的通信模式转变，同时，通过融合也必定会对现有技术提出改进和提升的要求，催生出一些新的技术。

1.1 物联网相关的概念

随着对物联网认识的日益深刻，其内涵也在不断地发展、完善，所以目前人们对于物物互联的网络这一概念的准确定义一直未达成统一的意见，存在着以下几种相关概念，即物联网（Internet of Things，IOT）、无线传感器网络（Wireless Sensor Network，WSN）以及泛在网（Ubiquitous Sensor Network，USN）。

1.1.1 物联网

不同研究机构对于物联网的起点和侧重点不同，目前还没有一个权威的物联网定义，只存在几个具有代表性的被普遍认可的定义。物联网的概念最早于 1999 年由美国麻省理工学院 Auto-ID 研究中心提出。

定义 1：把所有物品通过射频识别（Radio Freguency Identification，RFID）和条码等信息传感设备与互联网连接起来，实现智能化识别和管理。

定义 1 实质上说明物联网是 RFID 技术和互联网的结合应用。RFID 标签可谓是早期物联网最为关键的技术与产品环节，当时认为物联网最大规模、最有前景的应用就是在零售和物流领域，利用 RFID 技术，通过计算机互联网实现物品（商品）的自动识别和信息的互联与共享。

2005 年，国际电信联盟（ITU）在《The Internet of Things》报告中对物联网概念进行扩展，提出如下定义。

定义 2：任何时刻、任何地点以及任意物体之间的互联，无所不在的网络和无所不在计算的发展愿景，除 RFID 技术外，传感器技术、纳米技术、智能终端等技术都将得到更加广泛的应用。

但 ITU 未针对物联网的概念扩展提出新的物联网定义。

欧洲智能系统集成技术平台（EPoSS）在 2008 年 5 月 27 日发布的《Internet of Things in 2020》报告中对物联网的定义如下。

定义 3：由具有标识、虚拟个性的物体/对象所组成的网络，这些标识和个性运行在智能空间，使用智慧的接口与用户、社会的和环境的上下文进行联接和通信。

EpoSS 的报告分析预测了未来物联网的发展，认为 RFID 和相关的识别技术是未来物联网的基石，因此更加侧重于 RFID 的应用及物体的智能化。

欧盟第 7 框架下 RFID 和物联网研究项目簇（Cluster of European Research Projects on The Internet Of Things，CERP-IOT）在 2009 年 9 月 15 日发布的《Internet of Things Strategic Research Roadmap》研究报告中对物联网的定义如下。

定义 4：物联网是未来互联网（Internet）的一个组成部分，可以被定义为基于标准的和可互操作的通信协议且具有自配置能力的动态的全球网络基础架构。物联网中的"物"都具有标识、物理属性和实质上的个性，使用智能接口，实现与信息网络的无缝整合。

该项目簇的主要研究目的是，便于欧洲内部不同 RFID 和物联网项目之间的组网；协调包括 RFID 的物联网研究活动；对专业技术、人力资源和资源进行平衡，以使得研究效果最大化；在项目之间建立协同机制。

从上述 4 种定义不难看出，"物联网"的内涵是起源于由 RFID 对客观物体进行标识并利用网络进行数据交换这一概念，并不断扩充、延展、完善而逐步形成的。物联网技术、业务范围和存在形式以及与其他技术的关系示意图如图 1-1 所示。

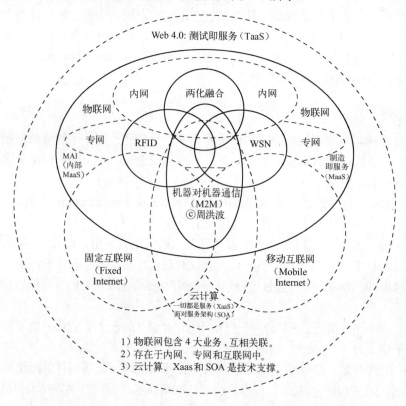

图 1-1　物联网技术、业务范围和存在形式以及与其他技术的关系示意图

物联网目前没有明确定义，一方面说明了物联网的发展还处于探索阶段，不同背景的研究人员、设备厂商、网络运营商都是从各自的角度去构想物联网的发展状况，对物联网的未来缺乏统一而全面的规划；另一方面也说明了物联网不是一个简单的技术热点，而是一个融合了感知技术、通信与网络技术、智能运算技术的复杂信息系统，人们对它的认识还需要

一个过程。两化融合是信息化和工业化的高层次的深度结合，是指以信息化带动工业化、以工业化促进信息化，走新型工业化道路；两化融合的核心就是信息化支撑，追求可持续发展模式。

物联网指的是将无处不在（Ubiquitous）的末端设备（Devices）和设施（Facilities），包括具备"内在智能"的传感器、移动终端、工业系统、楼控系统、家庭智能设施、视频监控系统等和"外在使能"（Enabled）的，如贴上 RFID 的各种资产（Assets）、携带无线终端的个人与车辆等"智能化物件或动物"或"智能尘埃"（Mote），通过各种无线或有线的、长距离或短距离通信网络实现互联互通、应用大集成（Grand Integration/MAI）以及基于云计算的软件即服务（SaaS）运营等模式，在内网（Intranet）、专网（Extranet）或国际互联网（Internet）环境下，采用适当的信息安全保障机制，提供安全可控乃至个性化的实时在线监测、定位追溯、报警联动、调度指挥、预案管理、远程控制、安全防范、远程维保、在线升级、统计报表、决策支持、领导桌面（集中展示的 Cockpit Dashboard）等管理和服务功能，实现对"万物"（Every Thing）的"高效、节能、安全、环保"的"管、控、营"一体化 TaaS 服务。

1.1.2　无线传感器网络

无线传感器网络最早由美国军方提出，起源于1978年美国国防部高级研究计划局（DARPA）资助的卡耐基-梅隆大学进行分布式传感器网络的研究项目。

定义 5：无线传感器网络是由若干具有无线通信能力的传感器节点自组织构成的网络。

无线传感器网络是在缺乏如今互联网技术和多种接入网络以及智能计算技术的条件下提出的，此概念局限于由节点组成的自组织网络。

泛在传感器网络出自 2008 年 2 月国际电信联盟远程通信标准化组织（ITU T）的《Ubiquitous Sensor Networks》研究报告。在该报告中提出了泛在传感器网络的体系架构。

定义 6：泛在传感器网络是由智能传感器节点组成的网络，可以以"任何地点、任何时间、任何人、任何物"的形式被部署。该技术具有巨大的潜力，因为它可以在广泛的领域中推动新的应用和服务，从安全保卫和环境监控到推动个人生产力和增强国家竞争力。

ITU T 将泛在传感器网络自下而上分为底层传感器网络、泛在传感器网络接入网络、泛在传感器网络基础骨干网络、泛在传感器网络中间件及泛在传感器网络应用平台等 5 个层次。底层传感器网络由传感器、执行器、RFID 等各种信息设备组成，负责对物理世界的感知与反馈。泛在传感器网络接入网络实现底层传感器网络与上层基础骨干网络的联接，由网关、sink 节点（指汇聚结点）等组成。泛在传感器网络基础骨干网络基于国际互联网、下一代网络（NGN）构建泛在传感器网络基础骨干网络。泛在传感器网络中间件处理、存储传感数据并以服务的形式提供对各类传感数据的访问。泛在传感器网络应用平台实现各类传感器网络应用的技术支持平台。

我国信息标准化技术委员会所属传感器网络标准工作组 2009 年 9 月的工作文件对传感器网络（简称传感网）的定义如下。

定义 7：传感器网络（Sensor Network）以对物理世界的数据采集和信息处理为主要任务，以网络为信息传递载体，实现物与物、物与人、人与物之间的信息交互，提供信息服务的智能网络信息系统。

在这个文件中，认为传感器网络综合了微型传感器、分布式信号处理、无线通信网络和嵌入式计算等多种先进信息技术，能对物理世界进行信息采集、传输和处理，并将处理结果以服务的形式发布给用户。

我国工业与信息化部和江苏省联合向国务院上报的《关于支持无锡建设国家传感网创新示范区（国家传感信息中心）情况的报告》已于 2009 年 11 月获得国务院的正式批复。其传感网的定义如下。

定义 8：传感网是以感知为目的，实现人与人、人与物、物与物全面互联的网络。其突出特征是通过传感器等方式获取物理世界的各种信息，结合互联网、移动通信网等网络进行信息的传送与交互，采用智能计算技术对信息进行分析处理，从而提升对物质世界的感知能力，以实现智能化的决策和控制。

此外，传感网这一名词最早是出自于中科院上海微系统所对于无线传感器网络的简称，即定义 5 的中文简称。随着相关概念关注度的不断提升，而逐渐演进为目前定义 8 所描述的内容。

比较对于传感器网络的 4 种定义，同样可以发现传感器网络其内涵起源于由传感器组成的通信网络从采集到客观物体信息进行交换这一概念。定义 6 提出了相对完整的体系架构，并且描述了各个层次在体系架构的位置及功能，定义 7、8 尽管与定义 6 文字描述不同，但其内涵基本一致，并未对定义 6 进行实质性的突破与完善。而定义 6、7、8 都是将定义 5 所定义的"网络"作为底层的、对于客观物质世界信息获取交互的技术手段之一，并对其进行了更为精确的文字描述。

1.1.3　泛在网络

定义 9：指无所不在的网络，故称为泛在网络，简称为泛在网或 U 战略。

最早提出 U 战略的日、韩两国给出的定义是：无所不在的网络社会将是由智能网络、最先进的计算技术以及其他领先的数字技术基础设施武装而成的技术社会形态。根据这样的构想，泛在网络将以"无所不在""无所不包""无所不能"为基本特征，帮助人类实现"4A"化通信，即在任何时间（Anytime）、任何地点（Anywhere）、任何人（Anyone）、任何物（Anything）都能顺畅地通信。

1.1.4　物联网、传感网与泛在网之间的关系

目前，对于支持人与物、物与物广泛互联、实现人与客观世界的全面信息交互的全新网络的命名，一直存在着物联网、传感网、泛在网这 3 个概念之争。

在传感器网络的概念中，如果将传感器的概念进行扩展，认为 RFID、二维条码等信息的读取设备和音视频录入设备等数据采集设备都是一种特殊的传感器，那么范围扩展后的传感器网络即简称为与物联网概念并列的"传感网"。而从 ITU T、ISO/IEC/JTC1 SC6 等国际标准组织对传感器网络、物联网定义和标准化范围来看，传感器网络和物联网其实是一个概念、两种不同的表述，其实质都是依托于各种信息设备，实现了物理世界和信息世界的无缝融合。此外，在业界也有观点认为，物联网（从产业和应用角度）和传感网（从技术角度）是对同一事物的不同表述，但其实质是完全相同的。因此，无论从哪个角度，都可以认为目前为人所熟知的"物联网"和"传感网"这两个概念，都是以传感器、RFID 等客观世界标识、感知技术，借助于无线传感器网络、互联网、移动网等通信网络实现人与物理世界的信

息交互。而泛在网是面向泛在应用的各种异构网络的集合，且更强调跨网之间的信息聚合与应用。

综上所述，传感网是物联网的组成部分，物联网是互联网的延伸，泛在网是物联网发展的愿景。传感器网络、物联网与泛在网之间的关系示意图如图1-2所示。

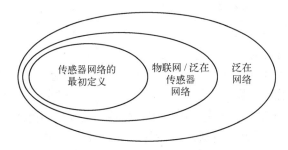

图1-2　传感器网络、物联网与泛在网之间的关系示意图

1.2　物联网的特点与发展

1.2.1　物联网的特点

物联网有着巨大的应用前景，它被认为是将对 21 世纪产生巨大影响力的技术之一。物联网从最初的军事侦察等无线传感器网络，逐渐发展到环境监测、医疗卫生、智能交通、智能电网及建筑物监测等应用领域。随着传感器技术、无线通信技术、计算技术的不断发展和完善，各种物联网将遍布人们的生活中。与移动通信网、互联网相比，物联网有着本质的差别。移动通信网、互联网从根本上来说还是属于人与人的互联，网络本身不是智能的；而物联网提出的是物与物的连接，要求网络必须是智能的、自治的。因此，物联网的发展不能按照传统的移动通信网、互联网的发展，它代表了新的业务、技术领域与模式，有着更广阔的发展前景。物联网曾称为传感网，传感器是信息获取的核心，也是物联网感知世界的源头，外界信息均由传感器感知、转化成可读信息。物联网通过各种信息传感设备，如传感器、射频识别（RFID）技术、全球定位系统、红外感应器、激光扫描器及气体感应器等各种装置与技术，实时采集任何需要监控、连接、互动的物体或过程，采集其声、光、热、电、力学、化学、生物和位置等各种需要的信息，与互联网结合形成的一个巨大网络。其目的是，实现物与物、物与人及所有的物品与网络的联接，方便识别、管理和控制。与传统的互联网相比，物联网有其鲜明的特征。

首先，它是各种感知技术的广泛应用。物联网上部署了海量的多种类型传感器，每个传感器都是一个信息源，不同类别的传感器所捕获的信息内容和信息格式不同。传感器获得的数据具有实时性，按一定的频率周期性采集环境信息，不断更新数据。

其次，它是一种建立在互联网上的泛在网络。物联网技术的重要基础和核心仍旧是互联网，通过各种有线和无线网络与互联网融合，将物体的信息实时准确地传递出去。在物联网上的传感器定时采集的信息需要通过网络传输，由于其数量极其庞大，形成了海量信息，所以在传输过程中，为了保障数据的正确性和及时性，所采集的信息必须适应各种异构网络和协议。

还有，物联网不仅仅提供了传感器的联接，其本身也具有智能处理的能力，能够对物体实施智能控制。物联网将传感器和智能处理相结合，利用云计算、模式识别等各种智能技术，扩充了其应用领域。从传感器获得的海量信息中分析、加工和处理出有意义的数据，以适应不同用户的不同需求，发现新的应用领域和应用模式。

1.2.2 物联网的发展

1．物联网在各国的发展

1995 年，比尔•盖茨在《未来之路》中，首次提出"物联网"的概念。2008 年底，IBM 公司的 CEO 彭明盛首次抛出"智慧地球（Smart Plant）"这一概念，这一战略的主要内容是把新一代信息科技（IT）技术充分运用在各行各业之中，即把感应器嵌入和装备到全球每个角落的电网、铁路、桥梁、隧道及公路等各种物体中，并且被普遍连接，形成"物联网"，而后再通过超级计算机和"云计算"将"物联网"整合起来，人类就能以更加精细和动态的方式管理生产和生活，最终形成"互联网+物联网=智慧的地球"。该战略第一要求政府投资于诸如智能铁路、智能高速公路、智能电网等基础设施，能够刺激短期经济增长，创造大量的就业岗位；第二，新一代的智能基础设施将为未来的科技创新开拓巨大的空间，有利于增强国家的长期竞争力；第三，能够提高对于有限资源与环境的利用率，有助于资源和环境保护；第四，计划的实施将能建立必要的信息基础设施。

2009 年 6 月，欧盟委员会宣布了"物联网行动计划"，确保欧洲在构建新型互联网的过程中所起到主导作用。这种新型的互联网能够把各种物品（如书籍、汽车、家用电器甚至食品）连接到网络中，简称为物联网。欧盟认为，此项行动计划将会帮助欧洲在互联网的变革中获益，同时也提出了将会面临的挑战，如隐私问题、安全问题以及个人的数据保护问题。这个行动计划内容涉及物联网隐私及数据保护、潜在危险、标准化、信息基础设施、研究资助项目、公私合作研发项目、试点项目、管理规则、管理机制、国际对话、环境、技术统计数据以及进展监督等问题。

2009 年 8 月，日本继"E Japan""U Japan"之后提出了更新版本的国家信息化战略，该战略的正式名称为"I Japan 战略 2015"，其要点是大力发展电子政府和电子地方自治体，推动医疗、健康和教育的电子化。日本政府认识到，目前已进入通过互联网提供未来各种信息和业务的"云计算"时代。政府希望，通过执行"I Japan"战略，开拓支持日本中长期经济发展的新产业，大力发展以绿色信息技术为代表的环境技术和智能交通系统等重大项目。"I Japan 计划"3 大要点的具体含义如下。

电子政府和电子自治体。完善电子政务推进体制，延续过去的计划，并确立 PDCA 计划—执行—检查—行动（PDCA）体制。

医疗保健。通过使用远程医疗技术，应对当前某些区域医生短缺等医疗问题，使偏远地区的患者在家里也可以享受到高质量的医疗服务。通过在医疗机构中建设数字化基础设施，使诊断业务更加高效，从而减轻医务工作者的负担，完善医院的经营管理。同时，实现区域性的医疗机构合作。

教育与人才。推广数字化技术与信息化教育的应用，提高学生的学习能力与应用信息的能力。强化对教职员工应用数字化技术的指导。

2010 年国务院通过的 7 个战略性新兴产业就包括以物联网为代表的新一代信息技术。

在我国，政府提出"感知中国"的发展计划，各大运营商也将其看作未来发展的重点，提出 M2M（机器对机器通信）等物联网技术。我国先后投资数亿元，在无线智能传感器网络通信技术、微型传感器、传感器终端机及移动基站等方面取得重大进展。目前已拥有从材料、技术、器件、系统到网络的完整产业链。虽然我国的物联网才刚刚起步，但其相关研发水平与发达国家相比毫不逊色，是世界上少数能实现物联网产业化的国家之一，并已成为制定国际标准的主导国之一。

物联网的发展主要经历以下 3 个阶段。

① 初级阶段。已存在的一些各行业基于各种行业数据交换和传输标准的联网监测监控，两化融合等 MAI 应用系统。

② 中级阶段。在物联网理念推动下，基于局部统一的数据交换标准实现的跨行业、跨业务综合管理大集成系统，包括一些基于 SaaS 模式和"私有云"的 M2M 营运系统。

③ 高级阶段。基于物联网的统一数据标准、SOA、Web Service、云计算虚拟服务的 On Demand 系统（过程控制系统），最终实现基于"公有云"TaaS："Thing as a Service"（测试即服务）。

2．物联网的标准化

物联网实现了传感网、移动通信网及互联网的融合，牵涉多种终端之间的相互通信，由此产生的标准化呼声也越来越强烈。3GPP 组织发表了关于 M2M 在全球移动通信系统（GSM）和通用移动通信系统（UMTS）下的通信机制以及 M2M 设备上 USIM 应用的远程管理的可行性研究报告，欧洲电信标准化协会（ETSI）也于 2008 年开始进行 M2M 未来标准化需求的讨论。欧洲专门成立"全球射频识别标准协同论坛"来推动标准化的发展。日本著名研究所开始加入到中国物联网标准化的研究之中。如今，中国与德国、美国、英国、韩国等国一起，成为国际标准制定的主要国家之一。

我国负责物联网标准化的是传感器网络标准化工作组，该工作组自 2007 年开始，一直致力于国内与国际的同步标准化工作，参与了（信息技术标准化技术委员会）ISO/IEC/JTCI、美国电气电子工程师协会（IEEE）等多项国际研究活动，并获得了广泛认可。此外，我国专家还积极参与 IEEE 802.15.4 的标准制定和研究。目前已经在 15.4c、15.4e、15.4g 等工作组里取得重要进展，我国大部分提案也已被采纳。同时，电信运营商也积极推进物联网，研发了无线传感应用协议、终端标准规范等一系列技术规范和标准，提出网络架构，并实现与 3G 无线接入制式的融合。

业内专家认为，物联网一方面可以提高经济效益，大大节约成本；另一方面可以为全球经济的复苏提供技术动力。在物联网的发展过程中，不同的国家会有不同标准的物联网（可能只是一个区域或者是某些国家的物联网），类似于目前的移动通信具有 3 个国际标准那样，很难形成一个全世界采用共同标准的物联网。如何统一物联网的标准问题已成为世界各国目前共同关注的一个重要问题。因此，在物联网的发展上，需要加强国家之间的合作，世界各国已组织多届论坛和研讨会，以寻求一个能被普遍接受的标准。

1.3 物联网体系架构

物联网通常被公认为有 3 个层次，从下到上依次是感知层、网络层和应用层。物联网体系架构示意图如图 1-3 所示。如果拿人来比喻的话，感知层就像人的皮肤和五官，用来识别物体，采集信息；网络层则像人的神经系统，将信息传递到大脑进行处理；应用层类似人们从事的各种复杂的事情，完成各种不同的应用。物联网涉及的关键技术非常多，从传感器技术到通信网络技术，从嵌入式微处理节点到计算机软件系统，包含了自动控制、通信、计算机等不同领域，是跨学科的综合应用。

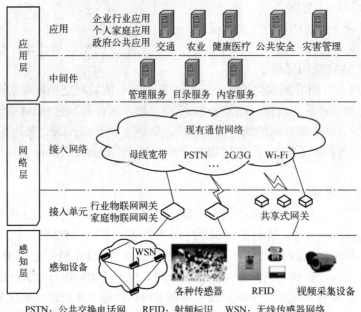

图 1-3　物联网体系架构示意图

1.3.1　感知层

物联网的感知层主要完成信息的采集、转换和收集。感知层包含两个部分，即传感器（或控制器）、短距离传输网络。传感器（或控制器）用来进行数据采集及实现控制，短距离传输网络将传感器收集的数据发送到网关，或将应用平台的控制指令发送到控制器。感知层的关键技术主要为传感器技术和短距离传输网络技术，例如射频标识（RFID）标签与用来识别 RFID 信息的扫描仪、视频采集的摄像头和各种传感器中的传感与控制技术、短距离无线通信技术（包括由短距离传输技术组成的无线传感网技术）。在实现这些技术的过程中，又涉及芯片研发、通信协议研究、RFID 材料研究、智能节点供电等细分领域。

1.3.2　网络层

物联网的网络层主要完成信息传递和处理。网络层包括两个部分，即接入单元、接入网络。接入单元是联接感知层的网桥，它汇聚从感知层获得的数据，并将数据发送到接入网络。接入网络即现有的通信网络，包括移动通信网、有线电话网及有线宽带网等。通过接入网络，人们将数据最终传入互联网。传送层是基于现有通信网和互联网建立起来的层。网络层的关键技术既包含了现有的通信技术，如移动通信技术、有线宽带技术、公共交换电话网（PSTN）技术及无线联网（Wi-Fi）通信技术等，又包含了终端技术，如实现传感网与通信网结合的网桥设备、为各种行业终端提供通信能力的通信模块等。

1.3.3 应用层

物联网的应用层主要完成数据的管理和数据的处理，并将这些数据与各行业应用相结合。应用层也包括两部分，即物联网中间件、物联网应用。物联网中间件是一种独立的系统软件或服务程序。中间件将许多可以公用的能力进行统一封装，提供给丰富多样的物联网应用。统一封装的能力包括通信的管理能力、设备的控制能力、定位能力等。物联网应用是用户直接使用的各种应用，种类非常多，包括家庭物联网应用（如家用电器智能控制、家庭安防等），也包括很多企业和行业应用（如石油监控应用、电力抄表、车载应用及远程医疗等）。应用层主要基于软件技术和计算机技术实现，其关键技术主要是基于软件的各种数据处理技术，此外云计算技术作为海量数据的存储、分析平台，也将是物联网应用层的重要组成部分。应用是物联网发展的目的，各种行业和家庭应用的开发是物联网普及的源动力，将给整个物联网产业链带来巨大利润。

1.4 物联网的技术体系框架

物联网作为实现人与客观世界全面信息交互的全新网络，在其感知、传输、处理 3 大核心环节之中涉及了众多学科和跨领域的关键技术。物联网的技术体系框架如图 1-4 所示，它包括感知层技术、网络层技术、应用层技术和公共技术。

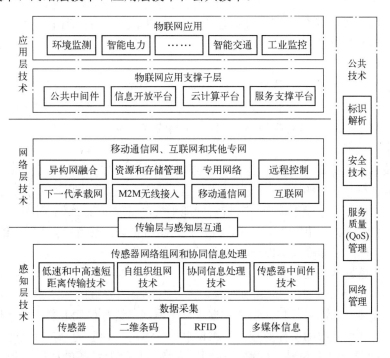

图 1-4 物联网的技术体系框架

1.4.1 感知层技术

感知层是物联网发展和应用的基础，数据采集与感知主要用于采集物理世界中发生的物理事件和数据，包括各类物理量、标识、音频、视频数据，包括传感器等数据采集设备，数据接入到网关前的传感器网络 RFID 技术、传感控制技术、短距离无线通信技术是感知层涉及的主要技术。

（1）传感器技术

物联网技术的核心是信息的收集与反馈，而信息收集需要依靠大量的传感器来完成。传感技术同计算机技术与通信技术一起被称为信息技术的 3 大技术。从仿生学观点来看，如果把计算机看成处理和识别信息的"大脑"，把通信系统看成传递信息的"神经系统"的话，那么传感器就是"感觉器官"。微型无线传感技术以及以此组件的传感网是物联网感知层的重要技术手段。现有的传感器技术尚不能满足物联网广泛应用的需要。新型传感器具有低功耗、低成本、支持即插即用（PnP）、智能化（甚至传感器本身具备一定的判断能力）的特点。

（2）射频识别技术

射频识别（RFID）技术是通过无线电信号识别特定目标、并读/写相关数据的无线通信技术。在国内，RFID 已经在身份证、电子收费系统和物流管理等领域有了广泛应用。RFID技术市场应用成熟，标签成本低廉，但 RFID 一般不具备数据采集功能，多用来进行物品的甄别和属性的存储，且在金属和液体环境下应用受限。RFID 技术属于物联网的信息采集层技术。

（3）微机电系统

微机电系统（MEMS）是指利用大规模集成电路制造工艺，经过微米级加工，得到的集微型传感器、执行器以及信号处理和控制电路、接口电路、通信和电源于一体的微机电系统。MEMS 技术属于物联网的信息采集层技术。

（4）GPS 技术

GPS 技术又称为全球定位系统，是具有海、陆、空全方位实时三维导航与定位能力的新一代卫星导航与定位系统。GPS 作为移动感知技术，是物联网延伸到移动物体、并采集移动物体信息的重要技术，更是物流智能化、智能交通的重要技术。

（5）二维码技术

二维码技术是用特定的几何图形按一定规律在平面（二维方向上）分布的黑白相间的矩形方阵记录数据符号信息的新一代条码技术，由一个二维码矩阵图形和一个二维码号以及下方的说明文字组成，通过专用读码设备或者智能手机，就能读取二维码中的大量信息。二维码技术具有信息量大、纠错能力强、识读速度快、全方位识读等特点。与 RFID 相比，从一维码切换到二维码除了印刷成本以外，几乎不需要增加成本。

（6）无线传感器网络技术

无线传感器网络（WSN）的基本功能是将一系列空间分散的传感器单元通过自组织的无线网络进行联接，从而将各自采集的数据通过无线网络进行传输汇总，以实现对空间分散范围内的物理或环境状况的协作监控，并根据这些信息进行相应的分析和处理。传感器网络需要支持灵活的网络管理和灵活的路由机制，支持多种类型设备的协同工作，支持带宽管理，支持节能管理，支持特定设备的 QoS 管理等。无线传感器网络技术是实现物联网广泛应用的重要底层网络技术，可以作为移动通信网络、有线接入网络的神经末梢网络，进一步延伸网络的覆盖。WSN 技术贯穿物联网的 3 个层面，是结合了计算、通信、传感器 3 项技术的一门新兴技术，它具有较大范围、低成本、高密度、灵活布设、实时采集及全天候工作的优势，且对物联网其他产业具有显著带动作用。

（7）蓝牙技术

作为一种开放性的、短距离（10～100m）无线通信的技术标准，蓝牙技术（Bluetooth）可以提供近距离的语音和数据通信，包括在移动电话、掌上计算机（PDA）、无线耳机、笔记本计算机、相关外设等众多设备之间进行无线信息交换，其提供的数据传输速率最高可达 720kbit/s。蓝牙技术使用全方位的无线微波进行传输，支持点到点、点到多点的通信，而不需像红外传输协议那样要求进行传输的设备之间必须对准。蓝牙技术还具有以下特点：工作在 2.4GHz ISM（Industrial Scientific Medical，工业、科学、医学）频段，这个频段的通信设备无需再申请频段的使用权；采用时分双工/跳频方式（TDD/H）（将信道划分成多个连续的时隙）及正向纠错编码（FEC）技术和频率调制（FM）方式；设备体积小，便于携带或移动，成本低廉。基于蓝牙技术的蓝牙网不需预设基础设施这一特点，可自动临时组网，不涉及多跳路由的问题，因此能够有效地简化移动通信终端设备之间的通信，也能够成功地简化设备与因特网之间的通信，从而使数据传输变得更加迅速高效，为无线通信拓宽道路，构建智能化的网络。

（8）无线通信技术

无线通信技术（ZigBee）是一种介于 RFID 和蓝牙之间的新兴的短距离、低速率、低功耗、低复杂度、低成本的双向无线通信技术，它是由 IEEE 802.15.4 无线个人区域网工作组定义的一种适于固定、便携或移动设备使用的极低复杂度、成本和功耗的低速无线联接技术。完整的 ZigBee 协议栈是由物理层、媒体接入控制层、网络层、安全层和应用层组成的。其无线装置减少了施工费用，解决了现场安装困难的问题，消除了无线接入技术的不可靠性及其他技术问题，主要用于距离短、功耗低且在传输速率不高的各种电子设备之间进行数据传输以及典型的有周期性数据、间歇性数据和低反应时间数据传输的应用。

1.4.2 网络层技术

物联网的网络层一般建立在现有的移动通信网或互联网的基础之上，实现更加广泛的互联功能，能够把感知到的信息无障碍、高可靠性、高安全性地进行传送。感知数据管理与处理技术包括传感网数据的存储、分析、理解、挖掘及感知数据库的决策和行为的理论与技术。目前，高速发展的云计算平台将会成为物联网发展的一大助力，云计算平台作为海量感知数据的存储、分析平台，将是物联网网络层的重要组成部分，也是应用层众多应用的基础。网络层的感知数据管理与处理技术是实现以数据为中心的物联网的核心技术。需要传感器网络与移动通信技术、互联网技术相融合。经过十余年的快速发展，移动通信、互联网等技术已比较成熟，基本能够满足物联网数据传输的需要。

（1）互联网

Internet，中文正式译名为互联网，又叫作国际互联网。它是由那些使用公用语言互相通信的计算机联接而成的全球网络。互联网是一组全球信息资源的总汇。有一种粗略的说法，认为互联网是由于许多小的网络（子网）互联而成的一个逻辑网，每个子网中联接着若干台计算机（主机）。互联网以相互交流信息资源为目的，基于一些共同的协议，并通过许多路由器和公共互联网而成，它是一个信息资源和资源共享的集合。

（2）通信网

通信网是一种使用交换设备、传输设备，将地理上分散用户终端设备互联起来实现通信和信息交换的系统。通信最基本的形式是在点与点之间建立通信系统，但这不能称为通信网，只有将许多的通信系统（传输系统）通过交换系统按一定拓扑结构组合在一起才能称之为通信网。也就是说，有了交换系统才能使某一地区内任意两个终端的用户相互接续，才能组成通信网。

1）移动电话网络（GPRS/CDMA/GSM/3G 网络）。由中国移动、中国联通推行的通用分组无线服务（General Packet Radio Service，GPRS）网络、全球移动通信系统（Global System for Mobile Communication，GSM）网络、码分多址（Code Division Multiple Access，CDMA）网络、3G（the 3rd Generation）网络已覆盖大量的区域，因此，使实现数据的无线传输成为可能。通过 GPRS、CDMA 网络进行数据传输，并通过传输控制协议/因特网互联协议（TCP/IP）进行数据封包，而且其简便性、灵活性、易操作性及低成本的特点能很好地解决了偏远无网络无电话线路地区的数据传输难题。3G 网络，指第三代移动通信技术。相对第一代模拟制式手机（1G）和第二代 GSM、CDMA等数字手机，第三代手机（3G）是指将无线通信与国际互联网等多媒体通信结合的新一代移动通信系统。GPRS 网络是一种基于 GSM 系统的无线分组交换技术，提供端到端的、广域的无线 IP 联接。通俗地讲，GPRS 是一项高速数据处理的科技，方法是以"分组"的形式将资料传送到用户手上。虽然 GPRS 是作为现有 GSM 网络向第三代移动通信演变的过渡技术，但是它在许多方面都具有显著的优势。

2）广电网络。广电网通常是各地有线电视网络公司（台）负责运营的，通过光纤+同轴电缆混合网（HFC）向用户提供宽带服务及电视服务网络，宽带可通过电缆调制解调器（Cable Modem）连接到计算机，理论上到户最高速率 38Mbit/s，实际速度要视网络情况而定。

3）NGB 广域网络。中国下一代广播电视网（NGB）是以有线电视数字化和移动多媒体广播（CMMB）的成果为基础，以自主创新的"高性能带宽信息网"核心技术为支撑，构建的适合我国国情的、三网融合的、有线无线相结合的、全程全网的下一代广播电视网络。

1.4.3 应用层技术

应用层主要包含应用支撑平台子层和应用服务子层。其中应用支撑平台子层用于支撑跨行业、跨应用、跨系统之间的信息协同、共享、互通的功能。应用服务子层包括智能交通、智能医疗、智能家居、智能物流、智能电力等行业应用。

（1）M2M

M2M 表示的是将多种不同类型的通信技术有机地结合在一起，如机器之间通信、机器控制通信、人机交互通信、移动互联通信。M2M 让机器、设备应用处理过程与后台信息系统共享信息，并与操作者共享信息。它提供了设备实时地在系统之间、远程设备之间或与个人之间建立无线联接和传输数据的手段。M2M 技术综合了数据采集、GPS、远程监控、电信、信息技术，是计算机、网络、设备、传感器及人类等的生态系统，能够使业务流程自动化、集成公司 IT 系统和非 IT 设备的实时状态，并创造增值服务。这一平台可在安全监测、自动抄表、机械服务和维修业务、自动售货机、公共交通系统、车队管理、工业流程自动化、电动机械、城市信息化等环境中运行，并提供广泛的应用和解决方案。

（2）云计算

云计算概念是由 Google 公司提出的，这是一个"美丽"的网络应用模式，是指 IT 基础设施的交付和使用，通过网络以按需、易扩展的方式获得所需的资源。云计算是并行计算、分布式计算和网格计算的发展，或者说是这些计算机科学概念的商业实现。云计算代表了手提计算机（HPC）从科学计算到大众化商业应用的变迁，使以前最"烧钱"和不赚钱的超级计算产业变成了最赚钱和省钱（充分利用现成的 CPU 的计算能力）的生意。云计算使以前的"计算中心"边缘化，而使"数据中心"成为主流。

（3）人工智能

人工智能是研究让计算机来模拟人的某些思维过程和智能行为（如学习、推理、思考、规划等）的学科，主要包括计算机实现智能的原理、制造类似于人脑智能的计算机，使计算机能实现更高层次的应用。人工智能将涉及计算机科学、心理学、哲学和语言学等学科，可以说涉及几乎自然科学和社会科学的所有学科，其范围已远远超出了计算机科学的范畴。人工智能与思维科学的关系是实践和理论的关系，人工智能是处于思维科学的技术应用层次，是它的一个应用分支。从思维观点看，人工智能不只限于逻辑思维，更要考虑形象思维、灵感思维，才能促进人工智能的突破性的发展。数学常被认为是多种学科的基础科学，数学也进入语言、思维领域，人工智能学科也必须借用数学工具，数学不仅在标准逻辑、模糊数学等范围发挥作用，而且进入人工智能学科，它们将互相促进而更快地发展。

（4）数据挖掘

在人工智能领域，数据挖掘习惯上又称为数据库中的知识发现（Knowledge Discovery in Database，KDD），也有人把数据挖掘视为数据库中知识发现过程的一个基本步骤。知识发现过程由以下 3 个阶段组成，即数据准备、数据挖掘及结果表达和解释。数据挖掘可以与用户或知识库交互。

并非所有的信息发现任务都被视为数据挖掘。例如，使用数据库管理系统查找个别的记录，或通过互联网的搜索引擎查找特定的 Web 页面，则是信息检索（Information Retrieval）领域的任务。虽然这些任务是重要的，可能涉及使用复杂的算法和数据结构，但是它们主要依赖传统的计算机科学技术和数据的明显特征来创建索引结构，从而有效地组织和检索信息。尽管如此，数据挖掘技术也已用来增强信息检索系统的能力。

（5）物联网中间件

RFID 中间件是系统获取信息、处理信息和传递信息的核心部分，是联接读/写器和企业应用程序的纽带，在物联网初期提出时被称作 Savant（一种分布式网络软件）。它主要对标签数据进行过滤、分组、计数、转发，以提高发往信息网络系统的数据质量，防止误读、漏读、多读信息。中间件的核心组成是事件管理器和信息服务器。事件管理器负责采集、过滤读/写器收集的 EPC（设计、采购、施工）相关信息，并转发给其他应用；信息服务器提供事件管理器与企业信息系统之间的集成，存储事件管理器提交的数据信息，提供访问接口。

RFID 中间件技术拓展了基础中间件的核心设施和特性，将企业级中间件技术延伸到了 RFID 领域，是 RFID 产业链的关键技术。RFID 中间件屏蔽了 RFID 设备的多样性和复杂性，能够为后台业务系统提供强大的支撑，从而驱动更广泛、更丰富的 RFID 应用。RFID 中间件技术重点研究的内容包括并发访问技术、目录服务技术和定位技术、数据和设备监控技术、远程数据访问和安全及集成技术、进程和会话管理技术等。

应用层主要是根据行业特点，借助互联网技术手段，开发各类的行业应用解决方案，将物联网的优势与行业的生产经营、信息化管理、组织调度结合起来，形成各类的物联网解决方案，构建智能化的行业应用。如交通行业，涉及的是智能交通技术；电力行业采用的是智能电网技术；物流行业采用的智慧物流技术等。行业的应用还要更多地涉及系统集成技术、资源打包技术等。

1.5 本章小结

本章介绍了物联网的相关概念、特点与发展。对物联网的体系架构从感知层、网络层、应用层分别进行了介绍。通过介绍这 3 个组成部分的关键技术、在物联网中的功能及相关标准，帮助读者更好地了解和研究物联网。

教材后续章节将分别介绍物联网的体系架构。第 2 章介绍感知技术。第 3 章介绍网络通信技术。第 4 章介绍应用技术。第 5 章通过介绍智能电网、智能交通、智能家居及智能物流，介绍物联网的应用。第 6 章介绍物联网的安全问题。

1.6 习题

1. 我国对物联网是怎样定义的？
2. 说明物联网、传感网与泛在网之间的关系。
3. 说明物联网的体系架构及各层次的功能。
4. 说明物联网的技术体系架构及各层次的关键技术。
5. 说明物联网的主要应用领域及应用前景。

第 2 章 感 知 技 术

物联网的目标是物理世界与数字世界的融合。物联网的感知层主要完成信息的采集、转换和收集。感知层的关键技术主要为传感器技术和短距离传输网络技术，例如射频标识（RFID）标签与用来识别 RFID 信息的扫描仪、视频采集的摄像头和各种传感器中的传感与控制技术、短距离无线通信技术（包括由短距离传输网络技术组成的无线传感网技术）。

2.1 嵌入式系统

物联网是物与物、人与物之间的信息传递与控制，专业上就是指智能终端的网络化。在中国对应于物联网提出的概念是"感知中国"。其中，"感"的技术包括物理设备的嵌入式技术，使物理设备有"感"的功能；无线传感器网，实现信息采集和融合；现场总线（如 CAN 线），实现信息采集和传输。"知"的技术包括后台信息处理、控制和服务以及热门的云计算技术。嵌入式系统无所不在，有嵌入式系统的地方才会有物联网的应用。所以，物联网就是基于互联网的嵌入式系统，从另一个意义也可以说，物联网的产生是嵌入式系统高速发展的必然产物，更多的嵌入式智能终端产品有了联网的需求，催生了物联网这个概念的产生。

2.1.1 嵌入式系统的概念

（1）嵌入式系统的定义

嵌入式系统的定义是，以应用为中心、以计算机技术为基础、软件和硬件可裁剪、适应应用系统对功能、可靠性、成本、体积及功耗严格要求的专用计算机系统。嵌入式系统是嵌入到对象体系中的专用计算机系统。"嵌入性""计算机系统"与"专用性"是嵌入式系统的3 个基本要素。对象系统则是指嵌入式系统所嵌入的宿主系统。按照上述嵌入式系统的定义，只要满足定义中三要素的计算机系统，都可以称为嵌入式系统。

1）嵌入性。嵌入到对象体系中，有对对象环境的要求。嵌入式系统是面向用户、面向产品、面向应用的，它必须与具体应用相结合才会具有生命力，才更具有优势。因此可以这样理解上述 3 个面向的含义，即嵌入式系统是与应用紧密结合的，它具有很强的专用性，必须结合实际系统需求进行合理的利用。

2）计算机系统。实现对象的智能化功能。嵌入式系统是将先进的计算机技术、半导体技术和电子技术及各个行业的具体应用相结合后的产物，这一点就决定了它必然是一个技术密集、资金密集、高度分散、不断创新的知识集成系统。

3）专用性。软、硬件按对象要求"裁剪"。嵌入式系统必须根据应用需求对软硬件进行"裁剪"，以满足应用系统的功能、可靠性、成本、体积等要求。因此，如果能建立相对通用的软硬件基础，然后在其上开发出适应各种需要的系统，就是一个比较好的发展模式。目前的嵌入式系统的核心往往是一个只有几 KB 到几十 KB微内核，需要根据实际的使用进行功能扩展或者"裁剪"但是由于微内核的存在，使得这种扩展能够非常顺利地进行。

实际上，嵌入式系统本身是一个外延极广的名词，凡是与产品结合在一起的具有嵌入式特点的控制系统都可以称为嵌入式系统，而且有时很难给它下一个准确的定义。目前当人们提到嵌入式系统时，某种程度上是指近些年比较成熟的具有操作系统的嵌入式系统。

嵌入式系统按形态可分为设备级（工控机）、板级（单板、模块）、芯片级——微控制单元（MCU）和系统级芯片（SOC）。有些人把嵌入式处理器当做嵌入式系统，但由于嵌入式系统是一个嵌入式计算机系统，所以只有将嵌入式处理器构成一个计算机系统并作为嵌入式应用时，这样的计算机系统才可称作嵌入式系统。嵌入式系统与对象系统密切相关，其主要技术发展方向是满足不同的应用指标，不断扩展对象系统要求的外围电路——如模-数转换器（ADC）、数-模转换器（DAC）、脉冲宽度调制（PWM）、日历时钟、电源监测、程序运行监测电路等，形成满足对象系统要求的应用系统。因此，嵌入式系统作为一个专用计算机系统，要不断向计算机应用系统发展，也可以把定义中的专用计算机系统延伸，即满足对象系统要求的计算机应用系统。当前嵌入式系统的发展与物联网紧密地结合在一起。

（2）物联网对嵌入式系统的要求

物联网对嵌入式系统的要求可归纳为以下 3 条。

1）嵌入式系统要协助满足物联网三要素，即信息采集、信息传递、信息处理。

2）嵌入式系统要满足智慧地球提出的"3I"要求，即仪器化、互联化、智能化（Instrumented、Interconnected、Intelligent）。

3）嵌入式系统要满足信息融合物理系统 GPS（全球定位系统）中的"3C"要求，即计算、通信和控制（Computation、Communication、Control）。

根据物联网的要求决定嵌入式系统的发展趋势：其一，嵌入式系统趋向于多功能、低功耗和微型化，如出现智能灰尘等传感器节点、一体化智能传感器；其二，嵌入式系统趋于网络化，由于孤岛型嵌入式系统的有限功能已无法满足需求，面向物理对象的数据是连续的、动态的（有生命周期）和非结构化的制约数据采集，所以面向对象设计、软硬件协同设计、嵌入式系统软硬件打包成模块、开放应用的设计兴起了。

（3）嵌入式系统的特点

嵌入式系统广泛应用的原因主要有两个方面：一方面的原因是由于芯片技术的发展，使得单个芯片具有更强的处理能力，而且使集成多种接口已经成为可能；另一方面的原因是应用的需要，由于对产品可靠性、成本、更新换代要求的提高，使得嵌入式系统逐渐从纯硬件实现和使用通用计算机实现的应用中脱颖而出，成为近年来令人关注的焦点。从上面的分析可知，嵌入式系统有如下特征。

1）系统内核小。由于嵌入式系统一般是应用于小型电子装置的，系统资源相对有限，所以内核较之传统的操作系统要小得多。比如 Enea 公司的 OSE分布式系统，内核只有 5KB，而 Windows 的内核简直没有可比性。

2）专用性强。嵌入式系统的个性化很强，其中的软件和硬件的结合非常紧密，一般要针对硬件进行系统的移植，即使在同一品牌、同一系列的产品中也需要根据系统硬件的变化和增减不断进行修改。同时针对不同的任务，往往需要对系统进行较大更改，程序的编译下载要与系统相结合，这种修改和通用软件的"升级"完全是两个不同的概念。

3）系统精简。嵌入式系统一般没有系统软件和应用软件的明显区分，不要求其功能设计及实现上过于复杂，这样既利于控制系统成本，也利于保证系统安全。

4）高实时性的系统软件（OS）是嵌入式软件的基本要求。而且软件要求固态存储，以提高速度；软件代码要求高质量和高可靠性。

5）嵌入式软件开发要想走向标准化的道路，就必须使用多任务的操作系统。嵌入式系统的应用程序可以没有操作系统直接在芯片上运行；但是为了合理地调度多任务、利用系统资源、系统函数以及和专家库函数接口，用户必须自行选配实时操作系统（Real-Time Operating System，RTOS）开发平台，这样才能保证程序执行的实时性、可靠性，并减少开发时间，保障软件质量。

6）嵌入式系统开发需要开发工具和环境。其本身不具备自举开发能力，即使设计完成以后用户通常也是不能对其中的程序功能进行修改的，必须有一套开发工具和环境才能进行开发，这些工具和环境一般是基于通用计算机上的软硬件设备以及各种逻辑分析仪、混合信号示波器等。开发时往往有主机和目标机的概念，主机用于程序的开发，目标机作为最后的执行机，开发时需要交替结合进行。

2.1.2　嵌入式系统的组成

嵌入式系统一般都由嵌入式计算机系统和执行装置组成，如图2-1所示。嵌入式计算机系统是整个嵌入式系统的核心，由硬件层、中间层、系统软件层和应用软件层组成。执行装置也称为被控对象，它可以接受嵌入式计算机系统发出的控制命令，执行所规定的操作或任务。执行装置可以很简单，如手机上的一个微小型的电动机，当手机处于振动接收状态时打开，也可以很复杂，如 SONY 智能机器狗，上面集成了多个微小型控制电动机和多种传感器，从而可以执行各种复杂的动作和感受各种状态信息。

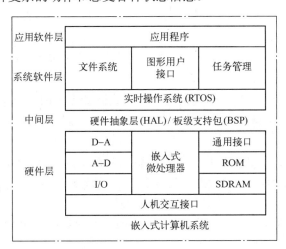

图2-1　嵌入式系统的组成

1. 硬件层

硬件层中包含嵌入式微处理器、存储器——同步动态随机存储器（SDRAM）、ROM、

Flash 等和通用设备接口和输入/输出接口，如 A-D、D-A、I/O 等。在一片嵌入式处理器基础上添加电源电路、时钟电路和存储器电路，就构成了一个嵌入式核心控制模块。其中操作系统和应用程序都可以固化在 ROM 中。

（1）嵌入式微处理器

嵌入式系统硬件层的核心是嵌入式微处理器。嵌入式微处理器与通用 CPU 最大的不同在于，嵌入式微处理器大多工作在为特定用户群所专用设计的系统中，它将通用 CPU 许多由板卡完成的任务集成在芯片内部，从而有利于嵌入式系统在设计时趋于小型化，同时还具有很高的效率和可靠性。

嵌入式微处理器的体系结构可以采用冯·诺依曼体系或哈佛体系结构；指令系统可以选用精简指令系统（Reduced Instruction Set Computer，RISC）和复杂指令系统（Complex Instruction Set Computer，CISC）。RISC 计算机在通道中只包含最有用的指令，确保数据通道快速执行每一条指令，从而提高了执行效率，并使 CPU 硬件结构设计变得更为简单。

嵌入式微处理器有各种不同的体系，即使在同一体系中也可能具有不同的时钟频率和数据总线宽度，或集成了不同的外设和接口。据不完全统计，目前全世界嵌入式微处理器已经超过 1000 多种，体系结构有 30 多个系列，其中主流的体系有 ARM、MIPS、PowerPC、x86 和 SH 等。但与全球 PC 市场不同的是，没有一种嵌入式微处理器可以主导市场，仅以 32 位的产品而言，就有 100 种以上的嵌入式微处理器。嵌入式微处理器的选择是根据具体的应用而决定的。

（2）存储器

嵌入式系统需要存储器来存放和执行代码。嵌入式系统的存储器包含高速缓冲存储器（Cache）、主存和辅助存储器。

1）Cache。Cache 是一种容量小、速度快的存储器阵列。它位于主存和嵌入式微处理器内核之间，存放的是最近一段时间微处理器使用最多的程序代码和数据。在需要进行数据读取操作时，微处理器尽可能地从 Cache 中读取数据，而不是从主存中读取，这样就大大改善了系统的性能，提高了微处理器和主存之间的数据传输速率。Cache 的主要目标是，减小存储器（如主存和辅助存储器）给微处理器内核造成的存储器访问瓶颈，使处理速度更快，实时性更强。

在嵌入式系统中，Cache 全部被集成在嵌入式微处理器内，可分为数据 Cache、指令 Cache 或混合 Cache。Cache 的大小依不同处理器而定。一般中高档的嵌入式微处理器才会把 Cache 集成进去。

2）主存。主存是嵌入式微处理器能直接访问的寄存器，用来存放系统和用户的程序及数据。它可以位于微处理器的内部或外部，其容量为 256KB～1GB，根据具体的应用而定，一般片内存储器容量小，速度快，片外存储器容量大。

常用作主存的存储器 ROM 类有 NOR Flash、EPROM 和 PROM 等；RAM 类有 SRAM、DRAM 和 SDRAM 等。

其中，NOR Flash 凭借其可擦写次数多、存储速度快、存储容量大、价格便宜等优点，在嵌入式领域内得到了广泛应用。

3）辅助存储器。辅助存储器用来存放大数据量的程序代码或信息，它的容量大，但读取速度与主存相比要慢很多，可用来长期保存用户的信息。

嵌入式系统中常用的外存有硬盘、NAND Flash、CF 卡、MMC 和 SD 卡等。

（3）通用设备接口和 I/O 接口

嵌入式系统和外界交互需要一定形式的通用设备接口（如 A-D、D-A）和 I/O 接口等，外设通过与片外其他设备或传感器的连接来实现微处理器的输入/输出功能。每个外设通常都只有单一的功能，它可以在芯片外，也可以内置芯片中。外设的种类很多，可从一个简单的串行通信设备到非常复杂的802.11无线设备。

目前嵌入式系统中常用的通用设备接口有模/数转换接口（A/D）、数-模转换接口（D/A），I/O 接口有串行通信接口（RS-232）、以太网接口（Ethernet）、通用串行总线接口（USB）、音频接口、视频输出接口（VGA）、现场总线（I^2C）、串行外围设备接口（SPI）和红外线接口（IrDA）等。

2．中间层

硬件层与软件层之间为中间层，也称为硬件抽象层（Hardware Abstract Layer，HAL）或板级支持包（Board Support Package，BSP），它将系统上层软件与底层硬件分离开来，使系统的底层驱动程序与硬件无关，上层软件开发人员无需关心底层硬件的具体情况，根据 BSP 层提供的接口即可进行开发。该层一般包含相关底层硬件的初始化、数据的输入/输出操作和硬件设备的配置功能。BSP 具有以下两个特点。

硬件相关性。因为嵌入式实时系统的硬件环境具有应用相关性，而作为上层软件与硬件平台之间的接口，BSP 需要为操作系统提供操作和控制具体硬件的方法。

操作系统相关性。不同的操作系统具有各自的软件层次结构，因此，不同的操作系统具有特定的硬件接口形式。

实际上，BSP 是一个介于操作系统和底层硬件之间的软件层次，它包括了系统中大部分与硬件联系紧密的软件模块。设计一个完整的 BSP 需要完成两部分工作，即嵌入式系统的硬件初始化以及设计与硬件相关的设备驱动程序。

（1）嵌入式系统硬件初始化

系统初始化过程可以分为 3 个主要环节，按照自底向上、从硬件到软件的次序依次为片级初始化、板级初始化和系统级初始化。

1）片级初始化。完成嵌入式微处理器的初始化，包括设置嵌入式微处理器的核心寄存器和控制寄存器、嵌入式微处理器核心工作模式和嵌入式微处理器的局部总线模式等。片级初始化把嵌入式微处理器从上电时的默认状态逐步设置成系统所要求的工作状态。这是一个纯硬件的初始化过程。

2）板级初始化。完成嵌入式微处理器以外的其他硬件设备的初始化。另外，还需设置某些软件的数据结构和参数，为随后的系统级初始化和应用程序的运行建立硬件和软件环境。这是一个同时包含软硬件两部分在内的初始化过程。

3）系统级初始化。该初始化过程以软件初始化为主，主要进行操作系统的初始化。BSP 将嵌入式微处理器的控制权转交给嵌入式操作系统，由操作系统完成余下的初始化操作，包含加载和初始化与硬件无关的设备驱动程序，建立系统内存区，加载并初始化其他系统的软件模块，如网络系统、文件系统等。最后，操作系统创建应用程序环境，并将控制权交给应用程序的入口。

（2）设计与硬件相关的设备驱动程序

BSP 的另一个主要功能是设计与硬件相关的设备驱动程序。与硬件相关的设备驱动程序的初始化通常是一个由高到低的过程。尽管 BSP 中包含硬件相关的设备驱动程序，但是这些设备驱动程序通常不直接由 BSP 使用，而是在系统初始化过程中由 BSP 将其与操作系统中通用的设备驱动程序关联起来，并在随后的应用中由通用的设备驱动程序调用，实现对硬件设备的操作。与硬件相关的驱动程序是 BSP 设计与开发中另一个非常关键的环节。

3．系统软件层

系统软件层由实时多任务操作系统（RTOS）、文件系统、图形用户接口（Graphic User Interface，GUI）、网络系统及通用组件模块组成。RTOS 是嵌入式应用软件的基础和开发平台。

（1）国外著名的实时操作系统

国外实时操作系统已经从简单走向成熟，有代表性的产品主要有 VxWorks、QNX、Palm OS、Windows CE 等，占据了机顶盒、PDA 等绝大部分市场。其实，实时操作系统并不是一个新生的事物，从 20 世纪 80 年代起，国际上就有一些 IT 组织、公司开始进行商用嵌入式系统和专用操作系统的研发。

1）VxWorks 操作系统。VxWorks 操作系统是美国 WindRiver 公司于 1983 年设计开发的一种实时操作系统。VxWorks 拥有良好的持续发展能力、高性能的内核以及良好的用户开发环境，在实时操作系统领域内占据一席之地。它以其良好的可靠性和卓越的实时性被广泛地应用在通信、军事、航空及航天等高精尖技术及实时性要求极高的领域中，如卫星通信、军事演习、导弹制导及飞机导航等。

在美国的 F-16、FA-18 战斗机和 B-2 隐形轰炸机上，甚至连 1997 年 4 月在火星表面登陆的火星探测器上也使用了 VxWorks。它是目前嵌入式系统领域中使用最广泛、市场占有率最高的系统。它支持多种处理器，如 x86、i960、Sun Sparc、Moto-rola MC68xxx、MIPS RX000、Power PC、ARM、StrongARM 等。大多数的 VxWorks 应用程序编程接口（API）是专有的。

2）QNX 操作系统。QNX 是一个实时的、可扩充的操作系统；它部分遵循 POSIX 相关标准，如 POSIX.1b 实时扩展；它提供了一个很小的微内核以及一些可选的配合进程。其内核仅提供 4 种服务，即进程调度、进程间通信、底层网络通信和中断处理，其进程在独立的地址空间中运行。所有其他操作系统服务都实现为协作的用户进程，因此 QNX 内核非常小巧（QNX4．x 大约为 12KB），而且运行速度极快。这个灵活的结构可以使用户根据实际的需求，将系统配置成微小的嵌入式操作系统或包括几百个处理器的超级虚拟机操作系统。

POSIX 表示可移植操作系统接口（Portable Operating System Interface，POSIX），是为了更像 UNIX 操作系统中 UNIX 的读者。

美国电气和电子工程师协会（IEEE）最初开发 POSIX 标准，是为了提高 UNIX 操作系统中 UNIX 的读者。环境下应用程序的可移植性。

然而，POSIX 并不局限于 UNIX 及许多其他的操作系统，例如 DEC OpenVMS 和 Windows NT，都支持 POSIX 标准，尤其是 IEEE Std.1003.1-1990（1995 年修订）或 POSIX.1，POSIX.1 提供了源代码级别的 C 语言应用编程接口（API）给操作系统的服务程序，例如读/写文件。

POSIX.1 已经被国际标准化组织（ISO）所接受，被命名为 ISO/IEC 9945-1：1990 标准。目前 POSIX 已经发展成为一个非常庞大的标准族，某些部分正处在开发过程中。POSIX 与 IEEE 1003 和 2003 家族的标准是可互换的。

3）Palm OS。3Com 公司的 Palm OS 在掌上计算机 和 PDA 市场上占有很大的市场份额。它有开放的操作系统应用程序接口，开发商可以根据需要自行开发所需的应用程序。目前共有 3500 多个应用程序可以运行在 Palm Pilot 上。其中大部分应用程序均为其他厂商和个人所开发，使 Palm Pilot 的功能得以不断增多。这些软件包括计算器、各种游戏、电子宠物及地理信息等。在开发环境方面，可以在 Windows 95/98/NT 以及 Macintosh 下安装 Palm Pilot Desktop。Palm Pilot 可以与流行的 PC 平台上的应用程序（如 Word、Excel 等）进行数据交换。

4）Windows CE 操作系统。Microsoft Windows CE 是从整体上为有限资源的平台设计的多线程、完整优先权、多任务的操作系统。它的模块化设计允许它对从掌上计算机 到专用的工业控制器的用户电子设备进行定制。操作系统的基本内核至少需要 200KB 的 ROM。

5）LynxOS。Lynx Real-Time Systems 的 LynxOS 是一个分布式、嵌入式、可规模扩展的实时操作系统，它遵循 POSIX.1a，POSIX.1b 和 POSIX.1c 标准。LynxOS 支持线程概念，提供 256 个全局用户线程优先级；提供一些传统的、非实时系统的服务特征，包括基于调用需求的虚拟内存，一个基于 Motif 的用户图形界面，与工业标准兼容的网络系统以及应用开发工具。

Motif 是开放软件基金（OSF）于 1989 年推出的一个图形用户界面系统。由于它融合了多种图形用户界面产品中的优点，因此得到了 OSF 的所有成员及广大第三方厂商的广泛支持。目前 Motif 已作为软件产品在 OS/2、UNIX、Sys V、OSF/1、VMS、Macintosh OS、Ultrix 等 48 种操作系统平台上实现，并可在 PC、工作站、小型机和大型机等各种计算机系统上运行。为了讲清楚 Motif 是什么概念，先讲一下图形用户界面系统的层次结构（读者可查阅详细相关资料）。一般的图形用户界面系统由 6 个层次构成，即桌面管理系统、用户模型、窗口模型、显示模型、操作系统及硬件平台。Motif 位于用户模型层。它建立在 X Windows 系统之上，也就是说它以 X Windows 系统作为显示模型的窗口模型。

Motif 由工具箱（Motif Toolkit）、用户界面语言（UIL）、窗口管理程序（MWM）及风格指南文档（Style Guide）等 4 部分组成。Motif Toolkit 是一个具体的 X Toolkit 产品，它包括 Xt Intrinsics、Motif 对象元类集合和操纵这个对象元类集合的简便函数等 3 个部分。利用 Motif 开发的应用程序通常可分为两个部分：一部分是有关应用程序界面的代码；另一部分是关于应用程序具体功能的代码。一般来说，应用程序中这两个部分是不会相互干扰的。例如，菜单项位置的变动、标图的更换就都不会影响应用程序的功能。基于上述事实，Motif 引入了用户界面语言来解决用户界面的描述问题。

与其他窗口管理程序一样，Motif 的窗口管理程序提供了一个对屏幕上的窗口进行管理的手段，同时它也强化了用户界面视感的一致性。MWM 支持 Motif 风格指南所描述的各种窗口操作及显示窗口时的各种约定。Motif 的风格指南以文档的形式说明了在 Motif 环境下开发应用程序时应遵守的规范。

6）嵌入式 Linux 操作系统。随着 Linux 操作系统的迅速发展，嵌入式 Linux 操作系统目前已经有许多的版本，包括强实时的嵌入式 Linux（如新墨西哥工学院的 RT-Linux 和堪萨斯大学的 KURT-Linux）和一般的嵌入式 Linux 版本（如 uClinux 和 Pocket Linux 等）。其中，RT-Linux 通过把通常的 Linux 任务优先级设为最低，而使所有的实时任务的优先级都高于它，以达到既兼容通常的 Linux 任务又保证强实时性能的目的。

另一种常用的嵌入式 Linux 操作系统是 uClinux，它是针对没有内存管理单元（MMU）的处理器而设计的。它不能使用处理器的虚拟内存管理技术，它对内存的访问是直接的，所有程序中访问的地址都是实际的物理地址。它专为嵌入式系统做了许多小型化的工作。由于嵌入式系统越来越追求数字化、网络化和智能化，因此原来在某些设备或领域中占主导地位的软件系统越来越难以为继（因为要达到上述要求，整个系统必须是开放的、提供标准的API，并且能够方便地与众多第三方的软硬件沟通）。Linux 操作系统主要特点如下。

① Linux 操作系统是开放源码的，不存在黑箱技术，遍布全球的众多 Linux 操作系统爱好者又是 Linux 操作系统开发的强大技术后盾。

② Linux 操作系统的内核小，功能强大，运行稳定，系统健壮，效率高。

③ Linux 操作系统易于定制裁剪，在价格上极具竞争力。

④ Linux 操作系统不仅支持 X86 CPU，而且可以支持其他数十种 CPU 芯片。

⑤ 有大量的且不断增加的开发工具，这些工具为嵌入式系统的开发提供了良好的开发环境。

⑥ Linux 操作系统沿用了 UNIX 操作系统的发展方式，遵循国际标准，可以方便地获得众多第三方软硬件厂商的支持。

⑦ Linux 操作系统内核的结构在网络方面是非常完整的，它提供了对十兆/百兆/千兆以太网、无线网络、令牌网、光纤网及卫星网等多种联网方式的全面支持。

⑧ 在图像处理、文件管理及多任务支持等诸多方面，Linux 操作系统的表现也都非常出色，它不仅可以充当嵌入式系统的开发平台，而且其本身也是嵌入式系统应用开发的好工具。

7）uC/OS。uC/OS 是源码公开的实时嵌入式操作系统。uC/OS-Ⅱ的主要特点如下。

① 公开源代码。系统透明，很容易就能把操作系统移植到各个不同的硬件平台上。

② 可移植性强。uC/OS-Ⅱ绝大部分源码是用 ANSI C 写的，可移植性（Portable）较强。而与微处理器硬件相关的部分是用汇编语言写的，已经压到最低限度，使得 uC/OS-Ⅱ便于移植到其他微处理器上。

③ 可固化。uC/OS-Ⅱ是为嵌入式应用而设计的，这就意味着，只要开发者有只读存储器化（ROMable）手段（C 编译、联接、下载和固化），uC/OS-Ⅱ就可以嵌入到开发者的产品中成为产品的一部分。

④ 可"裁剪"。通过条件编译，可以只使用 uC/OS-Ⅱ中应用程序需要的那些系统服务程序，以减少产品中的 uC/OS-Ⅱ所需的存储器空间（RAM 和 ROM）。

⑤ 占先式。uC/OS-Ⅱ完全是占先式（Preemptive）的实时内核，这意味着 uC/OS-Ⅱ总是在运行就绪条件下优先级最高的任务。大多数商业内核也是占先式的，uC/OS-Ⅱ在性能上和它们类似。

⑥ 实时多任务。uC/OS-Ⅱ不支持时间片轮转调度法（Round-roblin Scheduling）。该调度法适用于调度优先级平等的任务。

⑦ 可确定性。全部 uC/OS-Ⅱ的函数调用与服务的执行时间具有可确定性。

uC/OS-Ⅱ 仅是一个实时内核，这就意味着它不像其他实时操作系统那样，提供给用户的只是一些应用程序编程函数接口，有很多工作往往需要用户自己去完成。把 uC/OS-Ⅱ移植到目标硬件平台上也只是系统设计工作的开始，后面还需要针对实际的应用需求对 uC/OS-Ⅱ进行功能扩展，包括底层的硬件驱动、文件系统、用户图形接口（GUI）等，从而建立一个实用的 RTOS。

（2）国内著名的实时操作系统

国内的实时操作系统研究开发有两种类型。一类是中国自主开发的实时操作系统，如 Delta OS（道系统）、Hopen OS（女娲计划）、EEOS、HBOS 以及中科院北京软件工程研制中心开发的 CASSPDA 等；另一类是基于国外操作系统二次开发完成的，这类操作系统大多是专用系统（在此不对这类系统进行介绍）。

1）DeltaOS。DeltaOS 是电子科技大学嵌入式实时教研室和科银公司（专门从事嵌入式开发）联合研制开发的全中文的嵌入式操作系统，提供强实时和嵌入式多任务的内核，任务响应时间快速、确定，不随任务负载大小改变，绝大部分的代码由 C 语言编写，具有很好的移植性。它适用于内存要求较大、可靠性要求较高的嵌入式系统，主要包括嵌入式实时内核 DeltaCore、嵌入式 TCP/IP 组件 DeltaNet、嵌入式文件系统 DeltaFile 以及嵌入式图形接口 DeltaGUI 等。同时，它还提供了一整套的嵌入式开发套件 LamdaTool，是国内嵌入式领域内不可多得的一整套嵌入式开发应用解决方案，已成功应用于通信、网络、信息家电等多个领域。

2）Hopen OS。Hopen OS 是凯思集团自主研制开发的实时操作系统，由一个体积很小的内核及一些可以根据需要进行定制的系统模块组成。其核心 Hopen Kernel 的规模一般为 10KB 左右，占用空间小，并具有实时、多任务、多线程的系统特征。

3）EEOS。EEOS 是中科院计算所组织开发的开放源码的实时操作系统。该实时操作系统重点支持 P-Java，要求一方面小型化，另一方面能重用 Linux 操作系统的驱动和其他模块。中科院计算所将在 2 或 3 年内持续加大投资，以期将其扩展成能力强、功能完善、且稳定和可靠的嵌入式操作系统平台，包含 E2 实时操作系统、E2 工具链及 E2 仿真开发环境的完整环境。

4）HBOS。HBOS 是浙江大学自主研制开发的全中文实时操作系统。它具有实时、多任务等特征，能提供浏览器、网络通信和图形窗口等服务；可供进行一定的定制或二次开发；能为应用软件开发提供 API 支持；可用于信息家电、智能设备和仪器仪表等领域的开发应用。在 HBOS 平台下，已经成功地开发出机顶盒和数据采集等系统。

2.1.3 嵌入式系统的应用

嵌入式系统技术具有非常广阔的应用前景，其应用领域可以包括以下几个方面。

（1）工业控制

基于嵌入式芯片的工业自动化设备将获得长足的发展，目前已经有大量的 8 位、16 位、32 位嵌入式微控制器在应用中。网络化是提高生产效率和产品质量、减少人力资源的主要途径，如工业过程控制、数字机床、电力系统、电网安全、电网设备监测及石油化工系统等。就传统的工业控制产品而言，低端型采用的往往是 8 位单片机，但随着技术的发展，32 位、64 位的处理器逐渐成为工业控制设备的核心，在未来几年内必将获得长足的发展。

（2）交通管理

在车辆导航、流量控制、信息监测与汽车服务方面，嵌入式系统技术已经获得了广泛的应用，内嵌 GPS 模块、GSM 模块的移动定位终端已经在各种运输行业中获得了成功的使用。目前 GPS 设备已经从尖端产品进入了普通百姓的家庭。

（3）信息家用电器

信息家用电器是嵌入式系统最大的应用领域，电冰箱、空调等家用电器的网络化、智能化将引领人们的生活步入一个崭新的空间。即使你不在家里，也可以通过电话线、网络进行远程控制。在这些设备中，嵌入式系统将大有用武之地。

（4）家庭智能管理系统

水、电、煤气表的远程自动抄表以及安全防火、防盗系统，其中嵌有的专用控制芯片将代替传统的人工检查，并实现更准确和更安全的性能。目前在服务领域（如远程点菜器等）已经体现了嵌入式系统的优势。

（5）POS 网络及电子商务

公共交通无接触智能卡（Contactless Smart Card，CSC）发行系统、公共电话卡发行系统、自动售货机及各种智能 ATM 终端将全面走入人们的生活，到时手持一卡就可以行遍天下。

（6）环境工程与自然

可实现水文资料实时监测、防洪体系和水土质量监测、堤坝安全、地震监测网、实时气象信息网、水源和空气污染监测。在很多环境恶劣、地况复杂的地区，嵌入式系统将实现无人监测。

（7）机器人

嵌入式芯片的发展将使机器人在微型化、高智能方面优势更加明显，同时会大幅度降低机器人的价格，使其在工业领域和服务领域获得更广泛的应用。

这些应用中，着重于在控制方面的应用。就远程家用电器控制而言，除了开发出支持 TCP/IP 的嵌入式系统之外，家用电器产品控制协议也需要制订和统一，这需要家用电器生产厂家来做。同样的道理，所有基于网络的远程控制器件都需要与嵌入式系统之间实现接口，然后再由嵌入式系统来控制，并通过网络实现控制。因此，开发和探讨嵌入式系统有着十分重要的意义。

2.2　传感器技术

传感器技术是测量技术、半导体技术、计算机技术、信息处理技术、微电子学、光学、声学、精密机械、仿生学和材料科学等众多学科相互交叉的综合性和高新技术密集型前沿技术之一，是现代新技术革命和信息社会的重要基础，是自动检测和自动控制技术不可缺少的重要组成部分。

2.2.1　传感器的概念

（1）传感器的定义

传感器是一种检测装置，能感受到被测量的信息，并能将检测感受到的信息，按一定规律变换成为电信号或其他所需形式的信息输出，以满足信息的传输、处理、存储、显示、记录和控制等要求。它是实现自动检测和自动控制的首要环节。国家标准（GB7665-87）对传感器（Transducer/Sensor）的定义是，能感受规定的被测量并按照一定的规律转换成可用输出信号的器件和装置，通常由敏感元器件和转换元器件组成。从定义中可以看出，传感器包含如下的概念。

1）传感器是测量装置，能完成检测任务。

2）它的输出量是某一被测量，可能是物理量，也可能是化学量、生物量等。

3）它的输出量是某种物理量，这种量要便于传输、转换、处理及显示等，这种量可以是气、光、电量，但主要是电量。

4）输出输入有对应关系，且应有一定的精确程度。

（2）传感器的性能指标及要求

传感器的质量优劣一般通过相关性能来衡量。一般在检测系统中所用的如灵敏度、分辨率、准确度、线性度及频率特性等特性参数外，还常用阈值、过载能力、稳定性、漂移、可靠性、重复性等与环境相关的参数及使用条件等。

1）阈值：指零位附近的分辨力，即使传感器输出端产生可测变化量的最小被测输入量值。

2）漂移：在一定时间间隔内传感器输出量存在着与被测输入量无关的、不需要的变化，包括零点漂移与灵敏度漂移。

3）过载能力：传感器在不致引起规定性能指标永久改变的条件下，允许超过测量范围的能力。

4）稳定性：传感器在具体时间内保持其性能的能力。

5）重复性：传感器输入量在同一方向做全量程内连续重复测量所得输出/输入特性曲线不一致的程度。

6）可靠性：通常包括工作寿命、平均无故障时间、保险期、疲劳性能、绝缘电阻及耐压等。

7）传感器工作要求：主要要求有高精度、低成本、灵敏度高、稳定性好、工作可靠、抗干扰能力强、良好的动态特性、结构简单、功耗低及易维护等。

2.2.2 传感器的组成

传感器是能感受规定的被测量，并按一定的规律性转换成可用输出信号的器件或装置，通常由敏感元器件、转换元器件和转换电路组成。传感器的组成框图如图2-2所示。

1）敏感元器件。直接感受被测量，并输出与被测量成确定关系的物理量。能敏锐地感受某种物理、化学、生物的信息，并将

图2-2　传感器的组成框图

其转变为电信息的特种电子元器件。有些传感器，它的敏感元器件与转化元器件合并在一起。例如，半导体气体、湿度传感器等。

不同的传感器的敏感元器件是不同的。例如，应变式压力传感器，它的敏感元器件是一个弹性膜片。它能敏锐地感受某种物理、化学、生物的信息，并将其转变为电信息的特种电子元器件。这种元器件通常是利用材料的某种敏感效应制成的。敏感元器件可以按输入的物理量来命名，如热敏、光敏、（电）压敏、（压）力敏、磁敏、气敏及湿敏元器件。在电子设备中采用敏感元器件来感知外界的信息，可以达到或超过人类感觉器官的功能。敏感元器件

是传感器的核心元器件。随着电子计算机和信息技术的迅速发展，敏感元器件的重要性日益增大。

2）转换元器件。敏感元器件的输出就是它的输入，转换器电路参量。有些传感器的敏感元器件与转化元器件是合并在一起的，例如，半导体气体、湿度传感器等。例如，应变式传感器的转化元器件是一个应变片。一般传感器的转化元器件是需要辅助电源的。

3）转换电路。上述电路参数接入基本转换电路，便可转换成电量输出。

2.2.3 传感器的分类

可以用不同的方法对传感器进行分类，即按传感器的转换原理（传感器工作的基本物理或化学效应）、传感器用途、输出信号的类型以及传感器制作的材料和工艺等来划分传感器类型。

1）根据传感器的应用原理，可将传感器分为物理传感器和化学传感器两大类。

物理传感器是应用了物理效应，诸如压电效应、磁致伸缩现象、离化、极化、热电、光电、磁电等效应。被测信号的微小变化都将转换成电信号。

化学传感器包括那些化学吸附、电化学反应等现象为因果关系的传感器，被测信号的微小变化都将转换成电信号。

有些传感器既不能被划分到物理类，也不能被划分到化学类，大多传感器是以物理原理为基础运作的。化学传感器技术问题比较多，例如技术生产的可靠性及价格问题等。只有解决了这些问题，化学传感器的应用才会有大幅的增长。

2）按照传感器的作用，可以分为压力敏和力敏传感器、位置传感器、液面传感器、能耗传感器、速度传感器、加速度传感器、射线辐射传感器以及热敏传感器等。

3）按照传感器的工作原理，可分为振动传感器、湿敏传感器、磁敏传感器、气敏传感器、真空传感器以及生物传感器等。

4）按输出信号标准，可以将传感器分为模拟传感器（将被测量的非电学量转换成模拟电信号）、数字传感器（将被测量的非电学量转换成数字信号输出，包括直接和间接转换）、膺数字信息传感器（将被测量的信号转换成频率信号或短周期信号输出，包括直接和间接转换）、开关传感器（当一个被测量的信号达到某个特定的阈值时，传感器相应地输出一个设定低电平或高电平信号）。

5）在外界因素作用下，所有材料都会做出相应的、具有特征性的反应，它们中的那些对外界作用最敏感的材料，即那些具有功能特性的材料，被用来制作传感器的敏感元器件。从所应用的材料传感器可分为以下类型。

① 按其所用材料类别来分，可分为金属、聚合物、陶瓷、混合物。

② 按材料物理性质来分，可分为导体、绝缘体、半导体、磁性材料。

③ 按材料的晶体结构来分，可分为单晶、多晶、非晶材料。

6）按传感器制造工艺可以分为集成传感器、薄膜传感器、厚膜传感器及陶瓷传感器等。

① 集成传感器是用标准的生产半导体集成电路的工艺技术制造的。通常还将用于初步处理被测信号的部分电路也集成在同一芯片上。

② 薄膜传感器则是通过沉积在介质衬底（基板）上的、相应敏感材料的薄膜形成的。

当使用混合工艺时，同样可将部分电路制造在此基板上。

③ 厚膜传感器是利用相应材料的浆料、涂覆在陶瓷基片上制成的，基片通常是由氧化铝（Al_2O_3）制成的，然后进行热处理，使厚膜成形。

④ 陶瓷传感器采用标准的陶瓷工艺或其某种变种工艺（溶胶-凝胶等）生产。

2.2.4 常用传感器

1. 电阻应变式传感器

电阻应变式传感器利用电阻应变片将应变转换为电阻值变化的传感器。应变式传感器由弹性元器件、应变片、附件（补偿元器件、保护罩等）组成，电阻应变式传感器原理图如图2-3所示。

应变片能将应变直接转换成电阻的变化，需先将其他物理量（力、压力、加速度等）转换成应变—弹性元器件。

应变：物体在外部压力或拉力作用下发生形变的现象。

弹性应变：在外力去除后，物体能够完全恢复其原来尺寸和形状。

弹性元器件：具有弹性应变特性的物体。

工作原理：当被测物理量作用于弹性元器件上时，弹性元器件在力、力矩或压力等的作用下发生变形，产生相应的应变或位移，然后传递给与之相连的应变片，引起应变片的电阻值变化，通过测量电路变成电量输出。输出的电量大小反映被测量的大小。

结构：应变式传感器由弹性元器件上的粘贴电阻应变片构成。

应用：广泛用于力、力矩、压力、加速度、重量等参数的测量。

（1）电阻应变效应

电阻应变片的工作原理是基于应变效应，即导体或半导体材料在外界力的作用下产生机械变形时，其电阻值相应发生变化，这种现象称为应变效应。

（2）电阻应变片的结构

金属电阻应变片的结构图如图2-4所示。

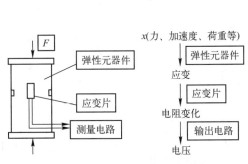

图2-3　电阻应变式传感器原理图

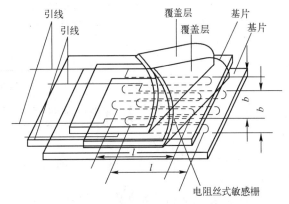

图2-4　金属电阻应变片的结构图

（3）电阻应变式传感器的应用

1）应变式力传感器。

被测物理量：荷重或力。

主要用途：作为各种电子秤与材料试验机的测力元器件、发动机的推力测试、水坝坝体承载状况监测等。力传感器的弹性元器件有柱式、筒式、环式及悬臂式等。

2）应变式压力传感器。主要用来测量流动介质的动态或静态压力，应变片压力传感器大多采用膜片式或筒式弹性元器件。

3）应变式容器内液体重量传感器。感压膜感受上面液体的压力。

4）应变式加速度传感器。用于物体加速度的测量。依据 $a=F/m$。电阻应变式加速度传感器结构图如图 2-5 所示。

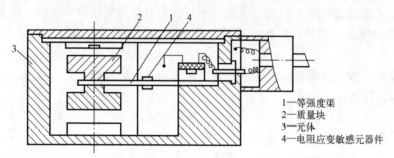

1—等强度渠
2—质量块
3—元体
4—电阻应变敏感元器件

图 2-5　电阻应变式加速度传感器结构图

2．电容式传感器

（1）电容式传感器的工作原理

由绝缘介质分开的两个平行金属板组成的平板电容器，如果不考虑边缘效应，其电容量为

$$C = \frac{\varepsilon S}{d}$$

当被测参数变化使得 S、d 或 ε 发生变化时，电容量 C 也随之变化。

如果保持其中两个参数不变，而仅改变其中一个参数，就可把该参数的变化转换为电容量的变化，通过测量电路就可转换为电量输出。

电容式传感器可分为变极距型、变面积式和变介电常数式 3 种。

1）变间隙型电容传感器。变间隙型电容传感器原理示意图如图 2-6 所示。

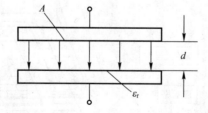

图 2-6　变间隙型电容传感器原理示意图

当传感器的 ε_r 和 S 为常数、初始极距为 d_0 时，初始电容量 C_0 为

$$C_0 = \frac{\varepsilon_0 \varepsilon_r S}{d_0}$$

若电容器极板间距离由初始值 d_0 缩小了 Δd，电容量增大了 ΔC，则有

$$C = C_0 + \Delta C = \frac{\varepsilon_0 \varepsilon_r S}{d_0 - \Delta d} = \frac{C_0}{1 - \dfrac{\Delta d}{d_0}}$$

式中，若 $\Delta d/d_0 \ll 1$ 时，则展成级数，有

$$C = C_0 \left[1 + \frac{\Delta d}{d_0} + \left(\frac{\Delta d}{d_0}\right)^2 + \left(\frac{\Delta d}{d_0}\right)^3 + \cdots \right] \approx C_0 \left[1 + \frac{\Delta d}{d_0} \right]$$

此时 C 与 Δd 近似呈线性关系，所以变极距型电容式传感器只有在 $\Delta d/d_0$ 很小时，才有近似的线性关系。

另外，在 d_0 较小时，对于同样的 Δd 变化所引起的 ΔC 可以增大，从而使传感器灵敏度提高。但 d_0 过小，容易引起电容器击穿或短路。为此，极板间可采用高介电常数的材料（云母、塑料膜等）作介质。放置云母片的电容器的结构图如图 2-7 所示，此时电容 C 变为

$$C = \frac{S}{\dfrac{d_g}{\varepsilon_0 \varepsilon_g} + \dfrac{d_0}{\varepsilon_0}}$$

式中，ε_g 为云母的相对介电常数，$\varepsilon_g = 7$；ε_0 为空气的介电常数，$\varepsilon_0 = 1$；d_0 为空气隙厚度；d_g 为云母片的厚度。

云母片的相对介电常数是空气的 7 倍，其击穿电压不小于 1000kV/mm，而空气仅为 3kV/mm。因此有了云母片，极板间起始距离可大大减小。

一般变极板间距离电容式传感器的起始电容在 20～100pF 之间，极板间距离在 25～200μm 的范围内。最大位移应小于间距的 1/10，故在微位移测量中应用最广。

2）变面积式电容传感器。变面积式电容传感器原理示意图如图 2-8 所示。被测量通过动极板移动引起两极板有效覆盖面积 S 改变，从而得到电容量的变化。当动极板相对于定极板沿长度方向平移 Δx 时，则电容变化量为

$$\Delta C = C - C_0 = \frac{\varepsilon_0 \varepsilon_r \Delta x \cdot b}{d}$$

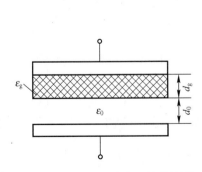

图 2-7　放置云母片的电容器的结构图

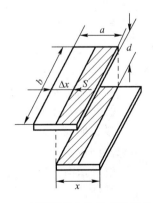

图 2-8　变面积式电容传感器原理示意图

式中，$C_0 = \varepsilon_0\varepsilon_r ba/d$ 为初始电容。电容相对变化量为

$$\frac{\Delta C}{C_0} = \frac{\Delta x}{a}$$

这种形式的传感器其电容量 C 与水平位移 Δx 呈线性关系。

3）变介质式电容式传感器。电容式液位变换器结构原理图如图 2-9 所示。

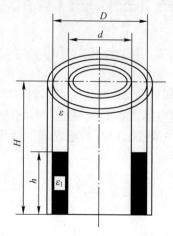

图 2-9　电容式液位变换器结构原理图

此时变换器电容值为

$$C = \frac{2\pi\varepsilon_1 h}{1n\dfrac{D}{d}} + \frac{2\pi_1(H-h)}{1n\dfrac{D}{d}} = \frac{2\pi\varepsilon H}{1n\dfrac{D}{d}} + \frac{2\pi h(\varepsilon_1 - \varepsilon)}{1n\dfrac{D}{d}} = C_0 + \frac{2\pi h(\varepsilon_1 - \varepsilon)}{1n\dfrac{D}{d}}$$

$$C_0 = \frac{2\pi\varepsilon H}{1n\dfrac{D}{d}}$$

式中，C_0 为由变换器的基本尺寸决定的初始电容值，可见，此变换器的电容增量正比于被测液位高度 h。

3．电感式传感器

电感式传感器的工作原理是基于电磁感应原理，它是把被测量转化为电感量变化的一种装置。按照转换方式的不同可分为自感式（包括可变磁阻式与涡流式）和互感式（差动变压器式）两种。

（1）自感式传感器

自感式电感传感器主要有变间隙型、变面积型和螺管型 3 种类型。由线圈、铁心和衔铁 3 部分组成。铁心和衔铁由导磁材料制成。

在铁心和衔铁之间有气隙，传感器的运动部分与衔铁相连。当衔铁移动时，气隙厚度 δ 发生改变，引起磁路中磁阻变化，从而导致电感线圈的电感值变化，因此只要能测出这种电感量的变化，就能确定衔铁位移量的大小和方向。

（2）互感式传感器

把被测的非电量变化转换为线圈互感变化的传感器称为互感式传感器。这种传感器

是根据变压器的基本原理制成的，并且次级绕组用差动形式连接，故称差动变压器式传感器。

差动变压器结构形式为变隙式、变面积式和螺线管式等。

在非电量测量中，应用最多的是螺线管式差动变压器，它可以测量 1～100mm 机械位移，并具有测量精度高、灵敏度高、结构简单、性能可靠等优点。

1）互感式传感器的工作原理。互感式传感器的工作原理类似变压器的工作原理。

2）差动变压器的结构和等效电路如图 2-10 所示。

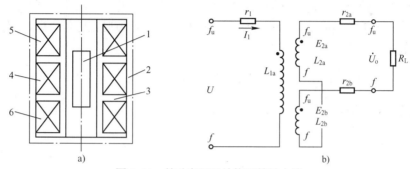

图 2-10　差动变压器结构和等效电路

a) 螺线管式差动变压器结构　b) 差动变压器等效电路

1—活动衔铁　2—导磁外壳　3—骨架　4—匝数为 N_1 的初级绕组　5—匝数为 N_{L1} 的次级绕组　6—匝数为 N_{22} 的次数绕组

4．热电式传感器

热敏式传感器主要有热电式和热电阻式两种类型。

（1）热电偶

热电偶作为温度传感器，测得与温度相应的热电动势，由仪表显示出温度值。它广泛用来测量–200～1 300℃范围内的温度，特殊情况下，可测至 2 800℃的高温或 4K 的低温。它具有结构简单、价格便宜、准确度高、测温范围广等特点。热电偶将温度转化成电量进行检测，使温度的测量、控制以及对温度信号的放大、变换都很方便，适用于远距离测量和自动控制。

热电偶工作原理如下。

热电效应。两种不同材料的导体（或半导体）组成一个闭合回路，当两接点温度 T 和 T_0 不同时，在该回路中就会产生电动势的现象。

由两种导体的组合并将温度转化为热电动势的传感器叫作热电偶。

热电动势是由两种导体的接触电动势（珀尔贴电势）和单一导体的温差电动势（汤姆逊电势）所组成的。热电动势的大小与两种导体材料的性质及接点温度有关。

接触电动势。因两种不同导体的自由电子密度不同而在接触处形成的电动势。

温差电动势。由于同一导体的两端的温度不同而产生的电动势。

导体内部的电子密度是不同的，当两种电子密度不同的导体 A 与 B 接触时，接触面上就会发生电子扩散，电子从电子密度高的导体流向密度低的导体。电子扩散的速率与两导体的电子密度有关，并与接触区的温度成正比。设导体 A 和 B 的自由电子密度为 N_A 和 N_B，且 $N_A > N_B$，电子扩散的结果使导体 A 失去电子而带正电，导体 B 则获得电子而带负电，在

接触面形成电场。这个电场阻碍了电子的扩散，当达到动态平衡时，在接触区就形成一个稳定的电位差，即接触电势，其大小为

$$e_{AB} = (kT/e)\ln(N_A/N_B)$$

式中，k 为玻耳兹曼常数，$k=1.38\times10^{-23}$J/K；e 为电子电荷量，$e=1.6\times10^{-19}$C；T 为接触处的温度，单位是 K；N_A、N_B 为分别为导体 A 和 B 的自由电子密度。

因导体两端温度不同而产生的电动势称为温差电势。由于温度梯度的存在，改变了电子的能量分布，高温（T）端电子将向低温端（T_0）扩散，致使高温端因失去电子而带正电，低温端因获电子而带负电。因而在同一导体两端也产生电位差，并阻止电子从高温端向低温端扩散，于是电子扩散形成动平衡，此时所建立的电位差称为温差电势，即汤姆逊电势，它与温度的关系为

$$e = \int_{T_0}^{T} \sigma dT$$

式中，σ 为汤姆逊系数，表示温差 1℃ 所产生的电动势值，其大小与材料性质及两端的温度有关。

导体 A 和 B 组成的热电偶闭合电路在两个接点处有两个接触电势 $e_{AB}(T)$ 与 $e_{AB}(T_0)$，又因为 $T>T_0$，在导体 A 和 B 中还各有一个温差电势。所以闭合回路总热电动势 $E_{AB}(T,T_0)$ 应为接触电动势和温差电势的代数和，即

$$E_{AB}(T,T_0) = e_{AB}(T) - e_{AB}(T_0) - \int_{T_0}^{T}(\sigma_A - \sigma_B)dT$$

对于已选定的热电偶，当参考温度恒定时，总热电动势就变成测量端温度 T 的单值函数，即 $E_{AB}(T,T_0)=f(T)$。这就是热电偶测量温度的基本原理。

在实际测温时，必须在热电偶闭合回路中引入连接导线和仪表。

（2）热电偶基本定律

1）中间导体定律。在热电偶回路中接入第 3 种材料的导体，只要其两端的温度相等，该导体的接入就不会影响热电偶回路的总热电动势。根据这一定则，可以将热电偶的一个接点断开接入第 3 种导体，也可以将热电偶的一种导体断开接入第 3 种导体，只要每一种导体的两端温度相同，就均不影响回路的总热电动势。在实际测温电路中，必须有连接导线和显示仪器，若把连接导线和显示仪器看成第 3 种导体，只要它们的两端温度相同，就不影响总热电动势。

2）中间温度定律。在热电偶测温回路中，t_c 为热电极上某一点的温度，热电偶 AB 在接点温度为 t、t_0 时的热电势 $e_{AB}(t, t_0)$ 等于热电偶 AB 在接点温度 t、t_c 和 t_c、t_0 时的热电势 $e_{AB}(t, t_c)$ 和 $e_{AB}(tc, t_0)$ 的代数和，即

$$e_{AB}(t,t_0)=e_{AB}(t,t_c)+e_{AB}(t_c,t_0)$$

3）标准导体（电极）定律。如果两种导体分别与第三种导体组成的热电偶所产生的热电动势已知，那么由这两种导体组成的热电偶所产生的热电动势也就已知，这个定律就称为标准电极定律。

4）均质导体定律。由一种均质导体组成的闭合回路，不论导体的横截面积、长度以及温度分布如何，都不产生热电动势。如果热电偶的两根热电极由两种均质导体组成，那么，热电偶的热电动势仅与两接点的温度有关，与热电偶的温度分布无关；如果热电极为非均质

电极，并处于具有温度梯度的温场时，就将产生附加电势，如果仅从热电偶的热电动势大小来判断温度的高低，就会引起误差。

（3）热电偶的材料与结构

1）热电偶的材料。适于制作热电偶的材料有 300 多种，其中广泛应用的有 40~50 种。国际电工委员会向世界各国推荐 8 种热电偶作为标准化热电偶，我国标准化热电偶也有 8 种。分别是铂铑 10-铂（分度号为 S）、铂铑 13-铂（R）、铂铑 30-铂铑 6（B）、镍铬-镍硅（K）、镍铬-康铜（E）、铁-康铜（J）、铜-康铜（T）和镍铬硅-镍硅（N）。

2）热电偶的结构。

① 普通型热电偶。主要用于测量气体、蒸气和液体等介质的温度。

② 铠装热电偶。由金属保护套管、绝缘材料和热电极三者组合成一体的特殊结构的热电偶。

③ 薄膜热电偶。用真空蒸镀的方法，把热电极材料蒸镀在绝缘基板上而制成。测量端既小又薄，厚度约为几个微米左右，热容量小，响应速度快，便于敷贴。

（4）热电偶冷端的温度补偿

根据热电偶测温原理，只有当热电偶的参考端的温度保持不变时，热电动势才是被测温度的单值函数。我们经常使用的分度表及显示仪表，都是以热电偶参考端的温度为 0℃ 为先决条件的。但是在实际使用中，因热电偶长度受到一定限制，参考端温度直接受到被测介质与环境温度的影响，不仅难于保持 0℃，而且往往是波动的，无法进行参考端温度修正。因此，要使变化很大的参考端温度恒定下来，通常采用以下方法。

1）0℃恒温法。

2）冷端温度修正法。

3）补偿导线法。

（5）热电阻式传感器

1）热电阻。温度升高会使金属内部原子晶格的振动加剧，从而使金属内部的自由电子通过金属导体时的阻碍增大，宏观上表现出电阻率变大，电阻值增加，称其为正温度系数，即电阻值与温度的变化趋势相同。

电阻温度计是利用导体或半导体的电阻值随温度的变化来测量温度的元器件，它由热电阻体（感温元器件）连接导线和显示或记录仪表构成。习惯上将用作标准的热电阻体称为标准温度计，而将工作用的热电阻体直接称为热电阻，被广泛用来测量–200~850℃范围内的温度，少数情况下，低温可至 1K，高温可达 1 000℃。在常用的电阻温度计中，标准铂电阻温度计的准确度最高，并作为国际温标中 961.78℃ 以下内插用标准温度计。同热电偶相比，它具有准确度高、输出信号大、灵敏度高、测温范围广、稳定性好及输出线性好等特性；但结构复杂，尺寸较大，因此热相应时间长，不适于测量体积狭小和温度瞬变区域。

热电阻按感温元器件的材质划分，可分为金属与半导体两类。金属导体有铂、铜、镍、铑铁及铂钴合金等，在工业生产中大量使用的有铂、铜两种热电阻；半导体有锗、碳和热敏电阻等。按准确度等级划分，可分为标准电阻温度计和工业热电阻；按结构划分，可分为薄膜型和铠装型等。

① 铂热电阻。铂的物理化学性能极为稳定，并有良好的工艺性。以铂作为感温元器件具有示值稳定、测量准确度高等优点，其使用范围是–200～850℃。除作为温度标准外，还

广泛用于高精度的工业测量。

② 铜热电阻。铜热电阻的使用范围是-50~150℃，具有电阻温度系数大、价格便宜、互换性好等优点，但它固有电阻太小。另外，铜在 250℃ 以上易氧化。铜热电阻在工业中的应用逐渐减少。

2）热敏电阻。热敏电阻有负温度系数（NTC）和正温度系数（PTC）之分。

NTC 又可分为两大类。第一类用于测量温度，它的电阻值与温度之间呈严格的负指数关系；第二类为突变型（CTR）。当温度上升到某临界点时，其电阻值突然下降。

热敏电阻是一种电阻值随其温度成指数变化的半导体热敏元器件。广泛应用于家用电器、汽车、测量仪器等领域。优点是电阻温度系数大，灵敏度高，比一般金属电阻大 10~100 倍；结构简单，体积小，可以测量"点"温度；电阻率高，热惯性小，适宜动态测量；功耗小，不需要参考端补偿，适于远距离的测量与控制。缺点是阻值与温度的关系呈非线性，元器件的稳定性和互换性较差。除高温热敏电阻外，不能用于 350℃ 以上的高温。

热敏电阻是有两种以上的过渡金属锰（Mn）、钴（Co）、氮（N）、铁（Fe）等复合氧化物构成的烧结体，根据组成的不同，可以调整它的常温电阻及温度特性。多数热敏电阻具有负温度系数，即当温度升高时电阻值下降，同时灵敏度也下降。此外，还有正温度系数热敏电阻和临界温度系数热敏电阻。

5．霍尔传感器

霍尔传感器是一种磁电式传感器。它是利用霍尔元器件基于霍尔效应原理而将被测量转换成电动势输出的一种传感器。由于霍尔元器件在静止状态下，具有感受磁场的独特能力，并且具有结构简单、体积小、噪声小、频率范围宽（从直流到微波）、动态范围大（输出电势变化范围可达 1 000∶1）、寿命长等特点，因此获得了广泛应用。例如，在测量技术中用于将位移、力、加速度等量转换为电量的传感器；在计算技术中用做加、减、乘、除、开方、乘方以及微积分等运算的运算器等。

（1）霍尔元器件的工作原理

霍尔元器件赖以工作的物理基础是霍尔效应。

1）霍尔效应。半导体薄片置于磁感应强度为 B 的磁场中，磁场方向垂直于薄片，当有电流 I 流过薄片时，在垂直于电流和磁场的方向上将产生电动势 E_H，这种现象称为霍尔效应。

流入激励电流端的电流 I 越大、作用在薄片上的磁感应强度 B 越强，霍尔电势也就越高。

霍尔电势 E_H 可表示为

$$E_H = k_H IB$$

式中，k_H 为灵敏度系数，与载流材料的物理性质和几何尺寸有关，表示在单位磁感应强度和单位控制电流时的霍尔电势的大小。

2）霍尔元器件的结构及特性。霍尔元器件是一种四端元器件。比较常用的霍尔元器件有 3 种结构，即单端引出线型、卧式型和双端引出线型。

（2）霍尔集成电路

霍尔集成电路可分为线性型和开关型两大类。一类是线性型霍尔集成电路，是将霍尔元器件和恒流源、线性差动放大器等做在一个芯片上，输出电压为伏级，比直接使用霍尔元器件方便得多。较典型的线性型霍尔器件如 UGN3501 等。另一类是开关型霍尔集成电路，是将霍尔元器件、稳压电路、放大器、施密特触发器及 OC 门（集电极开路输出门）等电路做在同一个芯片上。当外加磁场强度超过规定的工作点时，OC 门由高阻态变为导通状态，输出变为低电平；当外加磁场强度低于释放点时，OC 门重新变为高阻态，输出高电平。较典型的开关型霍尔器件如 UGN3020 等。

（3）霍尔传感器的应用

霍尔电势是关于 I、B、θ 3 个变量的函数，即 $E_H=k_HIB\cos\theta$。利用这个关系可以使其中两个量不变，将第 3 个量作为变量，或者固定其中一个量，其余两个量都作为变量。这使得霍尔传感器有许多用途，主要有电流的测量、位移的测量、角位移及转速的测量、运动位置的测量。另外，还有霍尔特斯拉计（高斯计）、霍尔传感器用于测量磁场强度、霍尔转速表及霍尔式接近开关等。

6．压电式传感器

（1）压电效应

某些电介质，当沿着一定方向对其施力而使它变形时，其内部就产生极化现象，同时在它的两个表面上便产生符号相反的电荷，在去掉外力后，又重新恢复到不带电状态。这种现象称为压电效应。当作用力方向改变时，电荷的极性也随之改变。有时人们把这种机械能转换为电能的现象，称为正压电效应。相反，在电介质极化方向施加电场，这些电介质也会产生几何变形，这种现象称为逆压电效应（电致伸缩效应）。具有压电效应的材料称为压电材料。

（2）压电材料

1）单晶压电晶体。石英晶体化学式为 SiO_2，是单晶体结构。图 2-11 所示为天然结构的石英晶体外形、切割方向和晶片示意图，它是一个正六面体。石英晶体各个方向的特性是不同的。其中纵向轴 z 称为光轴，经过六面体棱线并垂直于光轴的 x 称为电轴，与 x 和 z 轴同时垂直的 y 轴称为机械轴。通常把沿电轴 x 轴方向的力作用下产生电荷的压电效应称为纵向压电效应，而把沿机械轴 y 轴方向的力作用下产生电荷的压电效应称为横向压电效应，而当沿光轴 z 轴方向的力作用时不产生压电效应。

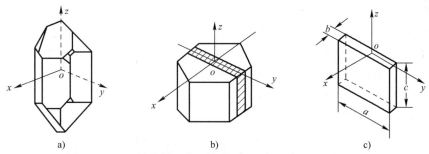

图 2-11　天然结构的石英晶体外形、切割方向和晶片示意图

a) 晶体外形　b) 切割方向　c) 晶片

2）多晶压电陶瓷。压电陶瓷是人工制造的多晶体压电材料。材料内部的晶粒有许多自发极化的电畴，它有一定的极化方向，从而存在电场。在无外电场作用时，电畴在晶体中杂乱分布，它们各自的极化效应被相互抵消，使压电陶瓷内极化强度为零。因此，原始的压电陶瓷呈中性，不具有压电性质。

在陶瓷上施加外电场时，电畴的极化方向发生转动，趋向于按外电场方向排列，从而使材料得到极化。外电场越强，就越有更多的电畴更完全地转向外电场方向。当让外电场强度大到使材料的极化达到饱和的程度，即所有电畴极化方向都整齐地与外电场方向一致时，在去掉外电场后，电畴的极化方向基本变化，即剩余极化强度很大，这时的材料才具有压电特性。

3）新型压电材料。新型压电材料主要有有机压电薄膜和压电半导体等。

（3）等效电路

由压电元器件的工作原理可知，压电式传感器可以看作一个电荷发生器。同时，它也是一个电容器，晶体上聚集正负电荷的两表面相当于电容的两个极板，极板间物质等效于一种介质，则其电容量为

$$C_a = \frac{\varepsilon_r \varepsilon_0 S}{d}$$

式中，S 为压电片的面积；d 为压电片的厚度；ε_r 为压电材料的相对介电常数。

因此，压电传感器可以等效为一个与电容相串联的电压源，如图 2-12a 所示，电容器上的电压 U_a、电荷量 q 和电容量 C_a 三者关系为

$$U_a = \frac{q}{C_a}$$

压电传感器也可以等效为一个电荷源，如图 2-12b 所示。

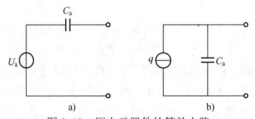

图 2-12　压电元器件的等效电路

a) 电压源　b) 电荷源

压电传感器在实际使用时总要与测量仪器或测量电路相连接，因此还需考虑连接电缆的等效电容 C_c、放大器的输入电阻 R_i、输入电容 C_i 以及压电传感器的泄漏电阻 R_a。这样，在测量系统中，压电传感器的实际等效电路如图 2-13 所示。

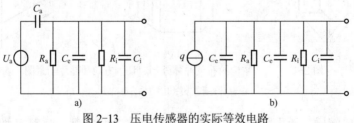

图 2-13　压电传感器的实际等效电路

a) 电压源　b) 电荷源

7. 光纤传感器

光纤传感器是 20 世纪 70 年代中期发展起来的一种新技术，它是伴随着光纤及光通信技术的发展而逐步形成的。

光纤传感器和传统的各类传感器相比有一定的优点，如不受电磁干扰，体积小，重量轻，可绕曲，灵敏度高，耐腐蚀，高绝缘强度，防爆性好，集传感与传输于一体，能与数字通信系统兼容等。

（1）光纤结构

光导纤维简称为光纤，它是一种特殊结构的光学纤维，由纤芯、包层和护层组成。

（2）光纤传感器的工作原理

众所周知，光在空间是直线传播的。在光纤中，光的传输限制在光纤中，并随着光纤能传送很远的距离，光纤的传输是基于光的全内反射。

光纤传感器原理实际上是光在调制区内，外界信号（温度、压力、应变、位移、振动及电场等）与光的相互作用，即研究光被外界参数的调制原理。外界信号可能引起光的强度、波长、频率、相位及偏振态等光学性质的变化，从而形成不同的调制。

光纤传感器一般分为两大类。一类是利用光纤本身的某种敏感特性或功能制成的传感器，称为功能型光纤（Functional Fiber，FF）传感器，又称为传感型传感器；另一类是光纤仅仅起传输光的作用，它在光纤端面或中间加装其他敏感元器件感受被测量的变化，这类传感器称为非功能型光纤（Non Functional Fiber，NFF）传感器，又称为传光型传感器。

（3）光纤传感器的特点

光纤传感器的主要特点有抗电磁干扰、电绝缘、耐腐蚀、灵敏度高、重量轻、体积小及可弯曲等。其测量对象广泛。对被测介质的影响小。

2.3 无线传感器网络

2.3.1 无线传感器网络的发展

无线传感器网络（WSN）的基本思想起源于 20 世纪 70 年代，开始主要是军事国防项目，随着半导体技术、微系统技术、通信技术及计算机技术的飞速发展，20 世纪 90 年代末在美国发展了现代意义的无线传感器网络技术。其后，该技术相继被一些重要机构预测为将改变世界的重要新技术，相关研究工作在世界各主要发达国家轰轰烈烈地开展起来。无线传感器网络从最初的概念雏形初步发展到如今较为成熟的软硬件体系。无线传感器网络技术的发展阶段如表 2-1 所示。

表 2-1　无线传感器网络技术的发展阶段

传感器网络发展阶段	时　间	主　要　特　点
第一代	20 世纪 70 年代	点对点传输，具有简单信息获取能力
第二代	20 世纪 80 年代	获取多种信息的综合能力
第三代	20 世纪 90 年代后期	智能传感器采用现场总线连接传感器构成局域网络
第四代	21 世纪至今	以无线传感器网络为标志，处于理论研究和应用开发阶段

早在冷战时期，美国就开始将 WSN 技术应用于军事领域。例如，布设在一些战略要地的海底、用于检测前苏联核潜艇行踪的海底声响监测系统（Sound Surveillance System，SOSUS）和用于防空的空中预警与控制系统（Airborne Warning and Control System，

AWACS），这种原始的传感器网络通常只能捕获单一信号，在传感器节点之间进行简单的点对点通信。为使传感器网络能在军事和民用领域被广泛应用，1980 年美国国防高级研究计划署（Defense Advanced Research Projects Agency，DARPA）提出了分布式传感器网络（Distributed Sensor Network，DSN）项目，该项目开始了现代传感器网络研究的先河。1998 年 DARPA 又投入巨资启动了 SensIT 项目，目标是实现"超视距"的战场监测。这两个项目的根本目的是研究传感器网络的基础理论和实现方法，并在此基础上研制具有实用目的的传感器网络。美国军方启动的一些具有代表性的项目，主要包括：1999～2001 年间由 DARPA 资助，UCBerkelcy 承担的 SmartDust 项目；1999～2004 年间海军研究办公室 Sea Web 计划等。当前，在美国国防部高级规划署、美国自然科学基金委员会和其他军事部门的资助下，美国科学家正在对无线传感器网络所涉及的各个方面进行深入的研究。在民用领域，从 1993 年开始美国许多知名高校、研究机构相继展开了对 WSN 的基础理论和关键技术的研究，其中具有代表性有 UCBerkeley 大学和 Intel 公司联合成立的被称为智能尘埃（Smart Dust）实验室；加州大学伯克利分校研制的传感器节点 Mica、MicaZ、Mica2Dot 已被广泛地用于无线传感器网络的研究和开发；美国加州大学（UCLA）的 WINS 实验室对如何为嵌入式系统提供分布式网络和互联访问能力进行了大量研究，提供了在同一个系统中综合微型传感器技术、低功耗信号处理、低功耗计算、低功耗低成本无线网络等技术的解决方案：RICE 大学研制的 Gnomes 传感器网络由低成本的定制节点组成，每个节点包含一个德州仪器（TI）的微控制器、传感器和一个蓝牙通信模块；2004 年在美国国家自然科学基金和国家健康协会的资助下，哈佛大学启动了 CodeBule 平台研究计划，目的是把 WSN 技术应用于医疗事业领域：包括医疗救急、灾害事故的快速反应、病人康复护理等方面。

日本总务省在 2004 年 3 月成立了"泛在传感器网络"调查研究会，主要的目的是对其研究开发课题、社会的认知性、推进政策等进行探讨。NEC、OKI 等公司已经推出了相关产品，并进行了一些应用试验。欧洲国家的一些大学和研究机构也纷纷开展了该领域的研究工作。学术界的研究主要集中在传感器网络技术和通信协议的研究上，也开展了一些感知数据查询处理技术的研究，取得了一些初步结果。

我国对无线传感器网络的发展非常重视。从 2002 年开始，国家自然科学基金、中国下一代互联网（CNGD）示范工程、国家"863"计划等已经陆续资助了多项与无线传感器网络相关的课题。另外，国内许多科研院所和重点高校近年来也都积极展开了该领域的研究工作。2004 年中国国家自然科学基金委员会将无线传感器网络列为重点研究项目。2005 年我国开始传感网的标准化研究工作。2006 年《国家中长期科学与技术发展规划纲要（2006 —2020）》列入了"传感器网络及智能信息处理"部分。对 WSN 的研究工作在我国虽然起步较晚，但在国家的高度重视和扶持下，已经取得了令人瞩目的成就。

2.3.2 无线传感器网络的结构

1. 无线传感器网络的组成

无线传感器网络集中了传感器技术、嵌入式计算技术和无线通信技术，能协作地感知、收集和测控各种环境下的感知对象，通过对感知信息的协作式数据处理，获得感知对象的准确信息，然后通过 Ad Hoc 方式传送给需要这些信息的用户。协作地感知、采集、处理、发布感知信息是无线传感器网络的基本功能。

由对无线传感器网络的描述可知，无线传感器网络包含有传感器、感知对象和观察者三个基本要素。一般情况下，无线传感器网络由传感器节点、汇聚节点、互联网和远程用户管理节点组成。图 2-14 所示为无线传感器网络组成框图。

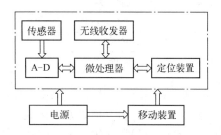

无线传感器网络是由大量体积小、成本低、具有无线通信和数据处理能力的传感器节点组成的。传感器节点一般由传感器、微处理器、无线收发器和电源组成，有的还包括定位装置和移动装置。

图 2-14　无线传感器网络组成框图

无线传感器网络由许多密集分布的传感器节点组成，每个节点的功能都是相同的，它们通过无线通信的方式自适应地组成一个无线网络。各个传感器节点将自己所探测到的有用信息，通过多跳中转的方式向指挥中心（主机）报告。传感器节点配备有满足不同应用需求的传感器，如温度传感器、湿度传感器、光照度传感器、红外线感应器、位移传感器及压力传感器等。典型无线传感器网络结构图如图 2-15 所示。

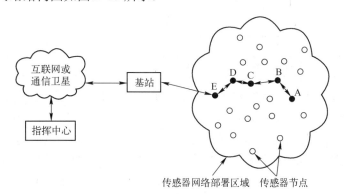

图 2-15　典型无线传感器网络结构图

2．节点单元硬件总体结构

无线传感器网络节点主要完成信息采集、数据处理以及数据回传等功能，其硬件平台主要包括微控制器、通信模块、传感器和供电单元等几部分。无线传感器网络节点硬件系统框图如图 2-16 所示。

图 2-16　无线传感器网络节点硬件系统框图

1）微控制器单元是无线传感器网络节点的核心部分，主要完成 3 部分的工作：第一是接收来自传感器的监测数据，对数据进行处理和计算，并通过通信模块发送出去；第二是读取通信模块接收到的数据及控制信息，进行数据处理，并对硬件平台或控制目标进行控制；第三是对通信协议进行处理，完成在无线传感器网络通信过程中的 MAC（媒体访问控制）、路由协议处理等。无线传感器网络节点微控制器的选择，需要针对传感器节点应用需求综合考虑其在处理能力、存储空间、能耗、外围接口等多方面因素。不同的硬件平台所使用的微处理器也不相同。典型的微处理器比较如表 2-2 所示。

表 2-2　典型的微处理器比较

厂　　商	芯 片 型 号	RAM 容量/KB	PLASH 容量/KB	正常工作电流/mA	睡眠模式下的电流/mA
Atmel	Atmega128	4	128	5.5	1
TI	MSP430F14×16 位	2	60	1.5	1
	MSP430F16×16 位	10	48	2	1
Intel	XScale PXA27X	256	1024	39	574

2）通信模块是传感器节点组网的必备功能，它使得独立的传感器节点之间可以相互连接，并能借助多跳功能将数据回传到汇聚节点。在进行通信模块硬件设计时应综合考虑通信模块的处理能力和数据传输时的能耗，在满足通信功能的情况下尽可能地降低通信能耗，延长节点工作时间。在无线传感器网络中典型的无线通信技术比较如表 2-3 所示。

表 2-3　在无线传感器网络中典型的无线通信技术比较

无线技术	频率	距离/m	功耗	传输速率/kbit/s
Bluetooth	2.4GHz	10	低	10 000
802.1b	2.4GHz	100	高	11 000
ZigBee	2.4GHz	10～75	低	250
IrDA	红外	1	低	16 000
UWB	3.1～10.6GHz	10	低	100 000

3）传感器模块是无线传感器网络中负责采集监测环境或对象的相关信息的单元，与具体的应用需要紧密关联，不同的应用所涉及的监测信息也不相同。常用的传感器模块有温度传感器、湿度传感器、振动传感器、磁场传感器、光照度传感器及气压传感器等。

4）供电单元是无线传感器网络的能量来源，供电技术的好坏决定了网络工作时间的长短和系统运行成本。在供电单元的选择上主要有高能量电池、燃料电池和能量转换电池等几种。但是当传感节点被放置在室内固定位置时，可以采用交流供电，此时节点功耗问题并不会影响系统成本和节点使用寿命。

针对不同的应用需求，会有不同的无线传感器网络硬件平台。典型的无线传感器网络硬件平台介绍如表 2-4 所示。

表 2-4　典型的无线传感器网络硬件平台介绍

节点名称	处理器（公司）	无线芯片（技术）	电池类型	发布日期/年
Rence	ATmega163（Atmel）	TF1000（RF）	AA	1999
Mica	ATmega128L（Atmel）	TF1000（RF）	AA	2001
Mica2/ Mica2Dot	ATmega128L（Atmel）	CC2420（ZigBee）	AA/Lithium	2002
MicaZ	ATmega128L（Atmel）	CC2420（ZigBee）	AA	2003
Telos	MSP430F149（TI）	CC2420（ZigBee）	AA	2004
TelosB	MSP430F1611（TI）	CC2420（ZigBee）	AA	2004
Zabranet	MSP430F149（TI）	9Xstream（RF）	Batteries	2004

3．节点软件程序设计

在完成了节点的硬件电路设计之后，就要对各个硬件模块编写驱动程序，使各个硬件模块在软件控制下按设计要求工作起来，以此检验硬件设计是否可行。

（1）TinyOS 操作系统

无线传感器网络节点是资源受限的嵌入式系统，尤其是其电能、内存和接口资源等。这决定了现有的一些嵌入式操作系统不能很好地适用于无线传感器网络节点，故无线传感器网络需要拥有适合于传感器网络应用的操作系统。

TinyOS 是由加州大学伯克利分校专门针对无线传感器网络开发的专业嵌入式操作系统，它以其组件化编程、事件驱动的执行模型、微型的内核以及良好的可移植性等特点受到广大无线传感器网络（WSN）应用开发研究人员的欢迎，是目前 WSN 领域主流的操作系统。

基于 Tinyos 的设计开发主要有以下特点。

- 基于组件的编程模型。
- 基于事件触发的并发执行模型。
- 基于主动消息的通信模型。

TinyOS 采用 nesC 语言实现，nesC 是在 C 语言基础上进行了扩展，将组件化思想与事件驱动的并发执行模型结合起来，提高了应用开发的方便性和执行的有效性。

在传感器网络中，单个传感器节点的硬件资源有限，如果采用传统的进程调度方式，硬件就无法提供足够的支持；同时由于传感器网络节点的并发操作可能比较频繁，而且并发执行流程又很短，会使得传统的进程/线程调度无法适应。采用比一般线程更为简单的轻量级线程和两层调度的方式，可有效利用传感器节点的有限资源。在这种模式下，一般的轻量级线程（Task，即 TinyOS 中的任务）按照 FIFO 方式进行调度，轻量级线程之间不允许抢占；而硬件处理线程（Event，即 TinyOS 中的事件），即中断处理线程，可以打断用户的轻量级线程和低优先级的中断处理线程，对硬件中断进行快速响应。当然，对于共享资源需要通过原子操作或同步原语进行访问保护。

在通信协议方面，由于无线传感器节点的 CPU 和能量等资源有限，且构成传感器网络的节点个数可能成百上千，导致通信的并行度很高，所以采用传统的通信协议无法适应这样的环境。通过深入研究，TinyOS 的通信层采用主动消息通信协议。主动消息通信是一种基于事件驱动的高性能并行通信方式，以前主要用于计算机并行计算领域。在基于事件驱动的操作系统中，单个执行上下文可以被不同的执行逻辑所共享。TinyOS 是一个基于事件驱动的深度嵌入式操作系统，所以 TinyOS 中的系统模块可以快速响应基于主动消息协议的通信层传来的通信事件，有效地提高 CPU 的工作效率。

主动消息通信和二级调度策略的结合还有助于提高能量使用效率。节能操作的一个关键问题就是确定何时传感器节点进入省电模式，从而让整个系统进入某种省电模式（如休眠等状态）。TinyOS 的事件驱动机制迫使应用程序在完成通信工作后，隐式地声明工作完成。而且在 TinyOS 的调度下，所有与通信事件相关联的任务在事件产生时可以迅速进行处理。在处理完毕且没有其他事件的情况下，CPU 将进入睡眠状态，等待下一个事件被激活。

TinyOS 的系统结构图如图 2-17 所示。

图 2-17　TinyOS 系统结构图

1）Main 组件。包括与 Main( )相关联的所有代码，用来初始化硬件、启动任务调度器以及执行应用组件的初始化函数。

① 应用组件。该层组件是应用所定义的，用于实现具体应用的功能。

② 系统组件。该层组件用来为应用层组件提供服务。

2）硬件描述层（HPL）：该层组件是底层硬件的包装，屏蔽了底层硬件的特性，方便程序移植。

3）节点硬件。TinyOS 支持的硬件平台依赖于节点类型。Mica、Micaz 是基于 Atmega128 的硬件平台，而 Telos、TelosB 是基于 MSP430 的硬件平台，可以在 TinyOS 的 TOS/Platform 文件夹下创建不同的平台。

TinyOS 的特定应用一般由以下几部分实现，即 Main 组件、一个可选择的系统组件集合以及为应用定义的组件。TinyOS 应用的体系结构使得用户不必关心 HPL 以硬件表示层具体实现细节和节点硬件提供的功能，只需会使用系统组件层提供的服务来满足应用的需求。HPL 层的独立抽象，增强了 TinyOS 程序的可移植性，使应用程序可以移植到不同的平台上。

（2）软件调试开发环境构建

TinyOS 开发环境既可以工作在 Linux 环境下，也可以工作在 Windows 环境下。其开发环境主要由 TinyOS 应用程序编译器、IAR 在线下载调试工具和 JTAG 仿真器组成。TinyOS 开发环境结构图如图 2-18 所示。在该开发环境下，可以将 nesC 编写的应用程序编译成可执行文件，并通过 IAR 和 JTAG 仿真器下载到节点中进行调试。

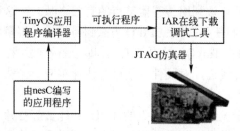

图 2-18　TinyOS 开发环境结构图

2.3.3　无线传感器网络的特点

无线传感器网络是集信息采集、数据传输、信息处理于一体的综合智能信息系统。具有广泛的应用前景，与传统网络相比，无线传感器网络具有许多显著的特点：

1）传感器节点数量大，密度高，采用空间位置寻址。

2）传感器节点的能量、计算能力和存储容量有限。

3）传感器的拓扑结构易变化，具有自组织能力。

4）无线传感网具有自动管理和高度协作性。

5）无线传感器节点具有数据融合能力。

6）传感网是以数据为中心的网络。

7）无线传感网存在诸多安全威胁。

2.3.4　无线传感器网络的应用

传感器网络的应用与具体的应用环境密切相关，因此针对不同的应用领域，存在性能不同的无线传感器网络系统。

1．军事领域应用

在军事应用领域，利用无线传感器网络（WSN）能够实现监测敌军区域内的兵力和装备、实时监视战场状况、定位目标物、监测核攻击或者生物化学攻击等。在信息化战争中，战场信息的及时获取和反应对于整个战局的影响至关重要。由于 WSN 具有生存能力强、探测精度高及成本低等特点，所以非常适合应用于恶劣的战场环境中，执行战场侦察与监控、目标定位、战争效能评估、核生化监测以及国土安全保护、边境监视等任务。

（1）战场侦察与监控

战场侦察与监控的基本思想，是在战场上布设大量的 WSN，以收集和中继信息，并对大量的原始数据进行过滤；然后把重要信息传送到数据融合中心，将大量信息集成为一幅战场全景图，以满足作战力量"知己知彼"的要求，大大提升指挥员对战场态势的感知水平。

典型的 WSN 应用方式是用飞行器将大量微传感器节点散布于战场地域，并自组成网，将战场信息边收集、边传输、边融合。系统软件通过解读传感器节点传输的数据内容，将它们与诸如公路、建筑、天气、单元位置等相关信息以及其他 WSN 的信息相互融合，向战场指挥员提供一个动态的、实时或近实时更新的战场信息数据库，为各作战平台更准确地制定战斗行动方案提供情报依据和服务，使情报侦察与获取能力产生质的飞跃。

对战场的监控可以分为对己方的监控和对敌方的监测，包括军事行动侦察与非军事行动的监测。通过在己方人员、装备上附带各种传感器，并将传感器采集的信息通过汇聚节点送至指挥所，同时融合来自战场的其他信息，可以形成己方完备的战场态势图，帮助指挥员及时准确地了解武器装备和军用物资的部署和供给情况。

通过飞机或其他手段在敌方阵地大量部署各种传感器，对潜在的地面目标进行探测与识别，可以使己方以远程、精确、低代价、隐蔽的方式近距离地观察敌方布防，迅速、全方位地收集利于作战的信息，并根据战况快速调整和部署新的 WSN，及时发现敌方企图和对我方的威胁程度。通过对关键区域和可能路线的布控WSN，可以实现对敌方全天候的严密监控。

（2）目标定位

在 WSN 中，感知目标信息的节点将感知信息广播（无线传送）到管理节点，再由管理节点融合感知信息，对目标位置进行判断，这一过程称为目标定位。目标定位是 WSN 的重要应用之一，为火力控制和制导系统提供精确的目标定位信息，从而实现对预定目标的精确打击。

由于 WSN 具有扩展性强、实时性和隐蔽性好等特点，所以它非常适合对运动目标进行跟踪定位，为指挥中心提供被跟踪对象的实时位置信息。WSN 的目标定位应用方式可以分为侦测、定位、报告 3 个阶段。在侦测阶段，每个传感器节点随机"启动"以探测可能的目标，并在目标出现后计算自身到目标的距离，同时向网络广播包括节点位置及与目标距离等内容的信息。在定位阶段，各节点根据接收到的目标方位与自身位置信息，通过三边测量或三角测量等方法，获得目标的位置信息，然后进入报告阶段。在报告阶段，WSN 会向距离目标较近的传感器节点广播消息，使之启动并加入跟踪过程，同时 WSN 将目标信息通过汇聚节点传输到管理节点或指挥所，以实现对目标的精确定位。

2003 年美国国防高级研究计划局主导的 Network Embed and System Technology 项目成功验证了 WSN 技术的准确定位能力。该项目采用多个廉价音频传感器节点协同定位敌方狙击手，并标识在所有参战人员的个人计算机中，三维空间的定位精度可达 1.5m，定位延迟达 2s，甚至能显示出敌方狙击手采用跪姿和站姿射击的差异，使指挥员和战斗员的作战态势感知能力产生了质的飞跃。

（3）毁伤效果评估

战场目标毁伤效果评估是对火力打击后目标毁伤情况的科学评价，是后续作战行动决策的重要依据。当前应用较多的目标毁伤效果评估系统主要依托于无人机、侦察卫星等手段，但这些手段均受到飞行距离近、过顶时间短、敌方打击威胁或天气等因素的制约，无法全天候对打击的目标进行近距离侦查，并对毁伤效果做出正确评估。

在 WSN 系统中，价格低、生存能力强的传感器节点可以通过飞机或火力打击时的导弹、精确制导炸弹附带散布于攻击目标周围。在火力打击之后，传感器节点通过对目标的可见光、无线电通信、人员部署等信息进行收集、传递，并经过管理节点进行相关指标分析，可以使作战指挥员及时准确地进行战场目标毁伤效果评估。一方面可以使指挥员能够掌握火力打击任务的完成情况，适时调整火力打击计划和火力打击重点，为实施正确的决策提供科学依据；另一方面，也可以最大限度地优化打击火力配置，集中优势火力对关键目标进行打击，从而大大提高作战资源利用率。

（4）核生化监测

将微小的传感器节点部署到战场环境中形成自主工作的 WSN 系统，并让其负责采集有关核生化数据的信息，形成低成本、高可靠的核生化攻击预警系统。这一系统可以在不耗费人员战斗力的条件下，及时而准确地发现己方阵地上的核生化污染，为参战人员提供宝贵的快速反应时间，从而尽可能地减少人员伤亡和装备损失。

在核生化战争中，对爆炸中心附近及时、准确的数据采集工作非常重要。能否在最短的时间内监测到爆炸中心的相关参数，判断爆炸类型，并对产生的破坏情况进行估算，是快速采取应对措施的关键，这些工作常常需要专业人员携带装备进入污染区进行探测。而通过无人机、火箭弹等方式向爆炸中心附近布撒 WSN 传感器节点，依靠自主工作的 WSN 系统进行数据采集，则在遭受核生化袭击后无需派遣人员即可快速获取爆炸现场精确的探测数据，从而避免在进行核反应探测数据时直接暴露在核辐射环境中而受到核辐射的威胁。

2．环境监测应用

无线传感器网络应用于环境监测，能够完成传统系统无法完成的任务。环境监测应用领域包括植物生长环境、动物的活动环境、生化监测、精准农业监测、森林火灾监测及洪水监测等。

美国加州大学伯克利分校利用传感器网络监控大鸭岛（Great Duck Island）的生态环境，在岛上部署 30 个传感器节点，传感器节点采用 Berkeley 大学的 Mica mote 节点，包括监测环境所需的温度、光强、湿度及大气压力等多种传感器。系统采用分簇的网络结构，将传感器节点采集的环境参数传输到簇首（网关），然后通过传输网络、基站、Internet 将数据传送到数据库中。用户或管理员可以通过 Internet 远程访问监测区域。

美国加州大学在南加利福尼亚 San Jacinto 山建立了可扩展的无线传感器网络系统，主要监测局部环境条件下小气候和植物甚至动物的生态模式。监测区域分为 100 多个小区域，每个小区域包含各种类型的传感器节点，该区域的网关负责传输数据到基站，系统有多个网关，经由传输网络到互联网。

美国加州大学伯克利分校利用部署于一颗高 70m 的红杉树上的无线传感器系统来监测其生存环境，节点间距为 2m，监测周围的空气温度、湿度及太阳光强（光合作用）等变化。

利用无线传感器网络系统监测牧场中牛的活动，目的是防止两头牛相互争斗。系统中的节点是动态的，因此要求系统采用无线通信模式和高数据速率。

在印度西部多山区域监测泥石流部署的无线传感器网络系统，目的是在灾难发生前预测泥石流的发生。采用大规模、低成本的节点构成网络，每隔预定的时间发送一次山体状况的最新数据。

Intel 公司利用 Crossbow 公司的 Mote 系列节点在美国俄勒冈州的一个葡萄园中部署了监测其环境微小变化的无线传感器网络。

3．建筑结构监测

无线传感器网络用于监测建筑物的使用状况，不仅成本低廉，而且能解决传统监测布线复杂、线路老化、易受损坏等问题。

美国斯坦福大学提出了基于无线传感器网络的建筑物监测系统，采用基于分簇结构的两层网络系统。传感器节点由 EVK915 模块和 ADXL210 加速度传感器构成，簇首节点由 Proxim Rangel LAN2 无线调制器和 EVK915 连接而成。

美国南加州大学的一种监测建筑物的无线传感器网络系统 NETSHM，该系统除了能够监测建筑物的使用状况外，还能够定位出建筑物受损伤的位置。系统部署于美国洛杉矶的 The Four Seasons 大楼内，系统采用分簇结构，采用 Mica-Z 系列节点。

4．医疗卫生应用

美国加利福尼亚大学提出了基于无线传感器网络的人体健康监测平台 CustMed，采用可佩戴的传感器节点，传感器类型包括压力、皮肤反应、伸缩、压电薄膜传感器及温度传感器等。节点采用美国加州大学伯克利分校研制、Crossbow 公司生产的 Dot-Mote 节点，通过放在口袋里的 PC 可以方便直观地查看人体当前的情况。

美国纽约 Stony Brook 大学针对当前社会老龄化的问题，提出了监测老年人生理状况的无线传感器网络系统（Health Tracker 2000）。这套系统除了监测用户的生理信息外，还可以在用户生命发生危险的情况下及时通报其身体情况和位置信息。节点采用 Crossbow 公司的 Mica-Z 和 Mica-Z Dot 系列节点，采用温度、脉搏、呼吸及血氧水平等类型的传感器。

5．智能交通应用

图 2-19 所示为我国上海市重点科技研发计划中的智能交通监测系统图。采用声音、图像、视频、温度及湿度等传感器（sensor），节点部署于十字路口周围，部署于车辆上的节点还包括 GPS 全球定位设备。该系统重点强调了系统的安全性问题，包括耗能、网络动态安全、网络规模、数据管理融合及数据传输模式等。

1995 年，美国交通部提出了到 2025 年全面投入使用的“国家智能交通系统项目规划”。该计划利用大规模无线传感器网络，配合 GPS 定位系统等资源，除了使所有车辆都能保持在高效低耗的最佳运行状态、自动保持车距外，还能推荐最佳行使路线，并可对潜在的故障发出警告。

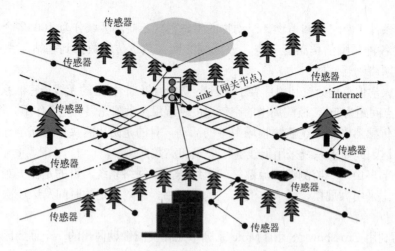

图 2-19 智能交通监测系统图

中国科学院沈阳自动化所提出了基于无线传感器网络的高速公路交通监控系统，节点采用图像传感器，在能见度低、路面结冰等情况下，能够实现对高速路段的有效监控。

除了上述提到的应用领域外，无线传感器网络还可以应用于工业生产、智能家居、仓库物流管理以及空间海洋探索等领域。

2.4 RFID 系统

RFID 技术是一种非接触式的自动识别技术，它通过射频信号自动识别目标对象，可快速地进行物品追踪和数据交换。识别工作无需人工干预，可工作于各种恶劣环境中。RFID 技术可识别高速运动物体，并可同时识别多个标签，操作快捷方便，为 ERP（Enterprise Resource Planning，企业资源规划）和 CRM（Customer Relationship Management，客户关系管理）等业务系统完美实现提供了可能，并且能对业务与商业模式有较大提升。近年来，RFID 因其具备的远距离读取、高存储量等特性而备受瞩目。RFID 不仅可以帮助一个企业大幅提高货物信息管理的效率，而且可以让销售企业和制造企业互联，从而更加准确地接受反馈信息，控制需求信息，优化整个供应链。

2.4.1 RFID 系统的组成

最基本的 RFID 系统由 3 部分组成：电子标签（Tag）也就是应答器（TransPonder），即射频卡：由耦合元器件及芯片组成，标签含有内置天线，用于在射频天线间进行通信；阅读器：读取（在读写卡中还可以写入）标签信息的设备；天线：在标签和阅读器间传递射频信号。RFID 系统基本组成框图如图 2-20 所示。

（1）电子标签

在 RFID 系统中，电子标签相当于条码技术中的条码符号，用来存储需要识别传输的信息，是射频识别系统真正的数据载体。一般情况下，电子标签由标签天线（耦合元器件）和标签专用芯片组成（最新提出的无芯片射频标签以及声表面波 SAW 标签未来可能会有较大的发展，目前还处在产品萌芽初期），其中包含带加密逻辑、串行电可擦除及可编程式只读存储器（E^{2}PROM）、逻辑控制以及射频收发及相关电路。电子标签的基本组成框图如图 2-21 所示。电子标签具有智能读写和加密通信的功能，通过无线电波与阅读器进行数据交换，工作的能量是由阅读器发出的射频脉冲提供。当系统工作时，阅读器发出查询信号（能量），电子标签（无源）收到查询信号（能量）后将其一部分整流为直流电源供电子标签内的电路工作，另一部分能量信号被电子标签内保存的数据信息调制后反射回阅读器。

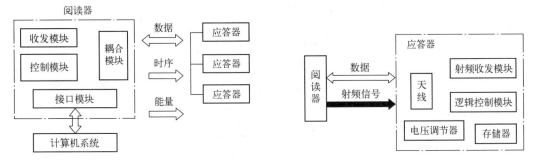

图 2-20　RFID 系统基本组成框图　　　　图 2-21　电子标签的基本组成框图

其内部各模块功能如下所述。

1）天线。用来接收由阅读器送来的信号，并把所要求的数据送回阅读器。

2）电压调节器。把由阅读器送来的射频信号转换成直流电压，并经大电容贮存能量，再经稳压电路以提供稳定的电源。

3）射频收发模块。包括调制器和解调器。调制器：逻辑控制模块送出的数据经调制电路调制后，加载到天线送给阅读器；解调器：把载波去除以取出真正的调制信号。

4）逻辑控制模块：用来译码阅读器送来的信号，并依其要求送回数据给阅读器。

5）存储器。包括 E^{2}PROM 和 ROM，作为系统运行及存放识别数据的空间。

在大部分的 RFID 系统中，阅读器处于主导地位。阅读器与电子标签之间的通信通常由阅读器发出搜索命令开始，当电子标签进入射频区后就响应搜索命令，从而使得阅读器识别到电子标签并与它进行数据通信。当射频区有多个电子标签时，阅读器和电子标签都需要调用防碰撞模块处理，多个电子标签将会一次被识别出来，识别的顺序和防碰撞的算法和电子标签本身的序列号有关。电子标签在识别通信的操作过程中基本上有以下 5 种状态。

① 空闲状态：电子标签在进入射频区前处于空闲状态，内部的信息不会泄漏或遗失。对于无源的电子标签来说，空闲状态也就意味着电路处于无电源的状态。

② 准备状态：进入射频区后，电子标签进入准备状态，准备接收阅读器发过来的指令。

③ 防碰撞状态:当射频区电子标签不止一个时，电子标签就将进入防碰撞状态。防碰撞的完成可能需要多次循环，每次循环识别出一个电子标签，没有被识别出来的电子标签将在下一次防碰撞中继续进行循环。

④ 选中状态：被识别出来的电子标签进入选中状态。阅读器只能对处于选中状态的电子标签进行读写数据。

⑤ 停止状态：阅读器对处于选中状态的电子标签读写完数据后，会发出停止命令控制电子标签进入停止状态。进入停止状态的电子标签停止响应，暂时处于封闭的状态，

直到接到阅读器发送过来的唤醒指令。有些无源 RFID 系统是通过电子标签进入射频区时的上电复位来实现对进入停止状态的电子标签的唤起，这样的策略确保了每个处于射频区的电子标签只能被选中一次，如果要想被第二次选中，电子标签就必须退出射频区后再进入。

RFID 系统电子标签的工作流程图如图 2-22 所示。

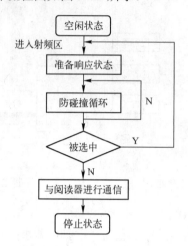

图 2-22 RFID 系统电子标签工作流程图

（2）阅读器

阅读器（Reader）即对应于电子标签的读写设备，在 RFID 系统中扮演着重要的角色，主要负责与电子标签的双向通信，同时接受来自主机系统的控制命令。阅读器通过与电子标签之间的空间信道向电子标签发送命令，电子标签接收阅读器的命令后作出必要的响应，由此实现射频识别。此外，在射频识别系统中，一般情况下，通过阅读器实现的对电子标签数据的无接触收集或由阅读器向电子标签写入的标签信息，均要回送到应用系统中或来自应用系统，这就形成了阅读器与应用系统程序之间的接口 API（Application Program Interface）。一般要求阅读器能够接收来自应用系统的命令，并且根据应用系统的命令或约定的协议作出相应的响应（回送收集到的标签数据等）。阅读器的频率决定了 RFID 系统工作的频段，其功率决定了射频识别的有效距离。阅读器根据使用的结构和技术不同可以是读或读/写装置。它是 RFID 系统的信息控制和处理中心。典型的阅读器本身从电路实现角度来说，包括射频模块（射频接口）、逻辑控制模块以及阅读器天线。此外，许多阅读器还有附加的接口（RS-232、RS-485、以太网接口等），以便将所获得的数据传向应用系统或从应用系统中接收命令。阅读器的基本组成框图如图 2-23 所示。

其内部各模块功能如下所述。

1）逻辑控制模块：与应用系统软件进行通信，并执行应用系统软件发来的命令。控制与电子标签的通信过程（主-从原则），将发送的并行数据转换成串行的方式发出，而将收到的串行数据转换成并行的方式读入。

2）射频模块：产生高频发射功率以启动电子标签，并提供能量。对发射信号进行调制（装载），经由发射天线发送出去，发送出去的射频信号（可能包含有传向标签的命令信息）经过空间传送（照射）到电子标签上，接收并解调（卸载）来自电子标签的高频信号，将电子标签回送到读写器的回波信号进行必要的加工处理，并从中解调，提取出电子标签回送的数据。

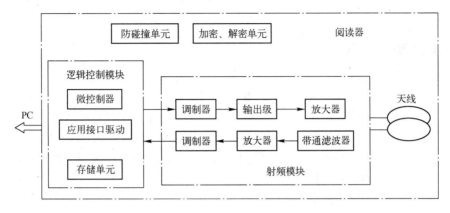

图 2-23　阅读器的基本组成框图

　　射频模块与逻辑控制模块的接口为调制（装载）/解调（卸载），在系统实现中，通常射频模块包括调制/解调部分，并且也包括解调之后对回波小信号的必要加工处理（如放大、整形等）。在一些复杂的 RFID 系统中都附加了防碰撞单元和加密、解密单元。防碰撞单元是具有防碰撞功能的 RFID 系统所必需的，而加密、解密单元使得数据的安全性得到了保证。

　　RFID 系统阅读器的工作流程图如图 2-24 所示。电子标签与阅读器构成的射频识别系统归根到底是为应用服务的，应用的需求可能是多种多样、各不相同的。阅读器与应用系统之间的接口 API 通常用一组可由应用系统开发工具（如 VC++、VB、PB 等）调用的标准接口函数来表示。

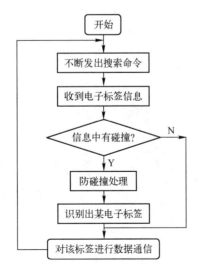

图 2-24　RFID 系统阅读器的工作流程图

（3）天线

天线在电子标签和阅读器间传递射频信号，是电子标签与阅读器之间传输数据的发射、接收装置。天线的目标就是传输最大的能量进出标签芯片。在实际应用中，除了系统功率之外，天线的形状和相对位置也会影响数据的发射和接收，需要专业人员对系统的天线进行设计、安装。

2.4.2 RFID 系统的工作原理

电子标签与阅读器之间通过两者的天线架起空间电磁波传输的通道，按约定的通信协议互传信息。RFID 系统的工作原理如下：阅读器将要发送的信息，经编码后加载在某一频率的载波信号上经天线向外发送，进入阅读器工作区域的电子标签接收此脉冲信号，卡内芯片中的有关电路对此信号进行调制、解码、解密，然后对命令请求、密码、权限等进行判断。若为读命令，逻辑控制模块则从存储器中读取有关信息，经加密、编码、调制后通过卡内天线再发送给阅读器，阅读器对接收到的信号进行解调、解码、解密后送至中央信息系统进行有关数据处理；若为修改信息的写命令，有关逻辑控制引起的内部电荷泵则提升工作电压，提供给 E^2PROM，进行内容改写；若经判断其对应的密码和权限不符，则返回出错信息。RFID 系统原理框图如图 2-25 所示。

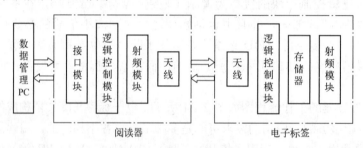

图 2-25　RFID 系统原理框图

1. 电感耦合 RFID 系统工作原理

电感耦合 RFID 系统属于近距离识别系统，识别距离一般在 1m 以下。电感耦合电子标签是由一个电子数据作载体，通常是由单个微芯片及用作天线的线圈等组成。电感耦合系统工作原理示意图如图 2-26 所示。

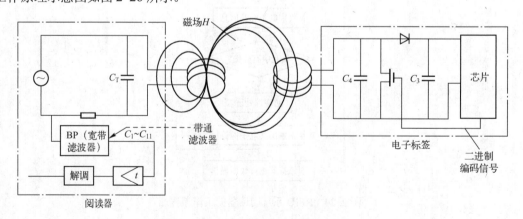

图 2-26　电感耦合系统工作原理示意图

电感耦合方式的电子标签几乎都是无源标签，标签中的微芯片工作时所需的全部能量由阅读器发送的感应电磁能提供，高频的强电磁场由阅读器的天线线圈产生，并穿越线圈横截面和线圈的周围空间，以使附近的电子标签产生电磁感应。因为使用的频率范围（f<135kHz时，λ>400m；f=13.5MHz 时，λ=22lm）内的波长比阅读器天线和标签天线之间的距离大好多倍（对于电感耦合工作方式的 RFID 系统的阅读器天线和标签天线之间的距离不超过10cm），可以把标签到天线间的电磁场当作简单的交变磁场考虑。发射磁场的一小部分磁力线穿过距离阅读器天线线圈一定距离的电子标签天线线圈，通过感应，在电子标签的天线线圈上产生一个电压 U，将其整流后作为微芯片的工作电源。将一个电容器 C 与阅读器的天线线圈并联，其中电容器与天线线圈的电感一起，形成谐振频率与阅读器发射频率相符的并联谐振回路，该回路的谐振使得阅读器的天线线圈产生较大的电流，这种方法也适用于产生供远距离电子标签工作所需要的场强。标签的天线线圈和电容器 C_1 构成谐振回路，调谐到阅读器的发射频率。通过该回路的谐振，标签线圈上的电压 U 达到最大值。这两个线圈的结构也可以解释为变压器（电感耦合是一种变压器耦合，即作为初级线圈的阅读器和作为次级线圈的电子标签之间的耦合，只要线圈之间的距离不超过 0.16λ，并且电子标签处于发送天线的近场范围内，变压器耦合就有效），变压器的两个线圈之间只存在很弱的耦合。阅读器的天线线圈与标签之间的功率传输效率与工作频率 f、标签线圈的匝数 n、被标签线圈包围的面积 S、两个线圈的相对角度以及它们之间的距离是成比例的。随着频率的增加，所需标签线圈的电感表现为线圈匝数 n 的减少（135kHz：100～10 000 匝，13.5MHz：3～10 匝），因为标签中的感应电压是与频率成比例的，在较高频率的情况下，线圈匝数较小对功率传输效率几乎没有什么影响。由于电感耦合系统的效率不高，所以只适用于低电流电路，只有功耗极低的只读电子标签（小于 135kHz），可用于 1m 以上的距离，而具有写入功率和复杂安全算法的电子标签的功率消耗较大，一般作用距离为 15cm。

2．电磁反向散射 RFID 系统工作原理

电磁反向散射 RFID 系统属于远距离识别系统，识别距离一般在 1m 以上。在反向散射 RFID 系统中阅读器和标签之间的能量和数据传送依靠阅读器天线和电子标签天线来完成。阅读器首先通过天线发射电磁波，处于有效范围内的电子标签天线一方面接收电磁能量为射频标签提供能量，一方面反向散射电磁波，并将有用信息调制在反射波上，完成反向散射调制。阅读器天线接收到来自标签的反向散射调制波，经过放大、解调和解码，得到电子标签中的信息，完成识别过程电磁反向散射 RFID 系统工作原理图如图 2-27 所示。

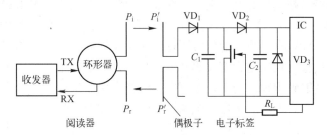

图 2-27　完成识别过程电磁反向散射 RFID 系统工作原理图

根据雷达原理，电磁波被大小超过波长一半的物体所反射。一个物体反射电磁波的效率是通过其雷达截面（RCS）来体现的，当物体同到达它前面的波产生谐振时，其反向截面尤其大，这适用于适当频率的天线。阅读器天线发射出的功率为 P_i，它的一部分 P_r 到达电子标签的天线，在电子标签天线上产生高频电压，经二极管 VD₁ 和 VD₂ 整流后，用作电子标签的工作电源，同时将做电子标签从省电的"低功耗"模式激活到工作模式，所获得的电压足够用于短距离的能量供应。到达电子标签的功率一部分被天线反射，返回功率为 P_r。天线的反射性能（等于反射截面积）会受连接到天线的负载变化的影响。为了从电子标签到阅读器传输数据，与天线并联的附加负载电阻 R_L 的接通和断开要和传输的数据流一致，从而完成对由电子标签反射的功率振幅的调制（调制后的反向散射）。由电子标签反射的功率 P_r 经自由空间衰减后为 P'_r 被阅读器天线接收。反射信号以"相反的方向"进入阅读器天线，经定向耦合器（或环形器）后，送到阅读器的接收入口。阅读器发出的射频功率经环形器漏到接收端的功率经过隔离衰减得到充分抑制是实现收发分离的关键。

在射频识别系统的工作过程中，空间传输通道中发生的过程可归结为 3 种事件模型：1）数据交换是目的；2）时序是数据交换的实现方式；3）能量是时序得以实现的基础。

3．数据传输

射频识别系统所完成的功能可归结为数据获取的一个便利手段，因而国外也有将其归为自动收集数据（Automatic Data Capture，ADC）技术范畴。射频识别系统中的数据传输包含两个方面的含义：一是从阅读器向电子标签方向的数据传输；二是从电子标签到阅读器方向的数据传输。RFID 系统的数据传输流程图如图 2-28 所示。

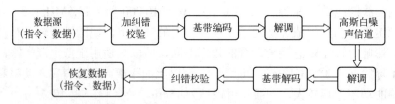

图 2-28　RFID 系统的数据传输流程图

根据具体实现系统的不同以及理解层面的不同，对上述两个方面的含义会有不同的理解和解释，下面分别给予简单介绍。

（1）从阅读器向电子标签方向的数据传输

在 RFID 系统中，从阅读器向电子标签方向的数据传输流程是，在发射端，阅读器将所要传输的命令和数据组合起来，加上纠错校验位，形成需要传输的数据部分，对这部分数据按照适合 RFID 系统的格式进行基带编码，并加上帧头，形成 RFID 数据帧，数据帧的长度有几到十几个字节，然后将这一帧数据经调制后发送出去。发送后的数据通过无线信道传输。在接收端，电子标签将接收到的信号进行解调并整形后形成二进制信号，再将该信号经过基带解码，纠错校验，判断是否有误码产生，最后去掉随数据一起传输来的附加校验位，形成最后的数据。从射频识别系统实现过程中的纯技术层面来说，如果将注意力放在电子标签中存储信息的注入方式上，阅读器向电子标签方向的数据传输就可分为两种情况，即有线写入方式和无线写入方式。具体采用何种方式，需结合应用系统需求、代价和技术实现的难易程度等因素来定。

在有线写入方式下，阅读器的作用是向电子标签中的存储单元写入数据信息。阅读器更多地被称为编程器。根据电子标签存储单元及编程写入控制电路的设计情况，写入可以是一次性写入不能修改，也可以是允许有线多次改写的情形。另外一种写入情形是，在绝大多数通用射频识别系统应用中，每个电子标签要求具有唯一的标识。这种唯一的标识被称为电子标签的 ID 号，通常在标签出厂时已被固化在电子标签内，用户无法修改。ID 号的固化过程可以在电子标签芯片生产过程中完成，也可以在电子标签应用指定后的初始化过程中完成。无论在何时完成，都是以有线（接触）方式实现 ID 号的写入。对于声表面波 SAW（声表面波滤波器）电子标签以及其他无芯片电子标签来说，一般均在标签制造过程中将标签 ID 号固化到标签记忆体中。

无线写入方式是射频识别系统中阅读器向电子标签方向传输数据的另外一种情况。根据射频识别系统实现技术方面的一些原因，一般情况下应尽可能地不要采用无线写入方式，尤其是在射频识别系统工作的过程中。另一方面，如果将注意力放在阅读器向电子标签是否发送命令方面，也可分为两种情况，即电子标签只接受能量激励和既接受能量激励又接受阅读器代码命令。

电子标签只接受能量激励的系统属于较简单的射频识别系统。这种射频识别系统一般不具备多标签识别的能力。电子标签在其工作频带内的射频能量激励下，被唤醒或上电，同时将标签存储的信息反射出来。目前铁路车号识别系统即采用这种方式工作。同时接受能量激励和阅读器代码命令的系统属于复杂射频识别系统。射频标签接受阅读器的指令无外乎是为了做两件事，即无线写入和多标签读取。

（2）从电子标签向阅读器方向的数据传输

在 RFID 系统中，当从电子标签向阅读器方向传输数据时，图 2-28 所示的数据传输流程同样适用，电子标签以同样的方式形成数据帧，并采用合适的调制方法将数据返回阅读器，阅读器将接收到的信号进行解调、解码及校验后形成收到的数据。

电子标签的工作使命就是实现由电子标签向阅读器方向的数据传输。其工作方式包括：一是当电子标签收到阅读器发送的射频能量时，即被唤醒并向阅读器反射标签存储的数据信息；二是当电子标签收到阅读器发送的射频能量被激励后，根据接收到的阅读器的指令情况转入发送数据状态或"睡眠/体眠"状态。从工作原理上来说，第一种工作方式属单向通信，第二种工作方式为半双工双向通信。

4. 全双工法和半双工法

在阅读器和电子标签之间进行的数据传输，通常有全双工和半双工两种方法。

1）全双工法（FDX）。数据在电子标签与阅读器之间的双向传输是同时进行的，其中电子标签发送数据采用"分谐法"，即发送频率是阅读器的几分之一，或是用一种完全独立的"非谐波"频率。

2）半双工法（HDX）。从阅读器到电子标签的数据传输和从电子标签到阅读器的数据传输是交替进行的，当工作频率低于 300kHz 时，常采用这种方法，有没有副载波也无所谓，电路一般也很简单。

不过这两种方法有一个共同的特点，即从阅读器到电子标签的能量传输是连续的，与数据传输的方向无关。

5. 时序

时序是数据传输的实现方式。对于双向系统（阅读器向电子标签发送命令与数据，电子标签向阅读器返回所存储的数据）来说，阅读器一般处于主动状态，即阅读器发出询问后，电子标签予以应答，称这种方式为阅读器先讲方式。另外一种情况是电子标签先讲方式，即在电子标签满足工作条件后，首先"自报家门"，阅读器根据电子标签自报的"家门"，进行记录或进一步发出一些询问信息与电子标签构成一个完整对话，以达成阅读器对电子标签进行识别的目的。

在阅读器的阅读范围内有多个标签时，对于具有多标签识读功能的射频识别系统来说，一般情况下，阅读器处于主动状态，即阅读器先讲方式。阅读器通过发出一系列的隔离指令，使得读出范围内的多个电子标签逐一或逐批地被隔离（令其睡眠）出去，最后保留一个处于活动状态的电子标签与阅读器建立无碰撞的通信。通信结束后将当前活动标签置为第三态（可称其为休眠状态，只有通过重新上电或特殊命令，才能解除休眠），进一步由阅读器对被隔离（睡眠）的电子标签发出唤醒命令，唤醒一批（或全部）被隔离的电子标签，使其进入活动状态，再进一步隔离，选出一个电子标签通信。如此重复，阅读器可读出阅读区域内的多个电子标签信息，也可以实现对多个电子标签分别写入指定的数据。

多标签读写问题是 RFID 技术及应用中面临的一个较为复杂的问题，目前已有多种实用方法解决这一问题。理论分析表明，现有的方法都有一定的适用范围，需根据具体应用情况，结合上述三点因素对多标签读取方案给出合理评价，选出适合具体应用的方案。多标签读取方案涉及电子标签与阅读器之间的协议配合，一旦选定，不易更改。

6. 能量

能量是时序得以实现的基础。阅读器向电子标签供给射频能量。对于无源标签来说，其工作所需的能量即由该射频能量中取得（一般由整流方法将射频能量转变为直流电源存在电子标签中的电容器里）；对于（半）有源标签来说，该射频能量的到来起到了唤醒电子标签转入工作状态的作用。完全有源标签一般不利用阅读器发出的射频能量，因而阅读器可以较小的能量发射，并取得较远的通信距离。移动通信中的基站与移动台之间的通信方式可归入该类模式。

2.4.3 RFID 系统的分类

RFID 系统可以从多种角度进行分类，包括按载波频率划分、按电子标签供电形式划分、按电子标签的可读写性划分和按数据通信方式划分。

1. 按载波频率划分

RFID 系统的工作频率是其最重要的特征之一，它不仅决定着 RFID 系统的工作原理（电感耦合还是电磁耦合）和识别距离，而且决定着电子标签及阅读器实现的难易程度和设备的成本。工作在不同频段或频点上的 RFID 系统具有不同的特点。RFID 系统发送的载波频率基本上可划分为 3 个范围：低频段为 30～300kHz；中高频段为 3～30MHz；超高频段或微波为 433.05～434.79MHz 或 850～910MHz 或 2.45GHz。

从应用角度看，电子标签的工作频率也就是 RFID 系统的工作频率。

（1）低频段（30～300kHz）

低频率的 RFID 系统主要是通过电感耦合的方式进行工作。其特性主要有以下几方面。

1）典型工作频率有 125kHz 和 133kHz。

2）除了金属材料影响外，一般低频信号能够穿过任意材料的物品，而不降低它的读取距离。

3）工作在低频的读写器在全球没有任何特殊的许可限制。

4）低频产品有不同的封装形式。好的封装形式价格太贵，但有 10 年以上的使用寿命。

5）虽然低频率的磁场区域下降很快，但是能够产生相对均匀的读写区域。

6）相对于其他频段的 RFID 产品，低频段数据传输速率比较慢。

7）感应器的价格相对于其他频段来说要贵一些。

低频标签的阅读距离一般情况下小于 1m。低频标签主要用于短距离、低成本的系统中，其典型应用主要在动物监管、马拉松赛跑、容器识别、工具识别、电子闭锁防盗（带有内置应答器的汽车钥匙）、自动停车场收费和车辆管理等方面。

（2）中高频段（3～30MHz）

在中高频段的电子标签不再需要线圈进行绕制，可以通过腐蚀印刷的方式制作天线。电子标签一般通过负载调制的方式进行工作，也就是通过电子标签上的负载电阻的接通和断开，以促使阅读器天线上的电压发生变化，来实现用远距离电子标签对天线电压进行的振幅调制。如果人们通过数据控制负载电压的接通和断开，那么这些数据就能够从电子标签传输到阅读器。其特性主要有以下几方面。

1）典型工作频率有 6.78MHz 和 13.56MHz。

2）除了金属材料外，中高频率的波长可以穿过大多数的材料，但是往往会降低读取距离。电子标签需要离开金属一段距离。

3）中高频段在全球都得到认可，并没有特殊的限制。

4）虽然中高频段的磁场区域下降很快，但是能够产生相对均匀的读写区域。

5）具有防冲撞特性，可以同时读取多个电子标签。

6）可以把某些数据信息写入标签中。

7）数据传输速率比低频要快，价格不是很贵。

中高频段电子标签一般也采用无源为主。一般情况下中频标签的阅读距离也小于 1m。中频标签由于可被方便地作成卡状，所以被广泛应用于门禁控制和需传送大量数据的应用系统中，如玩具、车门、报警、无线传声器、电子车票、电子身份证、电子闭锁防盗（电子遥控门锁控制器）、服装生产线和物流系统的管理、医药物流系统的管理、智能货架的管理、小区物业管理、大厦门禁系统等领域。

（3）超高频段（433.05～434.79MHz 或 850～910MHz）或微波频段（2.45GHz）

超高频和微波系统通过电场来传输能量。电场的能量下降不是很快，但是读取的区域不容易定义。超高频段读取距离比较远，无源可达 10m 左右。主要是通过电磁反向散射耦合的方式实现。其特性主要有以下几方面。

1）在超高频段，全球的定义不是很相同，典型工作频率有 433.92MHz、862（902）～928MHz、2.45GHz、5.5GHz。

2）超高频段的电波不能通过许多材料，特别是水、灰尘、雾等悬浮颗粒物质。相对于高频的电子标签来说，超高频段的电子标签不需要与金属分开来。

3）电子标签的天线一般是长条和标签状。天线有线性和圆极化两种设计，以满足不同应用的需求。

4）超高频段有好的读取距离，但是对读取区域很难进行定义。

5）有很高的数据传输速率，在很短的时间内可以读取大量的电子标签。

超高频与微波频段的电子标签简称为微波电子标签，可分为有源标签与无源标签两类。相应的射频识别系统阅读距离一般大于 1m，典型情况为 4～6m，最大可达 10m 以上。超高频标签主要用于铁路车辆自动识别、集装箱识别、反向散射射频识别、供应链上的管理、航空包裹识别、后勤管理、生产线自动化管理、公路车辆识别与自动收费等领域。

2．按电子标签供电形式划分

依据电子标签工作所需能量的供给方式不同，RFID 系统可以分为无源、有源以及半有源系统。

（1）无源系统

无源系统所使用的标签为无源标签，作用距离相对有源标签短，但其体积小、重量轻、寿命长、成本低廉，对工作环境要求不高，因此在工程实践中得到了广泛的应用。

（2）有源系统

有源系统所使用的标签为有源标签，此作用距离较长，可达几十米，但其寿命有限、成本较高，并且不适合在恶劣环境下工作。另外，由于标签内载电池，因此体积较大、重量轻，无法制成薄卡。

（3）半有源系统

半有源系统的标签也带有电池，但此电池只起到激活系统的作用，标签一旦被阅读器激活，就无需标签内的电池供电，而进入无源标签工作模式。

3．按电子标签的可读写划分

根据电子标签内部使用的存储器类型的不同，电子标签可分为可读写（RW）标签、一次写入多次读出（WORM）标签和只读（RO）标签 3 种。RW 标签一般比 WORM 标签和 RO 标签成本高很多，如电话卡、信用卡等。

（1）RO 标签

标签内部有只读存储器（ROM）和随机存储器（RAM），此外，一般还有缓冲存储器，用于暂时存储调制后等待天线发送的信息。

（2）RW 标签

RW 标签内的存储器除了 ROM、RAM 和缓冲存储器之外，还有非活动可编成记忆存储器，这种存储器除了存储数据功能外，还具有在适当的条件下允许多次写入数据的功能。非活动可编成记忆存储器有许多种，电可擦除可编程只读存储器（E^2PROM）是比较常用的一种，这种存储器在加电的情况下，可以实现对原有数据的擦除以及数据的重新写入。

（3）WORM 标签

WORM 标签是用户可以一次性写入的标签，但写入后数据不能再更改。

4．按数据通信方式划分

按数据在 RFID 系统中阅读器与电子标签之间的通信方式，RFID 系统可分为 3 种，即半双工（HDX）系统、全双工（FDX）系统及时序（SEQ）系统。

（1）半双工系统

在 HDX 系统中，从电子标签到阅读器的数据传输与阅读器到电子标签的数据传输是交替进行的。

（2）全双工系统

在 FDX 系统中，数据在阅读器与电子标签之间的双向传输是同时进行的。

（3）时序系统

在 SEQ 系统中，从阅读器到电子标签的数据传输和能量供给与从电子标签到阅读器的数据传输在时间上是交叉进行的，即脉冲系统。

半双工与全双工两种方式的共同点是，从阅读器到电子标签的能量供给是连续的，与数据传输的方向无关，而与此相反，在使用时序系统的情况下，从阅读器到电子标签的能量供给总是在限定的时间间隔内进行，从电子标签到阅读器的数据传输是在电子标签的能量供给间歇时进行的。

另外，RFID 系统还可以根据作用距离分为：密耦合、遥耦合及远距离。3 种类型根据电子标签向阅读器回送数据的传送方式分为反射（或反向散射或负载调制）、分谐波、高次谐波。3 种类型根据数据调制方式分为主动式、被动式两种方式。

2.4.4 RFID 系统的应用

RFID 技术可以给人们带来极大的方便，随着价格的下降以及其技术本身的完善，RFID 正在向日常生活和工作的各个方面快速渗透。国内对 RFID 技术和应用的研究在经历了概念认知、技术储备、产品研发及业务摸索等阶段之后，对它的认识越趋理性化，RFID 标准的制订更加明确，RFID 的应用也越来越广。

（1）安全管理

安全管理和个人身份识别是 RFID 的一个主要而广泛的应用领域。人们日常生活当中最常见的就是用来控制人员进出建筑物的门禁卡。许多组织使用内嵌 RFID 标签的个人身份卡，在门禁处对个人身份进行鉴别。

类似的，在一些信用卡和支付卡中都内嵌了 RFID 标签。还有一些卡片使用 RFID 标签自动缴纳公共交通费用，目前北京地铁和公交系统当中就应用了这种卡片。从本质上来讲，这种内嵌 RFID 的卡片可以替代那种在卡片上贴磁条的卡片，因为磁条很容易磨损和受到磁场干扰，而且 RFID 标签具有比磁条更高的存储能力。

（2）RFID 在供应链管理当中的应用

在供应链管理中，RFID 标签用于在供应链当中跟踪产品，从原材料供货商供货到仓库贮存以及最终销售。新的应用主要是针对用户订单跟踪管理，建立中央数据库记录产品的移动。制造商、零售商以及最终用户都可以利用这个中央数据库来获知产品的实时位置，交付确认信息以及产品损坏情况等信息。在供应链的各个环节当中，RFID 技术都可以通过增加信息传输的速度和准确度来节省供应链管理成本，依据可以节省成本的多少对一些行业进行排序。

可读写的 RFID 标签可以存储关于周围环境的信息，可以记录它们在供应链当中流动时的时间和位置信息。美国食品和药品管理局（FDA）就提出了使用 RFID 来加强对处方药管理的应用方案。在这个系统当中，每一批药品都要贴上一个只读的 RFID 标签，标签当中存储唯一的序列号。供货商可以在整个发货过程当中跟踪这些写有序列号的 RFID 标签，并且让采购商把序列号和收货通知单上面的序列号核对。这样就可以保证药物来源的可靠性以及去向的可靠性。美国食品与药物监督局认识到要想在所有处方药的供应链管理当中实施这样一个计划，将是一个极其庞大的任务，所以他们为了调查 RFID 这种技术的可行性，提出了一个 3 年规划，这个规划已于 2007 年结束，并为 FDA 采用 RFID 技术进行处方药管理提供技术的支持。

与 RFID 在供应链领域当中进行应用具有密切联系的，还有在准时出货（Just-in-time

Product Shipment）当中的应用。如果在各零售商店和相关仓库中的所有货物都贴有 RFID 标签，那么这个商店就可以拥有一个具有精确库存信息的数据库来对其库存进行有效的管理。这样的系统可以提前警告缺货以及库存过多的情况，仓库管理系统可以根据标签里面的信息自动的定位货物，并且自动把正确的货物移动到装卸的月台上，并运送到商店。沃尔玛目前就正在实施这样一个系统。

由于物流系统是整个供应链当中的核心部分，所以物流领域里面的应用基本上在主导着RFID 在供应链中的应用。目前，RFID 在成本的计算上与条形码有显著的差别，由此在物流的应用上厂商导入 RFID 技术时会分成如下 4 个阶段来实施。

1）集装箱阶段。在货柜上固定 RFID 进行辨识读取，以追踪辨识集装箱、空运盘柜等。目前应用于国际货柜运送货物上最多，除了有助于在全球化运作时，增加对货物的掌控能力之外，还通过集装箱、货柜 RFID 的追踪，为国家安全提供另一项保证。

2）货盘阶段。在货盘上固定 RFID 进行辨识读取，以追踪辨识物流装载工具（如货盘、笼车、配送台车等），为供货商提供及时的补货信息，有利于供货商进行生产规划；物流中心更可节省收货作业时间，使验货与上架信息化，有效地对存货管理做控制。

3）包装容器阶段。在单项产品成打或成箱包装的纸箱或其包箱容器上装置 RFID，可追踪及辨识纸箱或容器的形状、位置及交接货物的数量。除了对于需求/供应规划所提供的信息更细致之外，还增加了再包装的可视性，对于整板进货需要以箱为单位的出货操作而言，比小单位的拣货、包装与出货更为方便。

4）单个产品阶段。在每一个产品上以 RFID 取代商品条形码，通过每一个 RFID 以商品编号加上序号来识别每一个货品的唯一性，利用这个方式可辨识进行盘点、收货及销售点的收款机作业。由于每一个产品具有唯一的辨别码，可以将所有商品以最小的单位进行管理，可以对最小单位的货物进行控制，所以对于零售端的销售更有利，包括对货架上的促销、防窃、消费者行为分析等，均能对各别产品进行管理。

（3）沃尔玛公司的 RFID 应用

在众多已经实施了 RFID 的公司当中，最受媒体关注的非沃尔玛公司莫属了。这个零售业中的巨人因为有效的供应链管理获取了这个微利行业当中最大的成功。它时刻在全球进行成千上万种商品的采购。沃尔玛在 RFID 应用上的努力，使得被人冷落已久的 RFID 技术又回到了聚光灯下，并且成为供应链 IT 技术当中的主角。有预测说，沃尔玛全部推行 RFID 之后，其每年节省的成本将高达 83.5 亿美元，这个数字比世界 500 强当中半数以上的公司的年收入还要高。尽管这个数字是板上钉钉的，但沃尔玛推行 RFID 的进程仍然相当缓慢。2003 年 7 月 4日，沃尔玛宣布它将要要求它的前 100 名供货商在 2005 年 1 月份之前在所有的货箱和货盘上面贴上 RFID 标签。这一举动直接影响到了它的全部供货商，这些供货商都迅速地开始学习RFID 技术以及如何推行 RFID 技术的相关知识。沃尔玛和它的供货商在 RFID 的实施过程当中，很快就发现了很多挑战性问题。例如，用来作为标准的 UHF 频率不能穿透很多商店销售的常见产品（金属包装的液体产品等）。这迫使沃尔玛把实施的最后日期往后推了。截至 2007年 1 月份，前 100 名的供货商只有 60% 把它们的产品贴上了 RFID 标签。不过，沃尔玛仍然是第一家在整个供应链当中推行 RFID 技术、并且强迫它的供货商也推行 RFID 技术的大型零售企业。沃尔玛的这种举动，使得 RFID 在业界的推行更加有效。

（4）中国台湾医疗的 RFID 应用

中国台湾对 RFID 的推行从 2003 年开始，2004 年已成为全面启动的一年。中国台湾"经济部"在 2008 年之前关于信息技术的规划中把 RFID 的推行也作为一个重点。他们主要在医院的以下几个方面应用 RFID 技术。下面总结他们已取得的效益。

1）在取药过程当中，透过对病人及时的警告，提高药品取药和用药的正确性。

2）增加原有的鉴定技术所涵盖的信息，目前可以包含药品剂量/剂型、血袋血型/温度、急救医疗病人位置/急救类型、住院病人的身份确认等。

3）提高在药品、血液、大量病人身份辨识的准确性，当住院病人需要急救时，及时通报照护人员，强化病人的安全管理。

4）减少了护士的工作负担，透过血液调拨有效利用珍贵资源，以增加急救医疗调度的时效性，提高对住院病人的护理品质。

5）提高管制药品、血袋流向、急救医疗资源的透明度，对管制药品运送授权并进行实体验证，降低了使用假冒药品的可能。

（5）美国海军基地的 RFID 应用

2004 年 5 月份，美国海军结束了在给舰船集装箱装载补给中应用被动 RFID 系统的试运行。这个试运行计划是在弗吉尼亚州、诺福克的舰队和工业补给中心进行的，最初的目标是降低装载补给时因为手工输入或者名义上的自动输入中产生的错误记录。在这次试运行当中，舰队和工业补给中心使用了被动标签技术，在装载过程中，让叉车搬运贴上了被动标签的补给物品通过一个装有特定阅读器的入口，来自动获得补给货物的记录。舰队和工业补给中心在这个项目上总共花费了 306 000 美元，或者可以说每批货物 93 美分。在最后的实施阶段，RFID 使得货物的检查程序速度大大提高。尽管试运行的目标不包括得到最优的投资收益，但是最后的报告显示，有多达 12 名人员可以被安排到其他的任务上，因为对 RFID 系统的监控不需要与以前一样多的人手。在试运行过程中，舰队工业补给中心在应用 RFID 系统方面收获了很多有价值的经验。

2.5 条形码技术

条码技术是在计算机技术与信息技术基础上发展起来的一门集编码、印刷、识别、数据采集和处理于一身的新兴技术。其核心内容是利用光电扫描设备识读条码符号，从而实现机器的自动识别，并快速准确地将信息录入到计算机中进行数据处理。

条形码是利用条（着色部分）、空（非着色部分）及其宽、窄的交替变换来表达信息的。每一种编码都制定有字符与条、空、宽、窄表达的对应关系，只要遵循这 1 标准打印出来的条、空交替排列的"图形符号"，在这一"图形符号"中就包含了字符信息；当识读器划过这一"图形符号"时，这一条、空交替排列的信息通过光线反射而形成的光信号在识读器内被转换成数字信号，再经过相应的解码软件，"图形符号"就被还原成字符信息。

2.5.1 一维条形码

一维条形码技术相对成熟，在社会生活中处处可见，在全世界得到了极为广泛的应用。它作为计算机数据的采集手段，以快速、准确、成本低廉等诸多优点迅速进入商品流通、自动控制以及档案管理等各种领域。

一维条形码由一组按一定编码规则排列的条、空符号组成，表示一定的字符、数字及符号信息。条形码系统是由条形码符号设计、条形码制作以及扫描阅读组成的自动识别系统，是迄今为止使用最为广泛的一种自动识别技术。到目前为止，常见的条形码的码制大概有20多种，其中广泛使用的码制包括 EAN 码、Code39 码、交叉 25 码、UPC 码、128 码、Code93 码以及 CODABAR 码等。不同的码制具有不同的特点，适用于特定的应用领域。下面介绍一些典型的码制。

（1）UPC 码（统一商品条码）

UPC 码在 1973 年由美国超市工会推行，是世界上第一套商用的条形码系统，主要应用在美国和加拿大。UPC 码包括 UPC-A 和 UPC-E 两种系统。UPC 只提供数字编码，限制位数（12 位和 7 位），需要检查码，允许双向扫描，主要应用在超市和百货业。

（2）EAN 码（欧洲商品条码）

1977 年，欧洲 12 个工业国家在比利时签署草约，成立了国际商品条码协会，参考 UPC 码制定了与之兼容的 EAN 码。EAN 码仅有数字号码，通常为 13 位，允许双向扫描，缩短码为 8 位码，也主要应用在超市和百货业。

（3）ITF25 码（交叉 25 码）

ITF25 码的条码长度没有限定，但是其数字资料必须为偶数位，允许双向扫描。ITF25 码在物流管理中应用较多，主要用于包装、运输、国际航空系统的机票顺序编号、汽车业及零售业。

（4）Code39 码

在 Code39 码的 9 个码素中，一定有 3 个码素是粗线，所以 Code39 码又被称为三九码。除数字 0～9 以外，Code39 码还提供英文字母 A～Z 以及特殊的符号，它允许双向扫描，支持 44 组条码，主要应用在工业产品、商业资料、图书馆等场所。

（5）CODABAR 码（库德巴码）

这种码制可以支持数字、特殊符号及 4 个英文字母，由于条码自身有检测的功能，因此无需检查码。它主要被应用在工厂库存管理、血库管理、图书馆借阅书籍及照片冲洗业。

（6）ISBN 码（国际标准书号）

ISBN 码是因图书出版、管理的需要以及便于国际间出版物的交流与统计而出现的一套国际统一的编码制度。每一个 ISBN 码由一组有"ISBN"代号的 10 位数字所组成，用以识别出版物所属国别地区、出版机构、书名、版本以及装订方式。这组号码也可以说是图书的代表号码，大部分应用于出版社图书管理系统。

（7）Code128 码

Code128 码是目前中国企业内部自定义的码制，可以根据需要来确定条码的长度和信息。这种编码包含的信息可以是数字，也可以包含字母，主要应用于工业生产线领域、图书管理等。

（8）Code93 码

这种码制类似于 Code39 码，但是其密度更高，能够替代 Code39 码。

条形码技术给人们的工作、生活带来的巨大变化是有目共睹的。然而，由于一维条形码的信息容量比较小，例如商品上的条码仅能容纳几位或者几十位阿拉伯数字或字母，因此一维条形码仅仅只能标识一类商品，而不包含对于相关商品的描述。只有在数据库的辅助下，人们才能通过条形码得到相关商品的描述。换言之，如果离开了预先建立的数据库，一维条形码所包含的信息将会大打折扣。基于这个原因，一维条形码在没有数据库支持或者联网不方便的地方，其使用受到了相当大的限制。

在另一方面，一维条形码无法表示汉字或者图像信息。因此，在一些需要应用汉字和图像的场合，一维条形码就显得很不方便。而且，即使建立了相应的数据库来存储相关产品的汉字和图像信息，这些大量的信息也需要一个很长的条形码来进行标识。而这种长的条形码会占用很大的印刷面积，从而给印刷和包装带来难以解决的困难。因此，人们希望在条形码中直接包含产品相关的各种信息，而不需要根据条形码从数据库中再次进行这些信息的查询。

基于上述的种种原因，现实的应用需要一种新的码制，这种码制除了具备一维条形码的优点外，还应该具备信息容量大、可靠性高、保密防伪性强等优点。20 世纪 70 年代，在计算机自动识别领域出现了二维条形码技术，这是在传统条形码基础上发展起来的一种编码技术，它将条形码的信息空间从线性的一维扩展到平面的二维，具有信息容量大、成本低、准确性高、编码方式灵活、保密性强等诸多优点。因此，自 1990 年起，二维条形码技术在世界上开始得到广泛的应用，经过几年的努力，现已应用在国防、公共安全、交通运输、医疗保健、工业、商业、金融、海关及政府管理等领域。

2.5.2　二维条形码

与一维条形码只能从一个方向读取数据不同，二维条形码可以从水平、垂直两个方向来获取信息，因此，其包含的信息量远远大于一维条形码，并且还具备自纠错功能。但二维条形码的工作原理与一维条形码却是类似的，在进行识别的时候，将二维条形码打印在纸带上，阅读条形码符号所包含的信息，需要一个扫描装置和译码装置，统称为阅读器。阅读器的功能是把条形码条符宽度、间隔等空间信号转换成不同的输出信号，并将该信号转化为计算机可识别的二进制编码输入计算机。扫描器又称为光电读入器，它装有照亮被读条码的光源和光电检测器件，并且能够接收条码的反射光，当扫描器所发出的光照在纸带上，每个光电池根据纸带上条码的有无来输出不同的图案，来自各个光电池的图案组合起来，从而产生一个高密度的信息图案，经放大、量化后送译码器处理。译码器存储有需译读的条码编码方案数据库和译码算法。在早期的识别设备中，扫描器和译码器是分开的，目前的设备大多已将它们合成一体。

（1）二维条形码的特点

1）存储量大。二维条形码可以存储 1 100 个字，比起一维条形码的 15 个字，存储量大为增加，而且能够存储中文，其资料不仅可应用在英文、数字、汉字及记号等，甚至空白也可以处理，而且尺寸可以自由选择，这也是一维条形码做不到的。

2）抗损性强。二维条形码采用故障纠正的技术，即使遭受污染以及破损后也能复原，在条码受损程度高达 50%的情况下，仍然能够解读出原数据，误读率为 6100 万分之一。

3）安全性高。在二维条形码中采用了加密技术，使安全性大幅度提高。

4）可传真和影印。二维条形码经传真和影印后仍然可以使用，而一维条形码在经过传真和影印后机器就无法进行识读。

5）印刷多样性。对于二维条形码来讲，不仅可以在白纸上印刷黑字，而且可以进行彩色印刷，印刷机器和印刷对象都不受限制，使用起来非常方便。

6）抗干扰能力强。与磁卡、IC 卡相比，二维条形码由于其自身的特性，具有强抗磁力、抗静电能力。

7）码制更加丰富。

（2）二维条形码的分类

二维条码可以直接被印刷在被扫描的物品上或者打印在标签上，标签可以由供应商专门打印或者现场打印。所有条码都有一些相似的组成部分，它们都有一个空白区，称为静区，位于条码的起始和终止部分边缘的外侧。校验符号在一些码制中也是必需的，可以用数学的方法对条码进行校验，以保证译码后的信息正确无误。与一维条形码一样，二维条形码也有许多不同的编码方法。根据这些编码原理，可以将二维条形码分为以下 3 种类型。

第一种类型是线性堆叠式二维码。就是在一维条形码的基础上，降低条码行的高度，安排一个纵横比大的窄长条码行，并将各行在顶上互相堆积，每行间都用一模块宽的厚黑条相分隔。典型的线性堆叠式二维码有 Code 16K（二维码的一种，Code 16K 条码是一种多层、连续型可变长度的条码符号，可以表示全 ASCII 字符集的 128 个字符及扩展 ASCII 字符。）、Code 49、PDF417 等。

第二种类型是矩阵式二维码。它是采用统一的黑白方块的组合，而不是不同宽度的条与空的组合，它能够提供更高的信息密度，存储更多的信息。与此同时，矩阵式的条码比堆叠式的条码具有更高的自动纠错能力，更适用于在条码容易受到损坏的场合。矩阵式符号没有标识起始和终止的模块，但它们有一些特殊的"定位符"，在定位符中包含了符号的大小和方位等信息。矩阵式二维条码和新的堆叠式二维条码能够用先进的数学算法将数据从损坏的条码符号中恢复。典型的矩阵二维码有 Aztec、Maxi Code、QR Code、Data Matrix 等。

第三种类型是邮政码。通过不同长度的条进行编码，主要用于邮件编码，如 Postnet、BPO 4-State 等。

在二维条形码中，PDF417 码由于解码规则比较开放和商品化，因而使用比较广泛。PDF 是 Portable Data File 的缩写，意思是可以将条形码视为一个档案，里面能够存储比较多的资料，而且能够随身携带。它于 1992 年正式推出，1995 年美国电子工业联谊会条码委员会在美国国家标准协会赞助下完成二维条形码标准的草案，以作为电子产品产销流程使用二维条形码的标准。PDF417 码是一个多行结构，每行数据符号数相同，行与行左右对齐直接衔接，其最小行数为 3 行，最大行数为 90 行。而 Data Matrix 码则主要用于电子行业小零件的标识，如 Intel 奔腾处理器的背面就印制了这种码。Maxi Code 是由美国联合包裹服务公司研制的，用于包裹的分拣和跟踪。Aztec 是由美国韦林公司推出的，最多可容纳 3 832 个数字、3 067 个字母或 1 914B 的数据。

另外，还有一些新出现的二维条形码系统，包括由 UPS 公司的 Figrare lla 等人研制的适用于分布环境下运动特性的 UPS Code，这种二维条形码更加适合自动分类的应用场合。而美国 Veritec 公司提出一种新的二维条形码——Veritec Symbol，这是一种用于微小型产品上的二进制数据编码系统，其矩阵符号格式和图像处理系统已获得美国专利，这种二维码具有更高的准确性和可重复性。此外，飞利浦研究实验室的 WILJ WAN GILS 等人也提出了一种新型的二维码方案，即用标准几何形体圆点构成自动生产线上产品识别标记的圆点矩阵二维码表示法。这一方案由两大部分组成，一是源编码系统，用于把识别标志的编码转换成通信信息字；另一部分是信道编码系统，用于对随机误码进行错误检测和校正。还有一种二维条形码叫作点阵码，它除了具备信息密度高等特点外，还便于用雕刻腐蚀制板工艺把点码印制在机械零部件上，以便于摄像设备识读和图像处理系统识别，这也是一种具有较大应用潜力的二维编码方案。

二维条形码技术的发展主要表现为三方面的趋势：一方面是出现了信息密集度更高的编码方案，增强了条码技术信息输入的功能；第二方面是发展了小型、微型、高质量的硬件和软件，使条码技术实用性更强，扩大了应用领域；第三方面是与其他技术相互渗透、相互促进，这将改变传统产品的结构和性能，扩展条码系统的功能。

（3）二维条形码的阅读器

在二维条形码的阅读器中有几项重要的参数，即分辨率、扫描背景、扫描宽度、扫描速度、一次识别率及误码率。选用的时候要针对不同的应用视情况而定。普通的条码阅读器通常采用以下 3 种技术，即光笔、CCD、激光，它们都有各自的优缺点，没有一种阅读器能够在所有方面都具有优势。

光笔是最先出现的一种手持接触式条码阅读器，使用时，操作者需将光笔接触到条码表面，通过光笔的镜头发出一个很小的光点，当这个光点从左到右划过条码时，在"空"部分，光线被反射；在"条"的部分，光线被吸收。因此，在光笔内部产生一个变化的电压，这个电压通过放大、整形后用于译码。

CCD 为电子耦合器件，比较适合近距离和接触阅读，它使用一个或多个 LED，发出的光线能够覆盖整个条码，它所关注的不是每一个"条"或"空"，而是条码的整体，并将其转换成可以译码的电信号。

激光扫描仪是非接触式的，在阅读距离超过 30cm 时激光阅读器是唯一的选择。它的首读识别成功率高，识别速度相对光笔及 CCD 更快，而且对印刷质量不好或模糊的条码识别效果好。

射频识别技术改变了条形码技术依靠"有形"的一维或二维几何图案来提供信息的方式，通过芯片来提供存储在其中的数量更大的"无形"信息。它最早出现在 20 世纪 80 年代，最初应用在一些无法使用条码跟踪技术的特殊工业场合，例如在一些行业和公司中，这种技术被用于目标定位、身份确认及跟踪库存产品等。射频识别技术起步较晚，至今没有制订出统一的国际标准，但是射频识别技术的推出绝不仅仅是信息容量的提升，它对于计算机自动识别技术来讲更是一场革命，它所具有的强大优势会大大提高信息的处理效率和准确度。

2.6 定位

2.6.1 位置信息

定位是通过特定的位置标识与测距技术来确定物体的空间物理位置信息（经纬度坐标）。地理位置是由地球经纬度坐标构成，即东经和西经；代表了我们在地球上的位置。位置信息与我们的生活息息相关。基于位置服务是通过移动运营商的无线电通信网络（如GSM网、CDMA网）或外部定位方式（如GPS）获取移动终端用户的位置信息。

例如地图与导航：百度地图。搜索周边服务信息：大众点评。基于位置的社交网络：微信。位置信息不只是单纯的空间信息。具体而言，位置信息主要有三大要素：所在的地理位置（空间坐标）；处在该地理位置的时刻（时间坐标）；处在该地理位置的对象（身份信息）。也就是说位置信息承载了"时间""空间""人物"三大关键信息。

2.6.2 定位系统

常用的定位方法一般分为两类：一类是基于卫星导航的定位；另一类是基于参考点的基站定位。

1）基于卫星导航的定位。

基于卫星导航的定位方式主要是利用设备或终端上的 GPS 定位模块将自己的位置信号发送到定位后台来实现定位；卫星定位导航系统是利用卫星来测量物体位置的系统。由于对科技水平要求较高且耗资巨大，所以世界上只有少数的几个国家能够自主研制卫星定位导航系统。目前已投入运行的主要包括：①美国的全球定位系统（GPS），目前唯一覆盖全球的卫星定位导航系统。②俄罗斯的格洛纳斯系统（GLONASS），目前只覆盖俄罗斯境内。③中国的北斗导航系统（COMPASS），目前只覆盖我国境内。

全球定位系统（Global Position System，GPS）是以卫星的无线电导航技术为基础，可实现时间和测距的空间交会定点的定位导航，为全球用户提供连续、实时、高精度的三维位置、三维速度和时间等相关信息。GPS 系统主要由空间部分、地面控制部分和用户接收设备三部分组成，如图 2-29 所示。

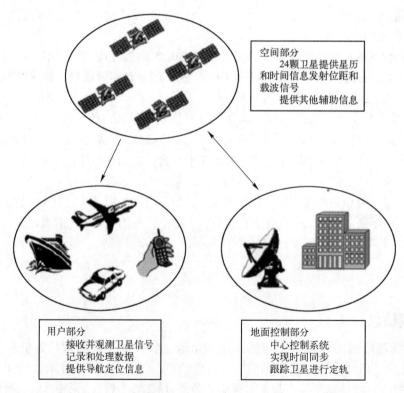

空间部分
　24颗卫星提供星历和时间信息发射位距和载波信号
　提供其他辅助信息

用户部分
　接收并观测卫星信号
　记录和处理数据
　提供导航定位信息

地面控制部分
　中心控制系统
　实现时间同步
　跟踪卫星进行定轨

图 2-29　GPS 系统组成

2）基于参考点的基站定位。

基站定位利用基站与通信设备之间无线通信和测量技术，计算两者间的距离，并最终确定通信设备位置信息。基站定位不需要设备或终端具有 GPS 定位功能，但是其定位精度很大程度依赖于基站的分布及覆盖范围的大小，误差较大。目前，蜂窝定位中的大部分方法都是采用基站定位实现的。

2.6.3 定位技术

定位技术的关键：有一个或多个已知坐标的参考点；测量待定物体与已知参考点的空间关系。定位技术的两个步骤：步骤一是测量物理量，步骤二是根据物理量确定目标位置。常见定位技术：基于距离（时间）的定位（ToA）；基于距离（时间）差的定位（TDoA）；基于接收信号强度的定位（RSSI）。

1）基于距离（时间）的定位（ToA）。

通过测量传输时间来估算两节点之间距离，精度较好。无线信号传输速度快，时间测量上的很小误差可导致很大的误差值，所以要求 CPU 计算能力强。适用于多种信号：射频、声学、红外及超声波信号等。ToA 机制是已知信号的传播速度，根据信号的传播时间来计算节点间的距离。采用伪噪声序列信号作为声波信号，根据声波的传播时间来测量结点之间的距离。

在图 2-30 所示 ToA 图中，假设两个端点预先实现了时间同步，发送端点在发送伪噪声系列信号的同时，无线传输模块通过无线电同步消息通知接收端点伪噪声系列信号发送的时间，接收端点的传声器模块在检测到伪噪声序列信号后，根据声波信号的传播时间和速度来计算端点间的距离。端点在计算出多个邻近信标结点后，利用三边测量算法和极大似然估计算法算出自身的位置。

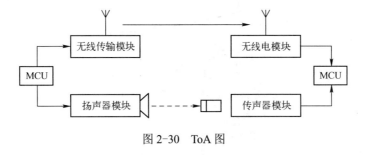

图 2-30　ToA 图

2）基于距离（时间）差的定位（TDoA）。

TDoA 的定位机制中，发射端点同时发射两种不同传播速度的无线信号，接收端点根据两种信号到达的时间差以及这两种信号的传播速度，计算端点间的距离。TDoA 图如图 2-31 所示，发射端点同时发射无线射频信号和超声波信号，接收端点记录下这两种信号到达的时间 T_1、T_2，已知无线射频信号和超声波的传播速度 c_1、c_2，那么两点之间距离为 $k(T_2-T_1)S$，其中 $k=c_1c_2/(c_1-c_2)$。

3）基于接收信号强度的定位（RSSI）。

RSSI 测距的原理如下：接收机通过测量射频信号的能量来确定与发送机的距离。将无线信号的发射功率和接收功率之间的关系表述为下式：

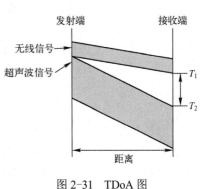

图 2-31　TDoA 图

$$10n\lg r = 10\lg P_{\mathrm{T}}/P_{\mathrm{R}}$$

$$10\lg P_{\mathrm{R}} = A - 10n\lg r$$

$$P_{\mathrm{R}} = P_{\mathrm{T}}/r^{n}$$

$$P_{\mathrm{R}} = A - 10n\lg r$$

式中　P_{R}——无线信号的接收功率；

　　　P_{T}——无线信号的发射功率；

　　　r——收发单元之间的距离；

　　　n——传播因子，传播因子的数值大小取决于无线信号传播的环境；

　　　A——信号传输 1m 时接收信号的功率。

接收信号强度和无线信号传输距离之间的理论公式。图 2-32 所示为无线信号接收强度指示与信号传播距离之间的关系曲线。从理论曲线上可以看出，无线信号在传播过程的近距离上信号衰减相当厉害，无距离时信号有缓慢线性误差。

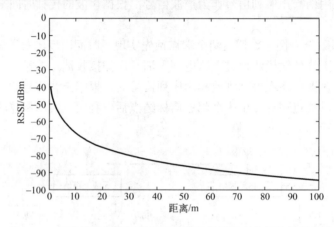

图 2-32　无线信号接收强度指示与信号传播距离之间的关系曲线

2.7　本章小结

本章介绍了感知层方面的相关技术的概念、发展及应用。

嵌入式系统是以应用为中心、以计算机技术为基础、软件硬件可裁剪、适应应用系统对功能、可靠性、成本、体积及功耗严格要求的专用计算机系统。嵌入式系统是嵌入到对象体系中的专用计算机系统。"嵌入性""专用性"与"计算机系统"是嵌入式系统的 3 个基本要素。嵌入式系统一般都由嵌入式计算机系统和执行装置组成。嵌入式计算机系统是整个嵌入式系统的核心，由硬件层、中间层、系统软件层和应用软件层组成。执行装置也称为被控对象，它可以接受嵌入式计算机系统发出的控制命令，执行所规定的操作或任务。

传感器是指能把光、力、温度、磁感应强度等非电学量转换为电学量或转换为电路通断的器件。它利用物理、化学、生物等学科的某些效应或原理，按照一定的制造工艺研制出来。传感器是一种检测装置，能感受到被测量的信息，并能将检测感受到的信息，按一定规律变换成为电信号或其他所需形式的信息输出，以满足信息的传输、处理、存储、显示、记录和控制等要求。它是实现自动检测和自动控制的首要环节。传感器是能感受规定的被测量，并按一定的规律性变换成可用输出信号的元器件或装置，通常由敏感元器件、转换元器件和转换电路组成。

无线传感器网络是由大量移动或静止传感器节点，通过无线通信方式组成的自组织网络。它通过节点的温度、湿度、压力、振动、光照及气体等微型传感器的协作，实时监测、感知和采集网络分布区域内的各种环境或监测对象的信息，并由嵌入式系统对信息进行处理，用无线通信多跳中继将信息传送到用户终端。

RFID 技术是一种非接触式的自动识别技术，它通过射频信号自动识别目标对象，可快速地进行物品追踪和数据交换。最基本的 RFID 系统由 3 部分组成：电子标签（应答器）：由耦合元器件及芯片组成，标签含有内置天线，用于与射频天线间进行通信；阅读器：读取（在读写卡中还可以写入）标签信息的设备；天线：在电子标签和阅读器间传递射频信号。

条形码是利用条（着色部分）、空（非着色部分）及其宽、窄的交替变换来表达信息的。每一种编码都制定有字符与条、空、宽、窄表达的对应关系，只要遵循这一标准打印出来的条、空交替排列的"图形符号"，在这一"图形符号"中就包含了字符信息；当识读器划过这一"图形符号"时，这一条、空交替排列的信息通过光线反射而形成的光信号，在识读器内被转换成数字信号，再经过相应的解码软件，"图形符号"就被还原成字符信息。

定位是通过特定的位置标识与测距技术来确定物体的空间物理位置信息（经纬度坐标）。地理位置是由地球经纬度坐标构成，即东经和西经；代表了我们在地球上的位置。位置信息与我们的生活息息相关。基于位置服务是通过移动运营商的无线电通信网络（如GSM网、CDMA网）或外部定位方式（如GPS）获取移动终端用户的位置信息。

2.8 习题

1. 嵌入式系统的定义是什么？有哪 3 个基本要素？
2. 嵌入式系统的特点是什么？有哪些应用？
3. 说明嵌入式系统的组成及嵌入式计算机系统的组成。
4. 简述嵌入式系统的主要应用。
5. 什么是传感器？传感器是由哪几部分组成？说明各部分的作用。
6. 传感器分类有哪几种？各有什么特点？
7. 简述电容式传感器、电感式传感器、霍尔传感器、光纤传感器的工作原理。
8. 说明无线传感器的定义以及无线传感器网络的组成部分。
9. 无线传感器网络有哪些特点？
10. 传感器节点由哪些部分组成？
11. 什么是 RFID？简述 RFID 的技术组成。
12. 说明 RFID 基本工作原理及工作频率。
13. 简述 RFID 的分类。
14. 说明在 RFID 系统中电子标签的组成及工作流程。

15．说明在 RFID 系统中阅读器的组成及工作流程。

16．什么是条形码技术？其核心是什么？

17．说明一维条形码和二维条形码的组成及特点。

18．简述二维条形码的发展趋势。

19．位置信息主要有哪些要素？

20．常用的定位分为哪几类？

21．定位技术的关键是什么？

22．常用的定位技术是什么？

第3章 通信技术

物联网的网络层主要完成信息传递和处理任务，网络层包括接入单元和接入网络两部分。接入单元是联接感知层的网桥，它汇聚从感知层获得的数据，并将数据发送到接入网络。接入网络即现有的通信网络，包括移动通信网、有线电话网及有线宽带网等。通过接入网络，人们将数据最终传入互联网。传送层是基于现有通信网和互联网建立起来的层。网络层的关键技术既包含了现有的通信技术，如移动通信技术、有线宽带技术、公共交换电话网（PSTN）技术及 Wi-Fi 通信技术等，又包含了终端技术，如实现传感网与通信网结合的网桥设备、为各种行业终端提供通信能力的通信模块等。

3.1 数字通信

3.1.1 数字通信概述

1. 数字通信系统组成

（1）数据通信系统组成简述

在计算机网络中，数据通信系统的任务是把数据源计算机所产生的数据迅速、可靠、准确地传输到数据宿（目的）计算机或专用外设。从计算机网络技术的组成部分来看，一个完整的数据通信系统，一般由以下几个部分组成，即数据终端设备、通信控制器、通信信道及信号变换器。数据通信系统的组成框图如图 3-1 所示。

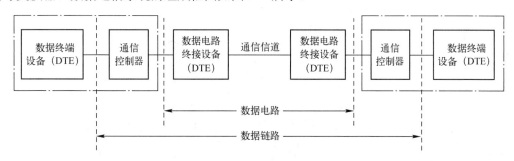

图 3-1　数据通信系统的组成框图

1）数据终端设备。数据终端设备即数据的生成者和使用者，它根据协议控制通信的功能。最常用的数据终端设备就是网络中的计算机。此外，数据终端设备还可以是网络中的专用数据输出设备，如打印机等。

2）通信控制器。通信控制器的功能除进行通信状态的联接、监控和拆除等操作外，还可接收来自多个数据终端设备的信息，并将其转换信息格式。如计算机内部的异步通信适配器（如 UART）、数字网用的就是通信控制器。

3）通信信道。通信信道即信息在信号变换器之间传输的通道。如电话线路等模拟通信信道、专用数字通信信道、宽带电缆（CATV）和光纤等。按传输介质不同，信道可分为有线信道（将有形的电路作为传输介质）和无线信道（以电磁波在空间传输方式传送信息的信道）。

4）信号变换器。信号变换器的功能是把通信控制器提供的数据转换成适合通信信道要求的信号形式，或把从信道中传来的信号转换成可供数据终端设备使用的数据，以最大限度地保证传输质量。在计算机网络的数据通信系统中，最常用的信号变换器是调制解调器和光纤通信网中的光电转换器。信号变换器和其他的网络通信设备又统称为数据电路终接设备（Data Circuit -terminating Equipment，DCE），DCE 为用户设备提供入网的联接点。

（2）数据通信网

数据通信网组网形式有多种（数据通信网的拓扑结构图如图 3-2 所示），通过这些网络可将计算机等各类终端联接起来，形成数据通信网（其示意图如图 3-3 所示），以提供各类通信服务。

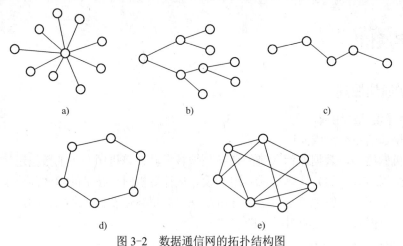

图 3-2　数据通信网的拓扑结构图

a) 星形　b) 树形　c) 总线型　d) 环形　e) 网格型（属非约束拓扑）

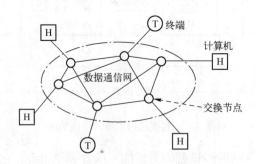

图 3-3　数据通信网示意图

2．传输方式

（1）并行数据传输与串行数据传输

1）并行数据传输。在并行通信传输中有多个数据位，同时在两个设备之间传输。发送设备将这些数据位通过对应的数据线传送给接收设备，还可附加一位数据校验位。接收设备可同时接收到这些数据，不需要做任何变换就可直接使用。并行方式主要用于近距离通信。计算机内的总线结构就是并行通信的例子。这种方法的优点是传输速度快，处理简单。并行数据传输示意图如图3-4所示。

2）串行数据传输。在串行数据传输时，数据是一位一位地在通信线上传输的，先由具有几位总线的计算机内的发送设备，将几位并行数据经并-串转换硬件转换成串行方式，再逐位经传输线到达接收站的设备中，并在接收端将数据从串行方式重新转换成并行方式，以供接收方使用。串行数据传输的速度要比并行传输慢得多，但对于覆盖面极其广阔的公用电话系统来说具有更大的现实意义。串行数据传输示意图如图3-5所示。

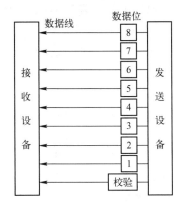

图 3-4　并行数据传输示意图

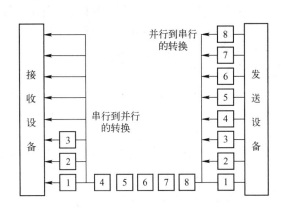

图 3-5　串行数据传输示意图

3）串行通信的方向性结构。按照信号传送方向与时间的关系，信道可以分为 3 种传输方式，即单工、半双工和全双工，信号的单工、半双工和全双工传输方式示意图如图 3-6 所示。

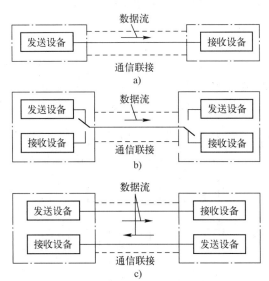

图 3-6　信号的单工、半双工和全双工传输方式示意图

a）单工　b）半双工　c）全双工

单工数据传输只支持数据在一个方向上传输（例如无线广播和电视广播）；双工数据传输允许数据在两个方向上传输，但是，在某一时刻，只允许数据在一个方向上传输，它实际上是一种切换方向的单工通信（例如警察使用的对讲机）；全双工数据通信允许数据同时在两个方向上传输（例如电话机通信），因此，全双工通信是两个单工通信方式的结合，它要求发送设备和接收设备都有独立的接收和发送能力。

（2）同步传输和异步传输

为了保证数据正常接收，要求发送端与接收端以同一种速率在相同的起止时间内接收数据，否则可能会造成收发之间的失衡，使传输的数据出错。这种统一发送端和接收端动作同步的技术称为同步技术。常用的同步技术有异步传输方式和同步传输方式两种。

异步传输：每传送一个字符都要求在字符码前面加一个起始位，以表示字符代码的开始，在字符代码和校验码后面加一个停止位，表示字符结束。这种方式适用于低速终端设备。

同步传输：在发送字符之前先发送一组同步字符，使收发双方进入同步。这种方式适用于高速传输数据的系统。

同步就是接收端按发送端发送的每个码元的起止时间及重复频率来接收数据，并且要校准自己的时钟，以便与发送端的发送取得一致，实现同步接收。数据传输的同步方式一般为位同步。位同步识别每一位的开始和结束。在异步通信中，发送端可以在任意时刻发送字符，字符之间的间隔时间可以任意变化。该方法是将字符看做一个独立的传送单元，在每个字符的前后各加入 1～3 位信息作为字符的开始和结束标志位，以便在每一个字符开始时接收端和发送端同步一次，从而在一串比特流中可以把每个字符识别出来。

1）位同步。位同步又称为同步传输，它要使接收端的每一位数据都与发送端保持同步。实现位同步的方法可分为外同步法和自同步法两种。在外同步法中，接收端的同步信号事先由发送端送来，而不是自己产生，也不是从信号中提取出来。即在发送数据之前，发送端先向接收端发出一串同步时钟脉冲，接收端按照这一时钟脉冲频率和时序锁定接收端的接收频率，以便在接收数据的过程中始终与发送端保持同步。

自同步法是指能从数据信号波形中提取同步信号的方法。典型例子就是著名的曼彻斯特编码，（如图 3-7b 所示），它常用于局域网传输。在曼彻斯特编码中，每一位的中间有一跳变，位中间的跳变既作为时钟信号，又作为数据信号；从高到低跳变表示"1"，从低到高跳变表示"0"。还有一种是差分曼彻斯特编码（如图 3-7c 所示），每位中间的跳变仅提供时钟定时，而用每位开始时有无跳变表示"0"或"1"，有跳变为"0"，无跳变为"1"。

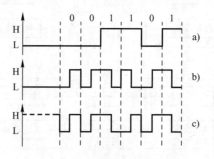

图 3-7　数字信号的同步编码

a) 不归零码（NRZ）　b) 曼彻斯特编码　c) 差分曼彻斯特编码

这两种曼彻斯特编码都是将时钟和数据包含在数据流中，在传输代码信息的同时，也将时钟同步信号一起传输到对方，在每位编码中有一跳变，不存在直流分量，因此具有自同步能力和良好的抗干扰性能。但每一个码元都被调成两个电平，所以数据传输速率只有调制速率的 1/2。

2）群同步。在数据通信中，群同步又称为异步传输，是指传输的信息被分成若干"群"。在数据传输过程中，字符可顺序出现在比特流中，字符间的间隔时间是任意的，但字符内各个比特用固定的时钟频率传输。字符间的异步定时与字符内各个比特间的同步定时，是群同步的特征。群同步是靠起始和停止位来实现字符定界及字符内比特同步的，群同步的字符格式如图 3-8 所示。起始位指示字符的开始，并启动接收端对字符中比特的同步；而停止位则是作为字符间的间隔位设置的，没有停止位，下一字符的起始位下降沿便可能丢失。

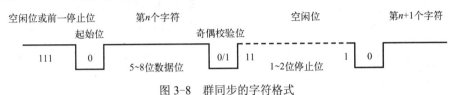

图 3-8　群同步的字符格式

群同步传输每个字符由以下 4 部分组成。

● 1 位起始位，以逻辑"0"表示。
● 5～8 位数据位，即要传输的字符内容。
● 1 位奇偶校验位，用于检错。
● 1～2 位停止位，以逻辑"1"表示，用做字符间的间隔。

3．数据信号的基本形式

（1）模拟数据和数字数据的表示

模拟数据和数字数据都可以用模拟信号或数字信号来表示，因而无论信源产生的是模拟数据还是数字数据，在传输过程中都可以用适合于信道传输的某种信号形式来传输。

1）模拟数据可以用模拟信号来表示。模拟数据是时间的函数，并占有一定的频率范围，即频带。这种数据可以直接用占有相同频带的电信号，即对应的模拟信号来表示。模拟电话通信是它的一个应用模型。

2）数字数据可以用模拟信号来表示。如调制解调器（Modem）可以把数字数据调制成模拟信号，也可以把模拟信号解调成数字数据。用 Modem 拨号上网是它的一个应用模型。

3）模拟数据也可以用数字信号来表示。对于声音数据来说，完成模拟数据和数字信号转换功能的设施是编码解码器（CODEC）。它将直接表示声音数据的模拟信号编码转换成二进制流近似表示的数字信号；而在线路另一端的 CODEC，则将二进制流码恢复成原来的模拟数据。数字电话通信是它的一个应用模型。

4）数字数据可以用数字信号来表示。数字数据可直接用二进制数字脉冲信号来表示，但为了改善其传播特性，一般先要对二进制数据进行编码。数字数据专线网（DDN）网络通信是它的一个应用模型。

（2）数据通信的长距离传输及信号衰减的克服

1）模拟信号和数字信号都可以在合适的传输媒体上进行传输，模拟数据、数字数据的模拟信号、数字信号的传输示意图如图 3-9 所示。

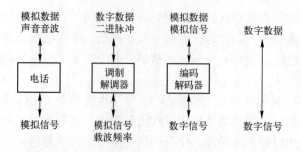

图 3-9　模拟数据、数字数据的模拟信号、数字信号的传输示意图

2）模拟信号无论表示模拟数据还是数字数据，在传输一定距离后都会衰减。克服的办法是用放大器来增强信号的能量，但噪声分量也会增强，以至引起信号畸变。

3）数字信号在长距离传输后也会衰减，克服的办法是使用中继器，把数字信号恢复为"0""1"的标准电平后继续传输。

4. 数字数据编码

（1）数字数据的模拟信号编码

为了利用廉价的公共电话交换网实现计算机之间的远程通信，必须将发送端的数字信号变换成能够在公共电话网上传输的音频信号，经传输后再在接收端将音频信号逆变换成对应的数字信号。远程系统的调制解调器示意图如图 3-10 所示。实现数字信号与模拟信号互换的设备称为调制解调器。

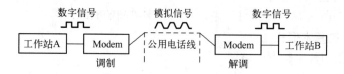

图 3-10　远程系统的调制解调器示意图

调制：将发送端数字数据信号变换成模拟数据信号的过程。由调制器完成调制功能。

解调：将接收端模拟数据信号变换成数字数据信号的过程。由解调器实现解调功能。

模拟信号传输的基础是载波，载波具有幅度、频率和相位三大要素，数字数据可以针对载波的不同要素或它们的组合进行调制。数字调制的 3 种基本形式是，移幅键控法（ASK）、移频键控法（FSK）和移相键控法（PSK），如图 3-11 所示。

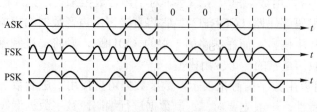

图 3-11　数字调制的 3 种基本形式

在 ASK 方式下，用载波的两种不同幅度来表示二进制的两种状态。ASK 方式容易受增益变化的影响，是一种低效的调制技术。在电话线路上，通常只能达到 1200bit/s 的速率。

在 FSK 方式下，用载波频率附近的两种不同频率来表示二进制的两种状态。在电话线路上，使用 FSK 可以实现全双工操作，通常可达到 1200bit/s 的速率。

在 PSK 方式下，用载波信号相位移动来表示数据。PSK 可以使用二相或多于二相的相移，利用这种技术，可以对传输速率起到加倍的作用。

由 PSK 和 ASK 结合的相位幅度调制 PAM，是解决相移数已达到上限但还要提高传输速率的有效方法。

（2）数字数据的数字信号编码

数字信号可以直接采用基带传输，即在线路中直接传送数字信号的电脉冲。这是一种最简单的传输方式，近距离通信的局域网都采用基带传输。当进行基带传输时，需要解决的问题是，数字数据的数字信号表示及收发两端之间的信号同步。

1）数字数据的数字信号表示。对于传输数字信号来说，最常用的方法是用不同的电压电平来表示两个二进制数字，即数字信号由矩形脉冲组成，基脉冲编码方案如图 3-12 所示。图 3-12a 所示为单极性不归零码：无电压表示"0"，恒定正电压表示"1"，每个码元时间的中间点是采样时间，判决门限为半幅电平。图 3-12b 所示为双极性不归零码："1"码和"0"码都有电流，"1"为正电流，"0"为负电流，正和负的幅度相等，判决门限为零电平。图 3-12c 所示为单极性归零码：当发"1"码时，发出正电流，但持续时间短于一个码元的时间宽度，即发出一个窄脉冲；当发"0"码时，仍然不发送电流。图 3-12d 所示为双极性归零码：其中"1"码发正的窄脉冲，"0"码发负的窄脉冲，两个码元的时间间隔可以大于每一个窄脉冲的宽度，取样时间是对准脉冲的中心。

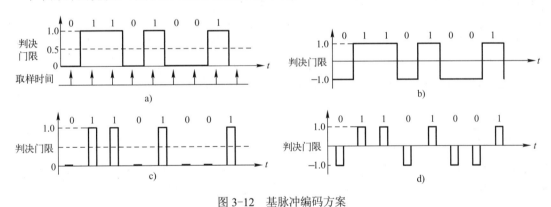

图 3-12 基脉冲编码方案

a) 单极性不归零码　b) 双极性不归零码　c) 单极性归零码　d) 双极性归零码

2）归零码和不归零码、单极性码和双极性码的特点。不归零码在传输中难以确定一位的结束和另一位的开始，需要用某种方法使发送器与接收器之间定时或同步；归零码的脉冲较窄，根据脉冲宽度与传输频带宽度成反比的关系，归零码在信道上占用的频带较宽。单极性码会积累直流分量，这样就不能使变压器在数据通信设备与所处环境之间提供良好绝缘的交流耦合，直流分量还会损坏连接点的表面电镀层；双极性码的直流分量大大减少，这对数据传输是很有利的。

5. 数据通信系统的主要质量指标

数据通信系统的指标是围绕传输的有效性和可靠性来制定的，有如下主要质量指标。

（1）传输速率

1）码元传输速率 R_B。R_B 简称为传码率，又称为符号速率等。它表示单位时间内传输码元的数目，单位是波特（Baud），记为 B。

2）比特率 R_b。信息传输速率简称为传信率，又称为比特率等。它表示单位时间内传递的平均信息量或比特数，单位是比特/秒，可记为 bit/s。

每个码元或符号通常都含有一定 bit 数的信息量，因此，码元速率和信息速率有确定的关系，即

$$R_b = R_B H$$

式中，R_b 单位为 bit/s。一个码元带有 H 个 bit 的信息量。

（2）频带利用率

当比较不同通信系统的有效性时，单看它们的传输速率是不够的，还应看在这样的传输速率下所占的信道的频带宽度。因此，真正衡量数字通信系统传输效率的应当是单位频带内的码元传输速率，即每赫的波特数

$$\eta = R_B / B$$

式中，η 为符号速率，单位为 B/Hz。B 为频带宽度（通频带）。

（3）可靠性

衡量数字通信系统可靠性的指标是差错率，常用误码率和误信率表示。误码率（码元差错率）P_e 是指发生差错的码元数在传输总码元数中所占的比例。更确切地说，误码率是码元在传输系统中被传错的概率，即错误码元数传输总码元数

$$P_e = 错误码元素/传输总码元素$$

目前电话线路系统的平均误码率是，当 $300\sim2400$bit/s 时，在 $10^{-2}\sim10^{-6}$ 之间；当 $4800\sim9600$ bit/s 时，在 $10^{-2}\sim10^{-4}$ 之间。计算机通信的平均误码率要求低于 10^{-9}。

误信率（信息差错率）P_b 是指发生差错的比特数在传输总比特数中所占的比例，即

$$P_b = 错误比特数/传输总比特数$$

6. 通信协议

要使通过通信信道和设备互联起来的多个不同地理位置的数据通信系统能协同工作，实现信息交换和资源共享，在它们之间就必须具有共同的语言。交流什么、怎样交流及何时交流，都必须遵循某种互相都能接受的规则。

（1）协议定义

指双方实体完成通信或服务所必须遵循的规则和约定。协议定义了数据单元使用的格式、信息单元应该包含的信息与含义、联接方式、信息发送和接收的时序，从而确保网络中的数据能顺利地传送到确定的地方。

（2）协议的三要素

1）语法（"如何讲"）：数据的格式、编码和信号等级（电平的高低）。

2）语义（"讲什么"）：数据内容、含义以及控制信息。

3）定时：速率匹配和排序。

（3）网络体系的分层结构

将网络体系进行分层就是把复杂的通信网络协调问题进行分解，再分别处理，使复杂的问题简化，以便于网络的理解及各部分的设计和实现。网络体系分层结构示意图如图 3-13

所示。其特点是，每一层实现相对独立的功能，下层向上层提供服务，上层是下层的用户；有利于交流、理解、标准化；协议仅针对某一层，在同等实体之间进行通信制定；易于实现和维护；灵活性较好，结构上可分割。

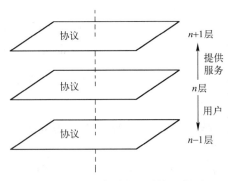

图 3-13　网络体系分层结构示意图

3.1.2　数据链路传输控制规程

1．数据链路

数据链路是数据电路加上传输控制规程，它由通信线路、调制解调器、终端及通信控制器之间的接口构成。国际标准化组织（ISO）定义数据链路为：按照信息特定方式进行操作的两个或两个以上终端装置与互联线路的一种组合体。所谓特定方式是指信息速率与编码均相同。一个数据通信系统包括一个或多个数据链路。数据链路的结构分为点对点与点对多点两种。数据链路传输数据信息有 3 种不同的操作方式。

1）单向型：信息只能按一个方向传送。

2）双向交替型：信息先从一个方向，后从相反方向传送。

3）双方同时型：信息可在两个方向上同时传送。

在数据链路中的数据终端设备（DTE）可能是不同类型的终端或计算机，从链路逻辑功能的角度，把这些不同类型、不同功能的 DTE 统称为站。在点对点链路中，发送信息或命令的站称为主站，接收信息或命令而发出认可信息或响应的站称为从站。同时能发送信息、命令、认可和响应的站称为组合站。在点对多点链路中，负责组织链路上的数据流，并处理链路上所出现的不可恢复的差错的站称为控制站，而其余各站称为辅助站。

2．数据链路控制规程

数据通信的双方为有效地交换数据信息，必须建立一些规约，以控制和监督信息在通信线路上的传输和系统间的信息交换，这些规则称为通信协议。数据链路的通信操作规则称为数据链路控制规程，它的目的是在已经形成的物理电路上，建立起相对无差错的逻辑链路，以便在 DTE 与网络之间、DTE 与 DTE 之间有效可靠地传送数据信息。为此，数据链路控制规程应具备下述功能。

1）帧同步。将信息报文分为码组，采用特殊的码型作为码组的开头与结尾标志，并在码组中加入地址及必要的控制信息，这样构成的码组称为帧。帧同步的目的是确定帧的起始与结尾，以保持收发两端帧同步。

2）差错控制。由于物理电路上存在着各种干扰和噪声，所以数据信息在传输过程中会产生差错。差错控制即采用水平和垂直冗余校验或循环冗余校验进行差错检测，对正确接收的帧进行认可，对接收有差错的帧要求对方重发。

3）顺序控制。为了防止帧的重收和漏收，必须给每个帧编号，接收时按编号可以识别差错控制系统要求重发的帧。

4）透明性。在所传输的信息中，若出现了每个帧的开头、结尾标志字符和控制字符的序列，则要插入指定的比特或字符，以区别以上各种标志和控制字符，保障信息的透明传输，即信息不受限制。

5）线路控制。在半双工或多点线路场合，确定哪个站是发送站，哪个站是接收站，建立和释放链路的逻辑联接，显示站的工作状态。

6）流量控制。为了避免链路的阻塞，应能调节数据链路上的信息流量，决定暂停、停止或继续接收信息。

7）超时处理。如果信息流量突然停止，超过规定时间，就决定应该继续做些什么。

8）特殊情况。当没有任何数据信号发送时，确定发送器发送什么信息。

9）启动控制。在一个处于空闲状态的通信系统中，解决如何启动传输的问题。

10）异常状态的恢复。当链路发生异常情况（如收到含义不清的序列，数据码组不完整或超时收不到响应等）时，自动地重新启动恢复到正常工作状态。链路控制规程执行的数据传输控制功能可分为 5 个阶段。

阶段 1：建立物理连接（数据电路）。数据电路可分为专用线路与交换线路两种。在点对多点结构中，主要采用专线，物理连接是固定的。在点对点结构中，如采用交换电路时，必须按照交换网络的要求进行呼叫接续，如电话网的 V.25 和数据网的 X.21 呼叫接续过程。

阶段 2：建立数据链路。建立数据链路，在点对点系统中，主要是确定两个站的关系，谁先发，谁先收，做好数据传输的准备工作；在点对多点系统中，主要是进行轮询和选择过程。这个过程也就是确定由哪个站发送信号，由哪个（些）站接收信息。

阶段 3：数据传送。有效可靠地传送数据信息，将报文分成合适的码组，以便进行透明的相对无差错的数据传输。

阶段 4：数据传送结束。当数据信息传送结束时，主站向各站发出结束序列，各站便回到空闲状态或进入一个新的控制状态。

阶段 5：拆线。当数据电路是交换线路时，在数据信息传送结束后，就需要发出控制序列，拆除通信线路。传输规程是指包括误码控制在内的各种附加控制的总称，通常将适用于实际数据传输时所制定的一系列规则和顺序称为传输控制规程。

3. 数据链路控制规程的分类

根据所采用的帧同步技术，数据链路控制规程一般可分为两类。

1）面向字符型协议。所传输的数据由规定的字符集（ASCⅡ）中的字符组成，链路传输的控制信息也由此字符集中的字符组成。使用停止等待协议，通信线路的利用率低；使用差错控制协议，通信线路的可靠性较差；且不易扩展。

2）面向比特型协议。所传输的数据由比特流组成。具有灵活性高、效率高的特点。面向比特型协议，采用特定的二进制标志序列作为帧的开始和结束，以一定的比特组合所表示的命令和响应实现链路的监控功能。命令和响应可以与信息一起传送。SDLC、ADCCP、HDLC 及 X.25 都属于这类规程。下面以高级数据链路控制协议（HDLC）为例，介绍数据链路传输控制规程。

4. 高级数据链路控制协议

高级数据链路控制协议（High-Level Data Link Control protocol，HDLC）有信息帧（I帧）、监控帧（S帧）和无编号帧（U帧）3种不同类型的帧。信息帧用于传送有效信息或数据，通常简称为I帧。监控帧用于差错控制和流量控制，通常称为S帧。无编号帧因其控制字段中不包含编号N（S）和N（R）而得名，简称为U帧。U帧用于提供对链路的建立、拆除以及多种控制功能。

（1）信息帧格式

高速控制链路信息帧格式如图3-14所示。

F (标志) 8bit	A (地址) 8bit	C (控制) 8bit	I (信息)	FCS (帧检测) 16bit	F (标志) 8bit

图 3-14 高速控制链路信息帧格式

1）标志序列（F）：8bit，"01111110"用以区分两个帧。为防止信息中有同样的编码扰乱对帧界限的确定，在加标志之前，进行"零比特填充法"，即当信息中有5个连"1"时，加一个"0"，在收端再把"0"去掉。

2）地址字段（A）：8bit，表示目的地址或信源地址。当地址字段为全"1"时，为广播地址；为全"0"时，为无效地址。

3）控制字段（C）：8bit，规定了信息帧、监督帧和无编号帧。

4）信息字段（I）：长度任意，但必须是8的倍数。

5）帧检测序列（FCS）：16bit，采用生成多项式CRC-CCITT进行帧校验。

（2）流量控制方法

1）停止等待协议。停止等待协议示意图如图3-15所示。停止等待协议是最简单的传输协议。收方在收到一个正确的数据帧后，向发方发送一个确认帧ACK（表示"我收到啦"）。在发方收到确认帧后，才能发送一个新的数据帧。这样就实现了收方对发方的流量控制。假如数据帧在传输过程中出现了差错，由于通常都在数据帧中加上了循环冗余校验CRC，所以收方很容易校验出收到的数据帧是否有差错。当发现差错时，收方就向发方发送一个否认帧NAK（表示"不对"），以表示发方应当重发出错的那个数据帧。

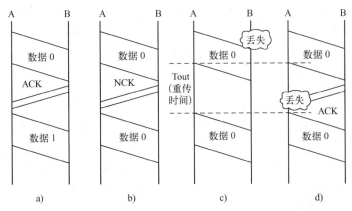

图 3-15 停止等待协议示意图

a) 正常传输　b) 数据帧出错　c) 数据帧丢失　d) 应答帧丢失

有时链路上的干扰很严重，或出于其他一些原因，收方收不到发方发来的数据帧。这种情况称为帧丢失。当发生帧丢失时，收方当然不会向发方发送任何应答帧。如果发方要等收到收方的应答信息后再发送下一个数据帧，那么就将永远等下去。要解决这个问题，可在收方发送完一个数据帧时，就启动一个超时定时器。若到了超时定时器所设置的重发时间仍收不到收方的任何应答帧，则发方就重传前面所发送的这一数据帧。

然而，现在问题并没有完全解决。当出现数据帧丢失时，超时重发的确是一个好办法。但是若丢失的是应答帧，则超时重发将使收方收到两个同样的数据帧。由于收方现在无法识别重复的数据帧，因而在收方收到的数据中出现了另一种差错，称为重复帧。要解决这个问题，必须使每一个数据帧带上不同的发送序号。若收方收到序号相同的数据帧，则表明出现了重复帧。这时应当丢弃这重复帧。但应注意，此时收方还必须向发方发送一个确认帧，因为收方已经知道发方还没有收到上一次发过去的确认帧。

我们知道，任何一个编号系统的序号所占用的比特数一定是有限的。因此，经过一段时间，发送序号就会重复。序号占用的比特数越少，数据传输的额外开销就越少。对于停等协议，由于每发送一个数据帧就停止等待，所以用一个比特来编号就够了。就是说序号轮流使用"0"和"1"。

由于发方对出错的数据帧进行重复是自动进行的，所以这种差错控制体制常称为自动重复请求（Automatic Repeat-reQuest，ARQ），意思是自动请求重发。停止等待协议 ARQ 比较简单，但信道利用率不高。为了克服这一缺点，就产生了另外两种协议，即连续 ARQ 和选择重传 ARQ。

2）连续 ARQ 协议。在发送完一个数据帧之后，不是停下来等待确认帧，而是连续再发送若干个数据帧，以减少等待时间，提高通信的吞吐量。但一帧出错就会导致很多帧重传，增大开销；对所有的帧标号又占用不必要的比特数，同样增大开销。连续 ARQ 协议示意图如图 3-16 所示。

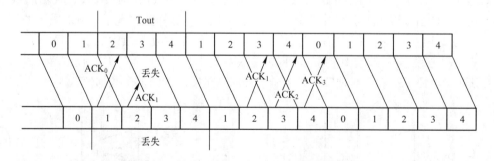

图 3-16　连续 ARQ 协议示意图

3）滑动窗口协议。在连续 ARQ 协议中，将已发送出去、但未被确认的数据帧加以限制，在发送端规定发送窗口，接收端规定接收窗口。滑动窗口协议示意图如图 3-17 所示。

① 发送窗口。对发送端进行流量控制，窗口大小 W 即为还没有收到确认信息的情况下发送端最多可以发送多少个数据帧。例如，采用 3bit 进行数据帧编码，可编号 8 种数据帧，设定发送窗口为 5。

② 接收窗口。接收端只有当收到的数据帧的发送序号落入接收窗口内时，才允许该数据帧进入，其他一律丢弃，也可在收到几个数据帧之后，再向发送端发送确认信号。

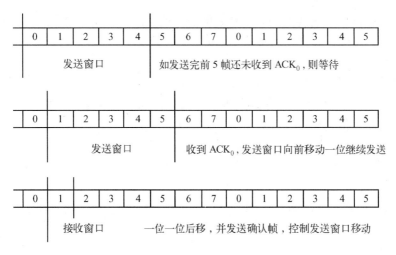

图 3-17 滑动窗口协议示意图

3.1.3 数据传输

数据传输以信号传输为基础，在理想情况下，接收信号的幅度和波形应与发送信号的幅度和波形完全一样。然而，信号在实际传输过程中会发生衰减、变形，使接收信号与发送信号不一致，甚至使接收端不能正确识别信号所携带的信息。在数据通信系统中，数据在传输过程中可以用数字信号和模拟信号两种方式表示，即数字传输和模拟传输。数据在信道中的传输形式有以下几种。

（1）基带传输

所谓基带，就是指电信号所固有的基本频带，简称为基带。由计算机或数字终端产生的信号是一连串的脉冲信号，它含有直流、低频和高频等分量，占有一定的频率范围。把这种由计算机或终端产生的，频谱从零开始而未经调制的数字信号所占用的频率范围叫作基带。数字信号的基本频带是从 0 至若干兆赫，由传输速率决定的。当利用数据传输系统直接传送基带信号而不经频谱搬移时，称之为基带传输。基带传输多用在距离比较短的数据传输中。在基带传输中，需要对数字信号进行编码，即用不同电压极性或电平值代表数字信号的"0"和"1"。一般有 3 种编码方法，即非归零编码、曼彻斯特编码和差分曼彻斯特编码。

（2）频带传输

基带传输只能在信道上原封不动地传输二进制数字信号。对于远距离通信来说，目前使用的仍然是电话线，它是为传输语音信号而设计的，只适用于传输音频范围为 300～3400Hz 的模拟信号，不适用于直接传输计算机的数字基带信号。为了利用电话交换网实现计算机之间的数字信号传输，必须将数字信号转换为模拟信号。为此，需要在发送端选取音频范围的某一频率的正（余）弦模拟信号作为载波，用它运载所要传输的数字信号，通过电话信道送至另一端；在接收端再将数字信号从载波上取出来，恢复为原来的信号波形。这种利用模拟信道实现数字信号传输的方法称为频带传输。所谓频带传输，就是把二进制信号（数字信号）进行调制交换，成为能在公用电话网中传输的音频信号（模拟信号），将音频信号在传输介质中传送到接收端后，再由调制解调器将该音频信号解调变换成原来的二进制电信号。这种频带传输不仅克服了目前许多长途电话线不能直接传输基带信号的缺点，而且能够实现多路复用，从而提高了通信线路的利用率。但是，频带传输在发送端和接收端都要设置调制解调器，以便将基带信号变换为通带信号后再进行传输。

（3）宽带传输

宽带是指比音频带宽更宽的频带。使用这种宽频带传输的系统，称为宽带传输系统。它可以容纳全部广播，并可进行高速数据传输。宽带传输系统多是模拟信号传输系统。一般说，宽带传输与基带传输相比有以下优点。

1）能在一个信道中传输声音、图像和数据信息，使系统具有多种用途。

2）一条宽带信道能划分为多条逻辑基带信道，实现多路复用，因此，信道的容量大大增加。

3）宽带传输的距离比基带远，因基带直接传送数字，故传输的速率越高，传输的距离越短。

（4）数字数据传输

数字数据传输方式就是利用数字信道传输数据的方法，采用数字信道，每一数字话路的数据传输速率为 64kbit/s，所以，每一话路可复用 5 路 9600bit/s 或 10 路 1800bit/s 的数据，并不需要采用调制解调器（Modem），误码率又较低，从而提高了传输的速率和质量。当传输距离较长时，由于数字信道每隔一定距离就要插入再生中继器，使信道中引入的噪声和信号失真不会积累，从而大大提高传输质量。当然，采用数字传输要求全网的时钟系统保持同步，因此这种数字数据传输方式的灵活性不如模拟传输方式。

3.1.4　数据交换技术

对于计算机和终端之间的通信，交换是一个重要的问题。如果我们想使用任何遥远的计算机，若没有交换机，则只能采用点对点的通信。为避免建立多条点对点的信道，就必须使计算机与某种形式的交换设备相联。交换又称为转接，在多节点通信网络中，为有效利用通信设备和线路，一般希望动态地设定通信双方间的线路。动态地接通或断开通信线路，称为"交换"。这种交换通过某些交换中心将数据进行集中和转送，可以大大节省通信线路。在当前的数据通信网中，有 3 种交换方式，即电路交换、报文交换和分组交换，图 3-18 所示为一个交换网络的拓扑结构图。一个通信网的有效性、可靠性和经济性直接受网中所采用的交换方式的影响。

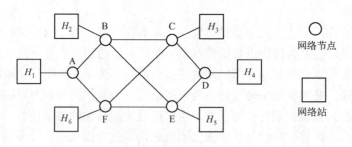

图 3-18　交换网络的拓扑结构图

1. 电路交换

电路交换（Circuit Switching）要求输入线与输出线建立一条物理通道。电路交换原理是直接利用可切换的物理通信线路，联接通信双方。电路交换是最早出现的一种交换方式。

电路交换基本过程包括电路建立、数据传输、电路拆除 3 个阶段。

1）电路建立。在传输任何数据之前，要先经过呼叫过程建立一条端到端的电路。如图 3-18 所示，若 H_1 站要与 H_3 站联接，典型的做法是，H_1 站先向与其相连的 A 节点提出请求，然后 A 节点在通向 C 节点的路径中找到下一个支路。比如 A 节点选择经 B 节点的电路，在此电路上分配一个未用的通道，并告诉 B 它还要联接 C 节点；B 再呼叫 C，建立电路 BC，最后，节点 C 完成到 H_3 站的联接。这样 A 与 C 之间就有一条专用电路 ABC，用于 H_1 站与 H_3 站之间的数据传输。

2）数据传输。电路 ABC 建立以后，数据就可以从 A 发送到 B，再由 B 交换到 C；C 也可以经 B 向 A 发送数据。在整个数据传输过程中，所建立的电路必须始终保持联接状态。

3）电路拆除。在数据传输结束后，由某一方（A 或 C）发出拆除请求，然后逐节拆除到对方节点。

电路交换的特点是，在数据传送开始之前必须先设置一条专用的通路。在线路释放之前，该通路由一对用户完全占用。对于碎发式的通信，电路交换效率不高。常见的电路交换网络有电话网（Telephone Networks）、ISDN（Integrated Services Digital Networks）等。主要的电路交换方式有空分制电路交换和时分制电路交换。空分制电路交换采用物理信道转接的交换方式，交换的过程是相应物理信道的接通和断开。时分制电路交换采用时分多路复用原理，在一条公用的通信线路上，接有多个终端，各用户终端按一定时间间隔，轮流接通与终端相联的线路，被接通的线路使用公用线路进行通信。

2. 报文交换

当端点间交换的数据具有随机性和突发性时，采用电路交换会造成信道容量和有效时间的浪费。采用报文交换则不存在这种问题。

报文交换方式的数据传输单位是报文，报文就是站点一次性要发送的数据块，其长度不限且可变。当一个站要发送报文时，它将一个目的地址附加到报文上，网络节点根据报文上的目的地址信息，把报文发送到下一个节点，一直逐个节点地转送到目的节点。报文交换示意图如图 3-19 所示。

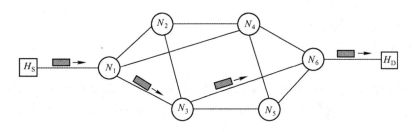

图 3-19　报文交换示意图

每个节点在收到整个报文并检查无误后，就暂存这个报文，然后，利用路由信息找出下一个节点的地址，再把整个报文传送给下一个节点上。因此，端与端之间无需先通过呼叫建立联接。一个报文在每个节点的延迟时间，等于接收报文所需的时间加上向下一个节点转发所需的排队延迟时间之和。报文交换的特点如下。

1）报文从源点传送到目的地采用"存储—转发"方式，在传送报文时，一个时刻仅占用一段通道。

2）在交换节点中需要缓冲存储，报文需要排队，故报文交换不能满足实时通信的要求。

3. 分组交换

分组交换是报文交换的一种改进，它将报文分成若干个分组，每个分组的长度有一个上限，有限长度的分组使得每个节点所需的存储能力降低了，分组可以存储到内存中，提高了交换速度。它适用于交互式通信，如终端与主机通信。分组交换是计算机网络中使用最广泛的一种交换技术。分组交换又称为包交换。在分组交换系统中，报文被分割成若干个定长的分组，并在每个分组前都加上报头报尾。报头中含有地址和分组号等，报尾是该分组的校验码。这些分组可以在网络内沿不同的路径并行进行传输。分组交换示意图如图 3-20 所示。分组交换的原理是，信息以分组为单位进行存储转发。源节点把报文分为分组，分组基本格式示意图如图 3-21 所示，在中间节点存储转发，目的节点把分组合成报文。分组交换技术是在模拟线路环境下建立和发展起来的，规定的一套很强的检错、纠错和流量、拥塞控制机制使网络平均误比特率低于 10^{-9}，防止网络拥塞，但却使网络时延变大。

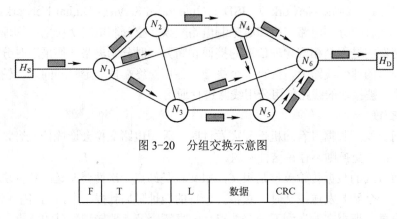

图 3-20   分组交换示意图

F	T		L	数据	CRC	

图 3-21   分组基本格式示意图

分组基本格式各字段含义如下。

F 是表示分组开始和结束的字段。

T 是代表信息类型的字段。

L 是说明分组长度的字段。

N（数据）字段内为目的地址、源地址、分组号以及其他必须的控制字符或代码。

在分组正文结束处附有 CRC 校验码（也可能是其他校验码），供分组内各个节点检查错误之用。

（1）分组交换的特点

1）每个分组头包括目的地址，独立进行路由选择。

2）在网络节点设备中不预先分配资源。

3）用统计复用技术，动态分配带宽。避免带宽的浪费，保证合理、有效地利用网络资源和简化物理接口，线路利用率高。

4）节点存储器利用率高。

5）易于重传，可靠性高。

6）易于开始新的传输，让紧急信息优先通过。

7）适用于交互式短报文、数据传输速率在 64kbit/s 以下，能够容忍网络平均时延大约在 1s 以内的应用场合。

8）额外信息增加。

（2）分组交换采用的路由方式

分组交换采用的路由方式有数据报（datagram）方式和虚电路（virtual circuit）方式。

1）数据报方式。每个分组被独立地传输。也就是说，网络协议将每一个分组当作单独的一个报文，对它进行路由选择。这种方式允许路由策略考虑网络环境的实际变化。如果某条路径发生阻塞，那么它就可以变更路由。

2）虚电路方式。在数据传输前，通过发送呼叫请求分组建立端到端的虚电路；一旦建立，同一呼叫的数据分组沿这一虚电路传送；呼叫终止，清除分组拆除虚电路。虚电路方式的联接为逻辑联接，并不独占线路。可分为交换虚电路（SVC）和永久虚电路（PVC）两种方式。交换虚电路需要呼叫建立时间；永久虚电路不需要呼叫建立时间。

（3）电路交换、报文交换和分组交换的比较

图 3-22 所示为电路交换、报文交换和分组交换的比较。表 3-1 所示为对各种交换方式的比较。

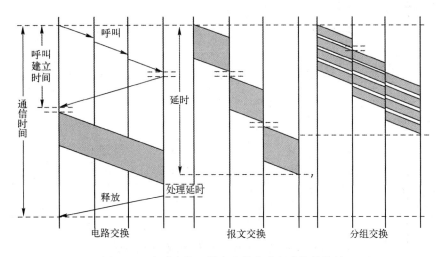

图 3-22　电路交换、报文交换和分组交换的比较

比较结论如下：

1）电路交换适用于实时信息和模拟信号传送，在线路带宽比较低的情况下使用比较经济。

2）报文交换适用于线路带宽比较高的情况，可靠灵活，但延迟大。

3）分组交换缩短了延迟，也能满足一般的实时信息传送。在高带宽的通信中更为经济、合理、可靠。随着通信技术的不断发展，在分组交换的思想基础上，产生了帧中继技术与异步传送模式（ATM）技术。

表 3-1 各种交换方式的比较

策略	优点	缺点
电路交换	快速。适用于不允许传输延迟的情况	由于网络线路是专用的，所以其他路由不能使用。与电话通话一样，通信双方必须同时参与
报文交换	路由是非专用的，在完成一个报文传输后，可以立即被重新使用，接收方无需立即接受报文	通常报文需要用更长的时间才能到达目的地。由于中间节点必须存储报文，所以报文过长，这样也会产生问题。报文尾部仍没用原先设定的路由，而不管网络状况是否已经改变
分组交换	当发生拥堵时，分组交换网络的数据报文方式会为报文的不同分组选择不同的路由，因此能更好地利用网络	由于每个分组被单独传送，费用将相应增加，所以需为每个分组选择路由。在数据报文方式中，分组可能不按次序到达

4.帧中继

（1）帧中继的基本原理

由于光纤信道的大量使用，快速分组交换（Fast Packet Switching，FPS）应运而生，快速分组交换的目标是通过简化通信协议来减少中间节点对分组的处理，发展高速的分组交换机，以获得高的分组吞吐量和小的分组传输时延，以适应当前高速传输的需要。帧中继（Frame Relay，FR）是快速分组交换网的一种，它是以 X.25 交换技术为基础，摈弃其中烦琐过程，改造了原帧结构，获得了良好的性能。分组交换在源端到目的端的每一步中都要进行复杂的处理；在每一个中间节点都要对分组进行存储，并检查数据是否存在错误。在采用帧中继方式的网络中各中间节点没有网络层，并且数据链路层也只有一般网络的一部分（但增加了路由功能），中间节点不进行差错控制，也无需回送确认帧。分组交换与帧中继的数据链路应答过程图如图 3-23 所示。

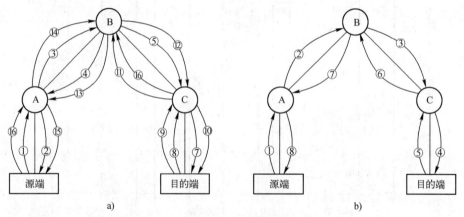

a)   b)

图 3-23 分组交换与帧中继的数据链路应答过程图

a）分组交换 b）帧中继

由于帧中继网络主要是完成物理层和数据链路层的核心功能，而将流量控制和纠错控制等留给终端去完成，因此缩短了传输时延，提高了传输效率。帧中继网具有高效、经济、可靠、灵活和易发展的特点。

（2）帧中继的帧结构

帧中继的帧结构示意图如图 3-24 所示。帧结构中各字段的含义如下。

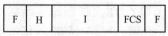

F	H	I	FCS	F

图 3-24 帧中继的帧结构示意图

F 是表示帧开始和结构的标志字段，规定其编码为 01111110。

H 表示帧头字段，2～4B。其中最主要的是地址字段，用来指示联接的通路及目的地等。

I 表示信息字段，其长度根据实际信息量而定。

FCS 表示检验段，目的源利用它对收到的帧进行检、纠错。

（3）帧中继的特点

1）用户接入速率为 64kbit/s～2Mbit/s，可以提供 PVC 和 SVC 业务。

2）采用统计复用技术，动态分配带宽，充分利用网络资源。

3）适用突发性业务，允许用户有效利用预先约定的带宽传送数据，同时允许用户在网络资源空闲时超过预定值，占用更多的带宽，而只需付预定带宽的费用。

4）简化 X.25 建议，纠错、流量控制等处理改由终端完成，提高了网络处理效率和吞吐量，降低了端到端传输时延。

5）帧长度可变，网络延迟和往返延时难以预测，对多媒体综合传输不利。

5. ATM 技术

传统网络普遍存在以下缺陷。第一，业务的依赖性，一般性网络只能用于专一服务，公用电话网不能用来传送 TV 信号，X.25 不能用来传送高带宽的图像和对实时性要求较高的语言信号；第二，无灵活性，即业务拓展的可能性不大，原有网络的服务质量，很难适应今后出现的新业务；第三，效率低，一个网络的资源很难被其他网络共享。

随着社会不断发展，网络服务不断多样化，人们可以利用网络干很多事情，如收发信件、家庭办公、网络电话，这对网络的要求越来越高，有人不禁提出这样一个想法，即能否把这些对带宽、实时性、传输质量要求各不相同的网络服务由一个统一的多媒体网络来实现，做到真正的一线通？这就是异步传送模式（Asynchronous Transfer Mode，ATM）网。幸运的是，目前的半导体和光纤技术为 ATM 的快速交换和传输提供了坚实的保障。随着通信业务的发展，用户对传送高质量图像和高速数据的要求越来越高。ATM是一种快速分组交换技术。ATM 技术是以信元（Cell）为信息传输、复接和交换的基本单位的传送方式。可以将 ATM 看做是一种特殊的分组型传递方式，建立在异步时分复用基础上，使用不连续的数据块进行数据传输，并允许在单个物理接口上复用多条逻辑联接。

（1）ATM 信元

ATM 所面临的挑战是建立一种物理网络，包容所有先前的网络功能和服务，还要能适应未来服务需求的改变而免遭淘汰。正因为如此，网络才会有五花八门的互相分离的类型。因此就像建造房屋那样，ATM 要发明可以建造任何需要的或想要的种类的网的砖瓦。这种砖瓦就是 ATM 的信元。

在 ATM 中，每一个逻辑联接上的信息流量都被组织成固定大小的称为信元的分组。每个信元包含 5B 的信息头与 48B 的信息段。ATM 信元是一种固定长度的数据分组。它以 53B 的等长信元为传输单位。ATM 的目标是要提供一种高速、低延迟的多路复用和交换网络，以支持用户所需进行的多种类型的业务传输，如声音、图像、视频及数据等。

（2）ATM 的虚电路概念

ATM 方式的优点是可以灵活地把用户线路分割成速率不同的各个子信道，以适应不同的通信要求。这些子信道就是虚路径和虚通道。在不同的时刻，用户的通信要求不同，虚路径和虚通道的使用就不一样。当需要某一个通信时，ATM 交换机就可为该通信选择一个空闲中的虚路径标识符（VPI）和虚通道标识符（VCI），在通信过程中，该 VPI/VCI 就始终表示该通信在进行，在该通信使用完毕后，某 VPI/VCI 就可以为其他通信所用了。这种通信过程就称为建立虚路径、虚通道和拆除虚路径、虚通道。

虚通道（Virtual Channel，VC）：是指一条单向 ATM 信元传输信道，有唯一的标志符。
虚路径（Virtual Path，VP）：也是指一条单向 ATM 信元传输信道，含多条通路，有相同的标志符。

一条虚路径是一种可适用于所有虚通道的逻辑结构。一个虚路径标识符内可放入多条虚通道。路径/通道概念的使用允许 ATM 交换设备以相同的方式在一条路径上处理所有的通道。路径可以将许多通道绑在一起作公共处理。对于要求服务类的联接（通道）公共处理是需要的。使用虚通道降低了处理开销和缩短了联接建立时间。虚通道一旦建立，剩下的工作就不多了。通过在一条虚通道联接上预留容量以防后来呼叫的到达，新的虚通路联接可以通过在虚通道联接的端点执行简单的控制功能来建立；在转接节点中无需进行呼叫处理。因此，在已有的虚通道中增加新的虚通路涉及的处理很少。

一条信道的传输路径及 VP 与 VC 之间的复用关系图如图 3-25 所示。虚通道的概念是为了响应高速联网的趋势而提出来的，在高速联网的情况下，网络控制费用成为占整个网络开销越来越多的一部分。虚通道技术有利于节省控制费用，因为它将共享公共通道的联接捆成一捆通过网络到一个网络用户单元。这样一来，网络管理动作能够被应用到一个少量的联接组而代替大量的单个联接。在物理链路中开辟多个虚通道，将每条通道分成多个虚通路，根据需要调整通路数，以满足使用需要。ATM 面向联接，通过建立虚电路进行数据传输。

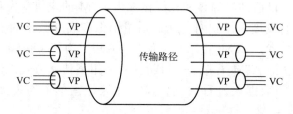

图 3-25　一条信道的传输路径及 VP 与 VC 之间的复用关系图

（3）ATM 交换原理

在 ATM 交换机上联接用户线与中继线，所传送的数据单元都是 ATM 信元。因此，对 ATM 交换机而言，在很多情况下不必区分用户线与中继线，而仅需区分 ATM 的入线与出线。ATM 交换机的任务就是根据输入信元的 VPI 和 VCI，将该信元送到相应的出线。

1）入线处理与出线处理。入线处理部件对入线上的 ATM 信元进行处理，使它们成为适合交换单元进行交换的形式，并完成同步和对齐等工作。出线处理部件对交换单元送出的 ATM 信元进行处理，以转换成适合在线路上传输的形式。

2）交换单元。可以将交换单元的结构分为空分交换和时分交换两大类。交换单元的任务是将入线上的 ATM 信元，根据信头的 VPI/VCI 转送到相应的出线上。此外，ATM 交换单元还应该具备 ATM 信元的复制功能，以支持多播业务。

3）控制单元。ATM 控制单元的任务是对交换单元的动作进行控制。由于控制交换单元动作的信令和运行、维护等信息都是以 ATM 信元的形式传送的，因此，ATM 控制单元应具有接收和发送 ATM 信元的能力。在 ATM 交换单元中，控制部分根据信头地址（VPI 或 VCI）查找地址映射表，改写信头地址，并送往相应端口输出。整个交换过程十分简单，可以采用硬件寻址和并行交换方式，极大地提高了 ATM 信元的交换速度。ATM 采用统计时分复用技术进行数据传输。根据各种业务的统计特性，在保证业务质量要求的情况下，在各业务之间动态的分配网络带宽，以达到最佳的资源利用率。ATM 交换机的结构原理图如图 3-26 所示。

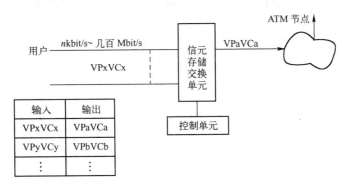

图 3-26   ATM 交换机的结构原理图

在大多数情况下，当 VP 通过 ATM 交换机时，在交换机输出端分配信元一个不同的 VPI（虚路径标识符）。这是由于给定的 VP 联接（VPC）必须能够从共享输出传输通道的新 VPC 组中被唯一的识别出来。当 ATM 交换机改变信元的 VPI 时，改变了虚电路，它通知其他的交换机以便它们能够重新配置虚电路来识别新的 VPI。虚通道交换（如图 3-27 所示）说明了当 VP 通过 ATM 交换机时，一个特定 VPC 的 VPI 是如何改变的。图 3-27 所示的交换机入口处 VPI = 1，出口处变为 VPI =5。但是由于 VCI 从共享同一 VP 的所有 VC 中唯一的识别了每个 VC，所以 VCI 没有改变。

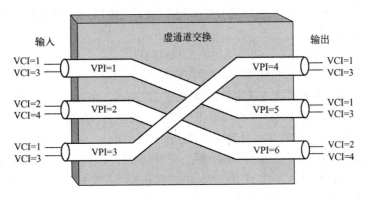

图 3-27   虚通道交换

（4）ATM 网络的特点

1）ATM 兼具电路转送方式和分组转送方式的基本特点。

2）适应高带宽应用的需求。

3）采用统计复用方式，充分利用网络资源。

4）能同时传输多种数据信息。

5）改进分组通信协议，交换节点可不再进行差错控制，以减少延迟，提高了通信能力。

6）支持不同类型的宽带业务，如图像、高速数据等多媒体信息。

7）具有良好的可扩展性。

综上所述，既可以将 ATM 看做是电路交换方式的演进，也可以看做是分组交换方式的演进。ATM 和分组交换方式的主要不同之处如下。

① ATM 中使用了固定长度的分组——ATM 信元，并使用了空闲信元来填充信道。

② 可以由用户在申请信道时提出业务质量要求。

③ 不使用反馈重发方法，必要时可在用户之间进行端—端的差错纠正措施。

3.2 移动通信

3.2.1 移动通信概述

（1）移动通信的特点

移动通信属于无线通信，即通过空间传送信息。移动通信与其他有线通信相比，有以下几个不同特点。

1）电磁波传播的路径比较复杂。

2）移动通信是在强干扰环境下进行工作的。

3）移动通信具有多普勒效应。当移动台达到一定速度时，基站台所接收到的载波频率将随运动速度 U 的不同而产生不同的频移，通常把这种现象称为多普勒效应。在移动台高速移动时，多普勒效应会导致快速衰落，速度越高，衰落变换频率越高，衰落深度越深。

4）用户在经常地移动。

（2）移动通信的工作方式

移动通信与固定通信一样，按照通话的状态和频率的使用方法可分为 3 种工作方式，即单工、半双工和全双工。

1）单工通信方式。单工又可分为同频单工和双频单工。

同频单工是指通信的双方使用相同的频率工作，采用"按-讲"方式。某一时刻内一方发话，另一方只能收听。单工通信方式示意图如图 3-28 所示。平时，双方的接收机均处于守听状态。如果 A 方需要发话，可按一下"按-讲"开关，关掉 A 方接收机，并将开关 K_A 拨至发射机（图 3-29 中 A 方的开关 K_A 用虚线，表示接到发射机），使其发射机工作。这时由于 B 方仍处在守听状态，即可实现由 A 到 B 的通话。同样原理，也可实现由 B 到 A 的通话。在这种通信方式中，同一部电台（A 方或 B 方）的发射和接收是交替工作的，故收发信息可使用同一部天线，而不需要使用天线共用器。

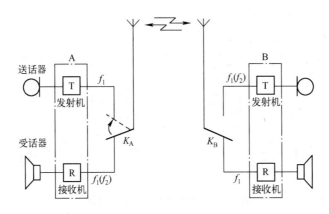

图 3-28　单工通信方式示意图

同频单工的优点是设备简单，功耗小。其缺点是操作不方便，如果配合不恰当，就会出现通话断断续续的现象。此外，若在同一地区有多部电台使用相邻的频率，则相邻较近的电台之间将会产生严重的干扰。

双频单工是指通信双方使用两个频率，而操作仍用"按-讲"方式。同一部电台的发射机和接收机也是交替工作的。只是收发各用一个频率，其优缺点与同频单工类似。单工通信方式适用于用户少、专业性强的移动通信系统。

2）半双工通信方式。半双工是指通信双方中有一方（如 A 方）使用双工方式，即收发信机同时工作，而且使用两个不同的频率，即 f_1 和 f_2，而另一方（如 B 方）则采用双频单工方式，即收发信机交替工作。半双工通信方式示意图如图 3-29 所示。

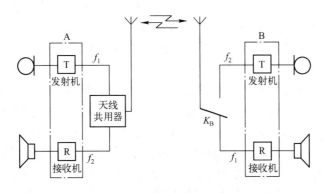

图 3-29　半双工通信方式示意图

平时 B 方处于守听状态，仅在发话时按下"按-讲"开关，切断接收机使发射机工作。半双工通信方式的优点是设备简单，功耗小，克服了通话断断续续的现象，但操作仍不太便。所以半双工通信方式主要用于专业移动通信系统中，例如用于汽车和火车的调度、装卸调度等。

3）全双工通信方式。全双工是指通信双方的收发信机均同时工作，任何一方（A 方或 B 方）在发话的同时都能听到对方的发语音，无需按"按-讲"开关，与普通市内电话的使用情况类似，拿起送话器，就可以讲话或听对方讲话，操作极为方便。全双工通信方式示意图如图 3-30 所示。

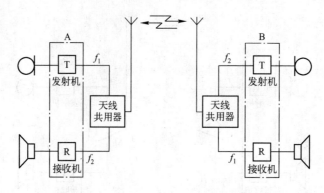

图 3-30　全双工通信方式示意图

但是，在使用这种通信方式过程中，不管是否发话，发射机总处于工作状态。耗电较大，这一点对使用电池供电的移动台是十分不利的。因此，在某些系统中，移动电台的发射机仅在发话时才工作，而移动电台的接收机总是时刻在工作，通常称这种系统为准双工系统，它可以和双工系统兼容。目前，准双工工作方式在移动通信系统中已得到广泛的应用。

（3）移动通信中的多址方式

实现无线多址通信的理论基础是信号分割技术，也就是在发送端，使发射的信号参量（发射频率、信号出现的时间或空间、信号的码型或波形等）有所差异，而在接收端具有信号识别能力，能从混合信号中分离选择出相应的信号。在移动通信系统中采用的多址方式主要有频分多址、时分多址和码分多址 3 种。

1）频分多址（FDMA）。频分多址是把通信系统的总频段划分成若干等间隔的互不重叠的频道，分配给不同的户使用。这些频道的带宽可传输一路语音信息，各频道间互不重叠，相邻频道之间无明显干扰。为了实现全双工通信，收信、发信使用不同的频率（称为双频双工）。早期的模拟移动通系统采用 FDMA 方式。FDMA 的缺点是频率利用率低。

2）时分多址（TDMA）。时分多址是把时间分割成周期性帧，每一帧又分割成若干个时隙（无论帧或时隙都互相重叠），然后根据一定的时隙分配原则，使移动台在每帧中按指定的时隙向基站台发送信号，而基站台可以分别在各时隙中接收到各移动台的信号而互不混扰；同时，基站台向多个移动台发送的信号都按规定的时隙发射，各移动台在指定的时隙中接收，从各路的信号中提取发给它的信息。TDMA 数字移动通信系统的突出优点是频率利用率高，在同一频道可供几个移动台同时进行通信，抗干扰能力强。缺点是需要全网同步，技术比较复杂。

3）码分多址（CDMA）。码分多址是各发送端用各不相同、相互正（准）交的地址码调制其所发送的信号，在接收端利用码型的正（准）交性，通过地址识别（相关检测），从混合信号中选出相符的信号。在 CDMA 移动通信系统中，各移动用户传输信息所用的信号，不是靠频率的不同或时隙的不同来区分的，而是用各自不同的编码序列（地址码）来区分的。码分多址的特点是，网内所有用户使用同一载波，共同占用整个带宽，各个用户可以同时发送或接收信号，因此，各用户的发射信号在时间、频率上都可以互相重叠。频分多址、时分多址和码分多址这 3 种多址方式的比较如图 3-31 所示。

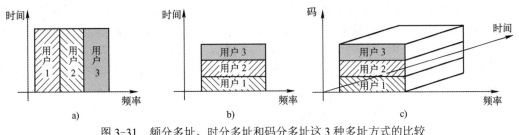

图 3-31 频分多址、时分多址和码分多址这 3 种多址方式的比较

a) 频分多址 b) 时分多址 c) 码分多址

3.2.2 GSM 全球移动通信系统

GSM 全球移动通信系统（Global System for mobile Communications）标准的制定是由移动通信特别研究小组完成的。该小组成立于 1982 年，它的宗旨是制定 900MHz 泛欧数字蜂窝移动无线系统的标准。

GSM 网络由于采用了数字无线传输和无限小区之间的切换方法，所以能得到比模拟蜂窝移动电话系统更高的频率利用率，从而增加了服务的用户数量。GSM 提供了一种公共标准，使用户能够在整个 GSM 服务区域使用它们的移动电话。在 GSM 系统覆盖的所有国家之间和内部的漫游都是全自动的。此外，GSM 标准还提供了一些新的用户业务功能，如高速数据通信、传真和短信息业务等。

1. GSM 移动电话系统的组成

一个 GSM 网络的基本配制结构与所有其他蜂窝无线网络相类似，系统是由相邻的无线蜂窝小区组成的网络实现的。这些蜂窝一起对移动网络服务区域提供完全的覆盖。每个蜂窝小区有一个基站收信机、发信机（BTS），它工作在一种特定的无线信道上，这些信道不同于相邻蜂窝小区所使用的信道。

GSM 移动电话系统由网络交换子系统（NSS）、基站子系统（BSS）、操作维护中心（OMC）和移动台（MS）等 4 大部分组成，如图 3-32 所示。

（1）网络交换子系统（NSS）

网络交换子系统（NSS）由 5 部分组成，即鉴权中心（AUC）、归属位置寄存器（HLR）、访问位置寄存器（VLR）、设备识别寄存器（EIR）和移动业务交换中心（MSC）。

1）移动业务交换中心（MSC）。它是整个系统的心脏，负责呼叫的建立、路由选择控制和呼叫的终止，负责管理 MSC 之间和 MSC 与 BSC 之间的业务信道的转换（BSC 内的业务信道转换由 BSC 负责）。因此，它是对位于它所覆盖区域中的移动台进行控制、交换的功能实体。它除了完成固定网中交换中心所要完成的呼叫控制等功能外，还要完成无线资源的管理、移动性管理等功能。为了建立至移动台的呼叫路由，每个 MSC 还应能完成入口移动业务交换中心（GMSC）的功能，即查询位置信息的功能。此外，还负责支持附加业务，如主叫号码识别和限制、被叫号码识别和限制及各种不同的呼叫转移、三方通话、会议呼叫、收费通知、免费电话服务等以及 ISDN 的各种附业务，负责搜集计费和账单信息等。MSC 还起到 GSM 网络和公众电信网络（如 PSTN、ISDN、PSPDN）等接口作用。

2）归属位置寄存器（HLR）。它是管理移动用户的主要数据库。网络的运营者、对用户数据的所有管理工作都是通过留存在 HLR 中的数据完成的。每个移动用户都应在某归属位置寄存器注册登记。HLR 主要存储两类信息数据：一类是有关用户的信息，如登记在该 HLR 中用户所注册的有关电信业务、承载业务和附加业务等方面的数据；另一类是用户位置信息，因为移动用户是移动的，为了能正确选择路由，迅速寻呼该用户，需要清楚地知道该用户目前所在的区域，即有关用户目前所处位置的信息，以便建立至移动台的呼叫路由（如 MSC、VLR 地址等），并随着业务的发展增加相应的存储内容。

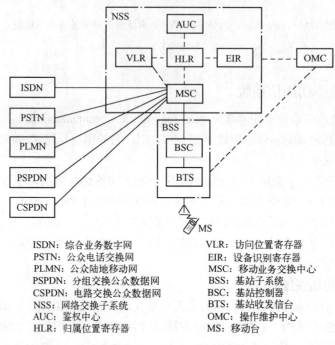

ISDN：综合业务数字网	VLR：访问位置寄存器
PSTN：公众电话交换网	EIR：设备识别寄存器
PLMN：公众陆地移动网	MSC：移动业务交换中心
PSPDN：分组交换公众数据网	BSS：基站子系统
CSPDN：电路交换公众数据网	BSC：基站控制器
NSS：网络交换子系统	BTS：基站收发信台
AUC：鉴权中心	OMC：操作维护中心
HLR：归属位置寄存器	MS：移动台

图 3-32　GSM 系统组成

GSM 对每一个注册的移动台都要分配两个号码，并存储在 HLR 中。这两个号码其一是国际移动用户识别码（IMSI）：它是在 GSM 网络中用来唯一区分一个用户信息的；其二是移动台 ISDN 号（MSISDN）：它是在 PSTN/ISDN 编号中用来唯一区别一个注册的 GSM 移动台号的。

3）访问位置寄存器（VLR）。VLR 是一个用户数据库，用于存储当前位于该 MSC 服务区域内所有移动台的动态信息，即存储与呼叫处理有关的一些数据，如用户的号码、所处位置区的识别、向用户提供的服务等参数。因此，每个 MSC 都有一个它自己的 VLR。HLR 和 VLR 除位置信息不同外，其区别还在于，HLR 存储的是移动用户目前所在的 MSC/VLR 的位置信息，而 VLR 存储的是移动用户目前所在位置区域（LA）的信息，其余均相同。

当需要寻呼某移动用户时，首先，通过 GMSC 或关口局向该用户登记的 HLR 询问该用户现在的 MSC/VLR 位置，然后，HLR 向该 VLR 索取该用户在该 MSC 的移动用户漫游号码（MSRN），经 HLR 送至 GMSC，这样，GMSC 就可以根据该用户的 MSRN，确定路由，接至该移动用户现在所处的 MSC，然后，根据 VLR 内存储的信息，在该位置区域寻呼该移动用户。

4）鉴权中心（AUC）也称为认证中心。AUC 与 HLR 联接在一起。AUC 的功能是为

HLR 提供与特定用户有关的、用于安全方面的鉴别参数和加密密钥。GSM 系统采取了特别的安全措施，例如用户鉴权以及对无线接口上的语音、数据和信号信息进行保密等。因此，鉴权中心存储着鉴权算法和加密密钥，用来防止无权用户接入系统和保证通过无线接口的移动用户通信的安全。AUC 保证各种保密参数的安全性，并以加密形式在 AUC 与管理中心传输。AUC 应能根据 HLR 请求，一次向 HLR 提供 5 组鉴权三参数组。鉴权三参数组（RAN、SRES、Kc）是根据随机数 RAND 及 K_i，再根据相应算法产生的，鉴权三参数组存储于 HLR 中，支持鉴权、保密功能。

5）设备识别寄存器（EIR）（设备身份登记器）。EIR 是存储有关移动台设备参数的数据库。主要完成对移动设备的识别、监视、闭锁等功能。每个移动台有一个唯一的国际移动设备识别码（IMEI），以防止被偷窃的、有故障的或未经许可的移动设备非法使用 CZM 系统。移动台的 IMEI 要在 EIR 中登记。MSC 利用 EIR 来检查用户使用设备的有效性。

（2）基站子系统（BSS）

基站子系统是在一定的无线覆盖区中，由移动业务交换中心（MSC）控制、与 MSC 进行通信的系统设备。一个 BSS 的无线设备，可包含一个或多个小区的无线设备。根据其功能，用于对 BTS、移动台接续和传输网络的管理。BSS 可分为基站控制器（BSC）和基站收发信台（BTS）两部分。

1）基站控制器（BSC）。具有对一个或多个 BTS 进行控制的功能。它一般分为译码设备和基站中央设备（BCE）两个部分。为了充分利用频谱，译码设备将 64kbit/s 的语音信道压缩编码为 13kbit/s 或 6.5kbit/s；基站中央设备（BCE）主要用于对用户移动性的管理、对基站发信机和移动台发信机的动态功率控制以及对无线网络、BTS 移动台接续和传输网络的管理。

2）基站收发信台（BTS）。它由 BSC 控制，是为一个小区提供服务的无线收发信和接收的设备。

（3）移动台（MS）

移动台有手持机、车载台、便携台等 3 类。它的主要功能是在 GSM 系统中提供无线电发送。移动台与移动终端设备是有区别的，装有 SIM 卡的才是移动台，否则只能称为移动设备（Mobile Equipment，ME）。SIM 是 Subscriber Identity Module 的缩写，译为客户识别卡。SIM 卡是一种含有微处理器的智能卡片，SIM 卡中包含所有与用户有关的信息，其中也包括鉴权和加密信息。使用 GSM 标准的移动台都需要插入 SIM 卡，只有当处理异常的紧急呼叫时，可以在不用 SIM 卡的情况下操作移动台。SIM 卡的使用，使移动台设备与移动用户可以完全独立。也就是说，同一张 SIM 卡可以在不同的移动台设备上使用，而由此产生的费用自动记录在该 SIM 卡账户上。

（4）操作维护中心（OMC）

OMC 是一个功能实体。操作人员通过 OMC 来监视和控制 GSM 系统，对基站分系统和交换分系统分别进行操作和维护，以保证系统的正常运转。GSM 的技术规范确定了关于如何实现操作和维护功能的基本原则。

2．全球移动通信系统（GSM）的网络结构

（1）移动业务本地网的网络结构

移动业务本地网的网络结构图如图 3-33 所示。

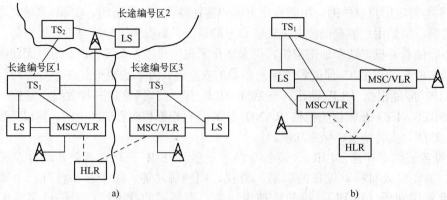

LS：本地网交换机　TS：长途网交换机　MSC：移动业务交换中心　VLR：访问位置寄存器　HLR：归属位置寄存器

图 3-33　移动业务本地网的网络结构图

a) 移动业务本地网由几个长途编号区组成　b) 移动业务本地网由 1 个长途编号区组成

1) 全国划分为若干个移动业务本地网，原则上长途编号区编号为二位、二位的地区建立移动业务本地网。在每个移动业务本地网中应相应设立一个 HLR（必要时可增设 HLR），用于存储归属该移动业务本地网的所有用户的有关数据。在每个移动业务本地网中可设一个或若干个移动业务交换中心（移动端局）。

2) 在移动业务本地网中，每个 MSC 与局所在地的长途局相联，并与局所在地的汇接局相连。在长途多局制地区，MSC 应与该地区的高一级长途局相联。在没有汇接局或话务量足够大的情况下，MSC 也可与本地端局相联。

3) 每个 MSC 均为 GSM 的入口 MSC。

（2）省内网

1) 省内 GSM 由省内的各移动业务本地网构成，省内设若干个移动业务汇接中心（也称二级汇接中心或省级汇接中心）。根据业务量的大小，二级汇接中心可以是单独设置的汇接中心（即不带用户，没有 VLR，甚至没有基站接口，只做汇接），也可以是既作为移动端局（与基站相连，可带用户），又可以作为汇接中心的移动业务交换中心。

2) 省内 GSM 中的每一个移动端局，至少应与省内两个二级汇接中心相联。

3) 省内的二级汇接中心之间为网状网。

4) 当任意两个 MSC 之间若有较大业务量时，可建立语音专线。

5) 在建网初期，为节约投资可先设一个二级汇接中心，每个 MSC 以单星形结构与汇接中心相联，逐步过渡。

（3）全国网

1) 在大区设立一级移动业务汇接中心，通常为单独设置的移动业务汇接中心。

2) 各省的二级汇接中心，应与其相应的一级汇接中心相联。

3) 一级汇接中心之间为网状网。

3. 公众陆地移动电话网（PLMN）与公共交换电话网（PSTN）的联接

公众陆地移动电话网简称为移动网。公共交换电话网简称为固定网。移动网中的一级汇接中心、二级汇接中心和移动端局都分别与局所在地的固定网的长途局相联，并与局所在地的汇接局相联，也可与本地端局相联。移动网与固定网的联接示意图如图 3-34 所示。

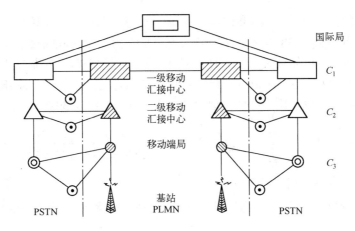

图 3-34　移动网与固定网的联接示意图

4．路由及接续

（1）路由设置和路由选择的原则

各级移动汇接中心之间以及与移动端局之间，在设置语音专线时，分低呼损电路群和高效直达电路群两种。省内各移动端局至省级移动汇接中心之间设置低呼损电路群。省级移动汇接中心至相应的一级移动汇接中心之间设置低呼损电路群。在省级移动汇接中心之间、大区与汇接中心之间设置低呼损电路群。低呼损电路群的呼损指标小于等于 1%，不溢出。任意两个数字移动业务中心（包括汇接中心）之间若业务量较大，则根据需要可建立高效直达路由。在路由选择时，应先选择高效直达路由，后选择低呼损路由。固定用户呼叫移动用户，应尽可能快地就近进入移动网查询路由进行接续；移动用户呼叫固定用户，应立即进入固定网，由固定网进行接续。

（2）具体规定

1）移动用户呼叫固定用户。一类是移动用户（包括漫游用户）呼叫 MSC 所在地的固定用户。经 MSC 至当地市话局（LS），接到固定用户，如图 3-35 所示。另一类是移动用户（包括漫游用户）呼叫外地的固定用户。经 MSC 分析（0）XYZ，接至长途局 TS，由公用固定网进行接续，如图 3-36 所示。

图 3-35　移动用户呼叫 MSC 所在地的固定用户　　　　图 3-36　移动用户呼叫外地固定用户

2）固定用户呼叫移动用户。一类是固定用户呼叫本地移动用户（用户拨 13* $H_0H_1H_2H_3$ABCD），根据移动业务接入号（13*），将呼叫就近接入当地的一个数字移动业务交换中心（GMSC），GMSC 分析 $H_0H_1H_2H_3$，若是本地 HLR，则通过 NO.7 信令网，从 HLR 得到目前移动用户的路由信息，即 MSRN，在移动网中寻找路由，进行接续。若是外地 HLR，则不予接续。固定用户呼叫本地移动用户示意图如图 3-37 所示。另一类是固定用户呼叫外地移动用户（用户拨 013* $H_0H_1H_2H_3$ABCD）。若当地有 MSC，则将呼叫接至长途局转至当地 MSC 或根据移动业务接入号（0）13*就近接入当地 MSC，当地 MSC（GMSC）分析 $H_0H_1H_2H_3$ 号码，导出被叫移动用户的 HLR 地址信息，通过 NO.7 信令网，从 HLR

得到该用户目前的位置信息，即 MSRN，在移动网中寻找路由，进行接续。固定用户呼叫外地移动用户示意图如图 3-38 所示。若当地没有 MSC 时，则将呼叫接至长途局，长途局就近接入一个 GMSC，由 GMSC 分析 $H_0H_1H_2H_3$ 号码，导出被叫移动用户的 HLR 地址信息，通过 No.7 信令网，从 HLR 中得到该用户目前的位置信息，即 MSRN，在移动网中寻找路由，进行接续。固定用户呼叫外地移动用户示意图如图 3-39 所示。

图 3-37 固定用户呼叫本地移动用户示意图　　　　　　图 3-38 固定用户呼叫外地移动用户示意图

3）移动用户呼叫移动用户。由始发 MSC 查询被叫移动用户的路由信息 MSRN，在移动网中选择路由。

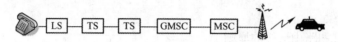

图 3-39 固定用户呼叫外地移动用户（当地无 MSC）示意图

（3）漫游

漫游是指移动台在离开自己注册登记的业务区域（归属业务区），移动到另一业务区域（被访业务区）后，移动通信系统仍可向其提供服务的功能。移动电话系统的漫游方式有两种。

1）人工漫游。采用人工登记方式，给漫游移动台分配被访移动电话局的漫游号码，移动台能在多个地区得到服务。人工漫游每登记一地即获得一个该地的移动电话号码，漫游用户要通知主叫用户按其漫游号码发起呼叫。目前，已不再使用人工漫游方式。

2）自动漫游。不需预先登记，当漫游用户到达被访地后，只要打开移动台电源，被访地的移动业务交换中心就会自动识别出该用户，并且自动查询用户资料，确认用户是否有权，待判明用户为合法用户后，该用户即可享受漫游服务。自动漫游用户作被叫时，仍使用原用户号码。

（4）频道转接

频道转接是 GSM 的重要功能。它指的是移动台在通话过程中改变所用的语音信道，改变的原因通常是由于移动台远离基站或接近无线区，或者由于外界干扰而造成在原有语音信道上通话质量下降，这时必须转接到一条新的空闲语音信道上去，以保持通话不被中断。根据新、老语音信道的相对位置关系，频道转接可分为以下 4 种类型。

1）越区频道转接。新老语音信道属于两个不同的蜂窝小区，对应于移动台跨越两个邻近小区的情况，图 3-40 中的 MS_1 所示。其频道转接由 MSC_1 控制完成。还有一种强迫频道转接，它并非由于原有语音信道质量下降引起的，而是出于小区话务调节的需要。如移动台所在小区话务密度较高，其邻近小区话务密度较低，在发生瞬时话务高峰时，本小区语音信道可能不够用。为了避免话务损失，交换机可以借用邻近小区的信道，强迫正在通话中的靠近邻近小区的移动台转接到借用信道上去，将让出的信道分配给新的呼叫。这类转接属越区转接。

2）越局频道转接。新老语音信道属于两个不同的蜂窝小区，且这两个小区分属不同的 MSC 管辖，对应于移动台跨越两个邻近交换业务区的情况，图 3-40 中的 MS_2 所示。其频道转接由 MSC_1 和 MSC_2 协调完成，且新的语音通路要占用 MSC_1 和 MSC_2 之间的局间中继电路。

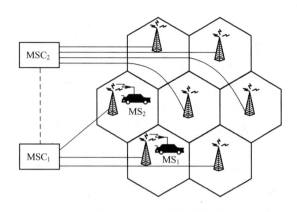

图 3-40　越区频道转接

3）不同系统间频道转接。新老语音信道不但分属不同的交换业务区，而且这两个业务区属于不同的移动系统。

4）小区内频道转接。新老语音信道属于同一蜂窝小区。这类转接发生于以下两种情况：一是原有语音信道由于干扰通话质量下降；二是语音信道设备需要维护。这类转接在同一基站范围内，实现较为简单。

由上述可见，频道转接犹如在通话过程中发生的动态漫游，但它要求在极短时间内完成，使用户没有感觉。

5．数字移动台的构成

GSM 移动台原理框图如图 3-41 所示。

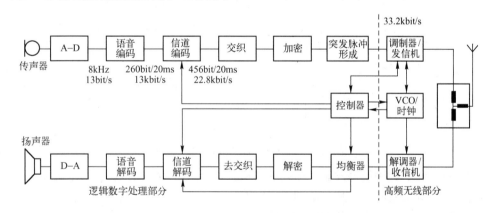

图 3-41　GSM 移动台原理框图

GSM 移动台具体可以被分成两大部分，一部分是高频无线部分，主要负责信号的接收、解调、发射和调制；另一部分是逻辑数字处理部分，主要负责语音处理、控制和信令处理。

6．GSM 无线接口信令

信令具有信号和指令的双重含意，它在移动通信系统内部实现的自动控制中起着关键作用。对于一个公用移动电话网，由移动交换中心到市话网的局间信令和基站到移动交换中心之间的信令，属于有线信令；而基站台到移动台之间的信令通过无线传输，属于无线接口信令。目前，在大容量的移动电话系统中，均采用数字信令（数字信令是将信令按数字方式编码进行传送的信令）。

（1）GSM 移动通信系统的帧结构

1）超高帧、超帧、复帧。GSM 的特性之一是用户信息的保密性，这是通过在发送信息前对信息进行加密实现的。加密机制要用 TDMA 帧号作为参数之一，因此基站收发信台（BTS）必须以循环形式对每一帧进行编号。选定的循环长度为 2715648，相当于 3h28min53s760ms，这种结构称为超高帧。一个超高帧分为 2048 超帧，每个超帧持续时间为 6.12s。一个超帧又可有以下两种类型的复帧。

26 帧的复帧：包含 26 个 TDMA 帧，持续时间为 120ms。这种复帧用于携带业务信道（TCH）和慢速随路控制信道（SACCH）加快速随路控制信道（FACCH），主要用于业务信道，51 个这样的复帧组成一个超帧。

51 帧的复帧：包含 51 个 TDMA 帧，持续时间为 235.385ms，这种复帧用于携带广播信道（BCH），公共控制信道（CCCH）主要用于控制信道，26 个这样的复帧组成一个超帧。超高帧、超帧、复帧和 TDMA 帧之间的关系图如图 3-42 所示。

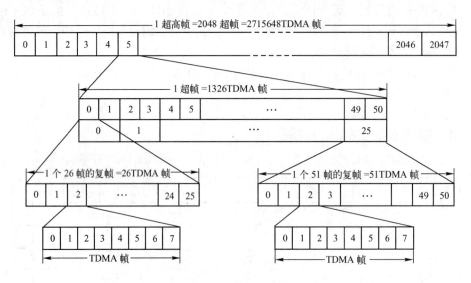

图 3-42 超高频、超帧、复帧和 TDMA 帧之间关系图

2）TDMA 帧、时隙及突发脉冲序列的结构。每个 TDMA 帧包含 8 个时隙，一个时隙中的信息格式称为突发脉冲序列，如图 3-43 所示。

（2）GSM 移动通信系统信道的知识

无线接口是移动台与基站收发信台之间接口的统称。从基站到移动台的方向称为下行，移动台到基站的方向称为上行。移动电话和基站之间传递信息的通道，统称为信道，GSM 的信道分为物理信道和逻辑信道两类。

1）物理信道。一个载频上的 TDMA 帧的一个时隙称为一个物理信道，它相当于

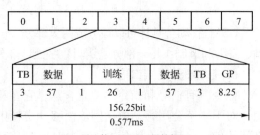

图 3-43 TDMA 帧、时隙及突发脉冲序列的结构图

FDMA 系统中的一个频道，GSM 中每个载波有 8 个时隙，即应有 8 个物理信道。

2）逻辑信道。按功能划分的信道称为逻辑信息，根据传递信息的种类，可定义不同的逻辑信道，这些逻辑信道又映射到物理信道上。可将逻辑信道分为两大类，即业务信道和控制信道。

① 业务信道（TCH）。业务信道用于传递用户数据，包括编码后的语音或数字数据。分为上行和下行，是点对点进行的。业务信道从传输速率上来划分有两种：一种是全速率语音业务信道——以 22.8kbit/s 的总速率携带信息（编码语音或用户数据），这是目前使用的语音传输信道，编码速率为 13kbit/s；另一种是半速率语音业务信道——以 11.4kbit/s 的总速率携带信息（编码语音或用户数据），留作未来使用，编码速率为 6.5kbit/s。

② 控制信道。控制信道用于传送控制信令或同步数据，根据任务的不同，可分为广播信道、公共控制信道和专用控制信道。

ⓐ 广播信道（BCH）。广播信道是由基站单方面发送的信道，用来向移动台提供与网络同步所需的信息。它是下行控制信道，点对多点。广播信道又可被分为 3 种。

● 频率校正信道（FCCH）。频率校正信道携带用于校正移动台频率的信息，用于向移动台提供系统的基准频率，以便移动台校正其工作频率。

● 同步信道（SCH）。同步信道携带移动台的帧同步和 BTS 识别码（BSIC）信息，以便调节由基站发送的调制信号。

● 广播控制信道（BCCH）。广播控制信道广播每个 BTS 的通用信息，用于向移动台发送识别和接入网络所需的系统参数。如位置区识别码、移动网识别码、邻近小区频率和接入参数等。

ⓑ 公共控制信道（CCCH）。公共控制信道用于系统寻呼和移动台接入，也可分为 3 种。

● 寻呼信道（PCH）。寻呼信道由基站发往移动台，此信道用于寻呼移动台，是下行控制信道，点对点。

● 允许接入信道（ACCH）。允许接入信道用于为移动台分配一个独立专用控制信道，基站以此通知移动台所分配的业务信道和专用信道，是下行控制信道，点对点。

● 随机接入信道（RACH）。随机接入信道用于移动台通过此信道向系统申请分配一个独立专用控制信道上行控制信道，点对点。

ⓒ 专用控制信道（DCCH）。专用控制信道用于在网络和移动台间传送网络信息，网络信息主要用于呼叫建立和用户登记，也可分为 3 种。

● 独立专用控制信道（SDCCH）。独立专用控制信道是基站和移动台间的双向信道，用于在分配 TCH 之前，在呼叫建立过程中传送系统信令，是上行/下行控制信道，点对点。

● 慢速随路控制信道（SACCH）。慢速随路控制信道与业务信道或独立专用控制信道一起使用，是一个传送连续信息的连续数据通道。只要基站分配一个业务信道或独立专用控制信道，就一定同时分配一个对应的慢速随路控制信道。它和 TCH（SDCCH）安排在同一时隙中，以时分复用方式插入传送信息，是上行/下行控制信道，点对点。

● 快速随路控制信道（FACCH）。快速随路控制信道传送的信息与 SDCCH 相同，但 SDCCH 是独立存在的信道，而 FACCH 与一个 TCH 相关，其用途是在呼叫进行过程中快速发送一些长的信令信息。若通过 SACCH 传送，则需每隔 12 个 TCH 才能插入 SACCH，这样速度太慢，不能及时保证通话质量。因此，借用 TCH 来传送信令信息，这一般在切换时发生，这种中断时间在 GSM 系统中不易被用户觉察。

（3）突发脉冲序列

在系统中有不同的逻辑信道，这些逻辑信道以某种方式在物理信道上传递。TDMA 信道上一个时隙中的信令格式称为突发脉冲序列，以固定的时间间隙（TDMA 信道上每 8 个时隙中的一个）发送某种信息的突发脉冲序列，移动台只在指定的时隙中发送信息，其余时隙让其他移动台用，处于一种间断性的突发工作状态。GSM 系统共有 5 种类型的突发脉冲序列。

1）普通突发脉冲序列（NB）。普通突发脉冲序列用于携带 TCH 和 RACH 及 SCH 和 FCCH 以外的控制信道上的信息。

2）频率校正突发脉冲序列（FB）。频率校正突发脉冲序列用于移动台的频率同步，它相当于一个带频移的未调制载波，此突发脉冲序列的重复称为 FCCH。

3）同步突发脉冲序列（SB）。同步突发脉冲序列用于移动台的时间同步，它包括一个易被检测的长同步序列，并携带有 TDMA 帧号和基站识别码（BSIC）信息，这种突发脉冲序列的重复称为 SCH。TDMA 帧号、计算加密序列的算法是以 TDMA 帧号为一个输入参数，因此，每一帧都必须有一个帧号。帧号是以 3.5h（2 715 648 个 TDMA 帧）为周期循环的，有了 TDMA 帧号，移动台就可以判断控制信道 TS_0 上传输的是哪种逻辑信道。

4）接入突发脉冲序列（AB）。接入突发脉冲序列用于随机接入 RACH，它有一个较长的保护间隔，这是为了适应移动台的首次接入。

5）空闲突发脉冲序列（DB）。空闲突发脉冲序列在某些情况下由 BTS 发出，不携带任何信息，它的格式可与 NB 相同，其中加密比特改为具有一定比特模型的混合比特。

3.2.3 CDMA 移动通信系统

CDMA 是 "Code Divison Multiple Access" 缩写，译为 "码分多址"，CDMA 移动通信系统（以下简称为 CDMA 系统）是一种以扩频通信为基础、载波调制与码分多址技术相结合的移动通信系统。本节重点介绍码分多址和扩频通信系统的基本原理以及 CDMA 系统的主要优势，并介绍 CDMA 系统的同步及地址码、扩频码的选择问题。

（1）码分多址技术的基本原理

码分多址的基础是要有足够的周期性码序列作为地址码，该序列码应具有很强的自相关性和互相关性，即码组内只有本身码相乘叠加后为 1（自相关值为 1），任意两个不同的码相乘叠加后为 0（互相关值为 0），如沃尔什码、m 序列伪随机码及戈尔德码等。在码分多址通信系统中的发送端，利用地址码与用户信息数据相乘（或模 2 加），经过调制发送出去；在接收端以本地产生的已知地址码作为参考，根据相关性差异对收到的所有信号进行鉴别，从中将地址码与本地地址码（简称为本地码）一致的信号选出来，把不一致的信号除掉（称为相关检测）。其工作原理简要叙述如下。

码分多址收、发系统示意图如图 3-44 所示，其中：$d_1 \sim d_N$ 分别是 N 个用户的信息数据。$W_1 \sim W_N$ 分别是相对应的地址码。为简明起见，假定系统内只有 4 个用户（即 $N = 4$），则各自的地址码分别为

$$W_1 = \begin{bmatrix} 1 & 1 & 1 & 1 \end{bmatrix}$$
$$W_2 = \begin{bmatrix} 1 & -1 & 1 & -1 \end{bmatrix}$$
$$W_3 = \begin{bmatrix} 1 & 1 & -1 & -1 \end{bmatrix}$$
$$W_4 = \begin{bmatrix} 1 & -1 & -1 & 1 \end{bmatrix}$$

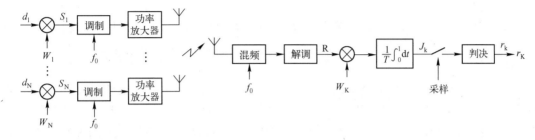

图 3-44　码分多址收、发系统示意图

对应的波形如图 3-45a 所示。若在某一时刻用户信息数据分别为 $d_1 = [1]$，$d_2 = [-1]$，$d_3 = [1]$，$d_4 = [-1]$，则对应的波形如图 3-45b 所示。与各自对应的地址码相乘后的波形 $S_1 \sim S_4$ 如图 3-45c 所示。

在接收端，当系统处于同步状态和忽略噪声的影响时，在接收机中解调输出 R 端的波形是 $S_1 \sim S_4$ 的叠加。如果欲接收某一用户（例如用户 2）的信息数据，本地产生的地址码就应与该用户的地址码相同（$W_K = W_2$），并且用此地址码与解调输出 R 端的波形相乘，再送入积分电路，然后经过采样判决电路得到相应的信息数据。如果本地产生的地址码与用户 2 的地址码相同（$W_K = W_2$），那么经过相乘积分电路后，产生的波形 $J_1 \sim J_4$ 如图 3-45d 所示，即 $J_1 = \{0\}$，$J_2 = \{1\}$，$J_3 = \{0\}$，$J_4 = \{0\}$。

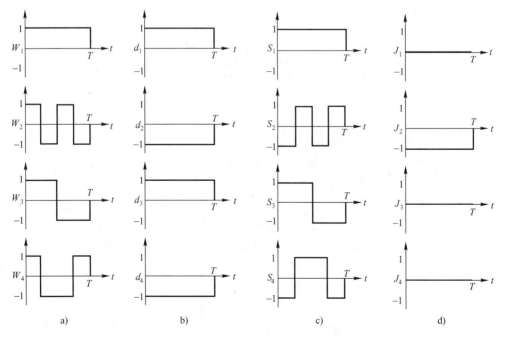

图 3-45　码分多址原理波形示意图

也就是在采样、判决电路前的信号是 0 +（1）+ 0 + 0。此时，虽然解调输出 R 端的波形是 $S_1 \sim S_4$ 的叠加，但是，要接收的是用户 2 的信息数据，本地产生的地址码与用户 2 的地址码相同，经过相关检测后，用户 1、2、3、4 所发射的信号加到采样、判决电路前的信号是 0，对信号的采样、判决没有影响。采样、判决电路的输出信号是 $r_2 =[1]$，是用户 2 所发送的信息数据。

如果要接收用户 3 的信息数据，本地产生的地址码应与该用户 3 的地址码相同（$W_K = W_3$），经过相乘、积分电路后，产生的波形 $J_1 \sim J_4$ 是 $J_1=[0]$，$J_2=[0]$，$J_3=[1]$，$J_4=[0]$。

也就是在采样、判决电路前的信号是 0 + 0 + 1 + 0，此时，虽然解调输出 R 端的波形是 $S_1 \sim S_4$ 的叠加，但是，因为要接收的是用户 3 的信息数据，本地产生的地址码与用户 3 的地址码相同，经过相关检测后，用户 1、2、4 所发射的信号加到采样、判决电路前的信号是 0，所以对信号的采样、判决没有影响。采样、判决电路的输出信号是 $r_3=[1]$，是用户 3 所发送的信息数据。若要接收用户 1、4 的信息数据，则其工作机理与上述相同。

以上通过一个简单例子，简要地叙述了码分多址通信系统的工作原理。实际上，码分多址移动通信系统并不是这样简单，要复杂得多。

第一，要达到多路多用户的目的就要有足够多的地址码，而这些地址码又要有良好的自相关特性。这是"码分"的基础。

第二，在码分多址通信系统中的各接收端，必须产生本地码，该本地码不但在码型结构与对端发来的地址码一致，而且在相位上也要完全同步。用本地码对接收到的全部信号进行相关检测，从中选出所需要的信号。这是码分多址最主要的环节。

第三，由于码分多址通信系统的特点，即网内所有用户使用同一载波，各个用户可以同时发送或接收信号，所以接收的输入信号干扰比将远小于 1（负的若干 dB），这是传统调制解调方式无能为力的。为了把各用户之间的相互干扰降到最低限度，并且使各个用户的信号占用相同的带宽，码分多址通信系统必须与扩展频谱（简称为扩频）技术相结合，使在信道传输的信号所占频带极大的展宽（一般达百倍以上），为接收端分离信号作好实际性的准备。以上是实现码分多址的必备条件，也是实现码分多址的 3 大关键技术。

（2）扩频通信系统的基本原理

扩展频谱通信技术是一种信息传输方式。其系统占用的频带宽度远远大于要传输的原始信号带宽（或信息比特速率），且与原始信号带宽（或信息比特速率）无关。在发送端，频带的展宽是通过编码及调制（扩频）的方法来实现的。在接收端，则用与发送端完全相同的扩频码进行相关解调（解扩）来恢复信息数据。有许多调制技术所用的传输带宽大于传输信息所需要的最小带宽，但它们并不属于扩频通信技术，例如宽带调频等。设 W 代表系统占用带宽，B 代表信息带宽，则一般认为 W 与 B 的比值 1 或 2 为窄带通信，50 以上为宽带通信，100 以上为扩频通信。

扩频通信系统用 100 倍以上的信息带宽来传输信息，最主要的目的是为了提高通信的抗干扰能力，即在强干扰条件下保证安全可靠地通信。图 3-46 所示为扩频通信系统的基本组成框图。扩频通信系统频谱示意图如图 3-47 所示。

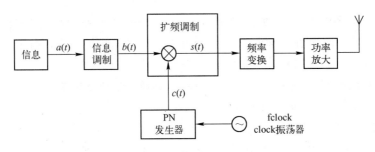

图 3-46 扩频通信系统的基本组成框图

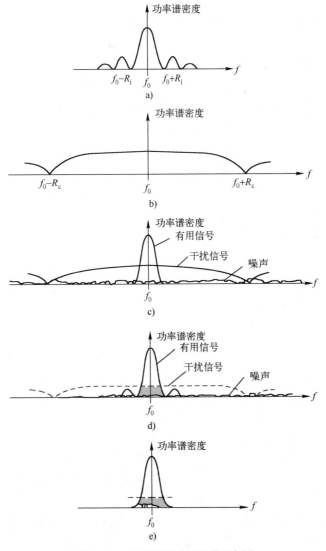

图 3-47 扩频通信系统频谱示意图

a) 信息调制器输出信号功率谱　b) 发送的扩频信号功率谱　c) 接收信号功率谱

d) 解扩后的信号功率谱　e) 窄宽中频滤波器输出信号功率谱

信息数据（速率 R_i）经过信息调制器后输出的是窄带信号，如图 3-47a 所示；经过扩频调制（加扩）后频谱被展宽，如图 3-47b 所示；其中 $R_c > R_i$，在接收机的输入信号中加有干扰信号，其功率谱如图 3-47c 所示；经过扩频解调（解扩）后，有用信号变成窄带信号，如图 3-47d 所示；再经过窄带滤波器，滤掉有用信号带外的干扰信号，如图 3-47e 所示，从而降低了干扰信号的强度，改善了信噪比。这就是扩频通信系统抗干扰的基本原理。

（3）码分多址直接序列扩频通信系统

直接序列扩频简称为直扩（DS），它直接用高速率的伪随机码在发端去扩展信息数据的频谱。在收端，用完全相同的伪随机码进行解扩，把展宽的扩频信号还原成原始信号。由于码分多址通信系统中的各个用户同时工作于同一载波，占用相同的带宽，所以各用户之间必然相互干扰。为了把干扰降到最低限度，码分多址必须与扩频技术结合起来使用。在民用移动通信中，码分多址主要与直接序列扩频技术相结合，构成码分多址直接序列扩频通信系统。

1）直接序列扩频系统的主要方式有两种。

第一种方式的系统简单框图，即码分多址直扩通信系统简图 1 如图 3-48 所示。在这种系统中，发端的用户信息数据 d_i，首先与之相对应的地址码 W_i，相乘（或模 2 加），进行地址码调制；再与高速伪随机码（PN 码）相乘（或模 2 加），进行扩频调制。在收端，扩频信号经过由本地产生的与发端伪随机码完全相同的 PN 码解扩后，再与相应的地址码（$W_k = W_i$）进行相关检测，得到所需用户信息（$r_i = d_i$）系统中的地址码是一组正交码，例如沃尔什（Walsh）码，各个用户分配其中的一个码，而伪随机码系统中只有一个，用于加扩和解扩，以增强系统的抗干扰能力。这种系统采用了完全正交的地址码组，各用户之间的相互影响可以完全除掉，提高了系统的性能，但是整个系统更为复杂，尤其是同步系统。

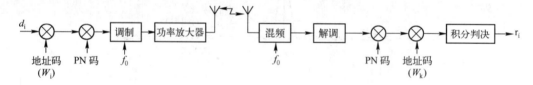

图 3-48　码分多址直扩通信系统简图 1

第二种系统的简单框图，即码分多址直扩通信系统简图 2 如图 3-49 所示。在这种系统中，发端的用户信息数据 d_i 直接与之对应的高速伪随机码（PN_i 码）相乘（或模 2 加），进行地址调制的同时又进行了扩频调制。在收端，扩频信号经过与发端伪随机码完全相同的本地产生的伪随机码（$PN_k = PN_i$）解扩及相关检测后，得到所需的用户信息（$r_i = d_i$）。在这种系统中的伪随机码是一个采用一组正交性良好的伪随机码组，其两者之间的互相关值接近于0。该组伪随机码既用做用户的地址码，又用于加扩和解扩，以增强系统的抗干扰能力。

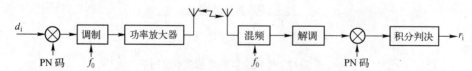

图 3-49　码分多址直扩通信系统简图 2

第二种系统较第一种系统，由于去掉了单独的地址码组，用不同的伪随机码来代替，所以整个系统相对简单一些。但是，伪随机码组不是完全正交的，而是准正交的，也就是码组内任意两个伪随机码的互相关值不为 0，各用户之间的相互影响不可能完全除掉，因此，整个系统的性能将受到一定的影响。

2）地址码和扩频码的选择。地址码和扩频码的选择对系统的性能具有决定性的作用；它直接关系到系统的多址能力，关系到抗干扰、抗噪声、抗衰落能力，关系到信息数据的隐蔽性和保密性，关系到捕获与同步系统的实现。理想的地址码和扩频码主要应具有如下特性。

- 有足够多的地址码。
- 有尖锐的自相关特性。
- 有处处为零的互相关特性。
- 不同码元数平衡相等。

然而，要同时满足这些特性是目前任何一种编码达不到的。就地址码而言，目前采用的是沃尔什码（Walsh 码）。该码是正交码，具有良好的自相关特性和处处为零的互相关特性。由于该码组内的各码所占频谱带宽不同等原因，不能用作扩频码。因为真正的随机信号和噪声是不能重复再现和产生的，作为扩频码的伪随机码（同时作地址码）具有类似白噪声的特性。我们只用一种周期性的脉冲信号来近似随机噪声的性能，称之为伪随机码或 PN 码。此类码具有尖锐的自相关特性和较好的互相关特性，同一码组内的各码占据的频带可以做到很宽并且相等。但是伪随机码由于其互相关值不是处处为零，当用作扩频码且同时作为地址码时，系统的性能将会受到一定的影响。伪随机码有一个很大的家族，包含很多码组，例如 m 序列、M 序列、Gold 序列、GL（Gold Like）序列等。但经常使用的主要有 m 序列和 Gold 序列两种。

（4）CDMA 移动通信系统的主要优势

CDMA 移动通信系统的组成和网络结构与 GSM 移动通信系统基本相似，但是，由于 CDMA 系统采用码分多址技术及扩频通信的原理，使得在系统中可以使用多种先进的信号处理技术，为该系统带来许多独特优点，主要有以下几个方面。

1）系统容量高。由于 CDMA 系统本身所固有的码分扩频技术，加上先进的内、外环功率控制以及语音激活技术，所以其信道容量明显大于 FDMA 和 TDMA 系统，它的信道容量是模拟系统的 10～20 倍，是 TDMA 系统的 4 倍。

2）越区软切换，切换的成功率高。在 CDMA 系统中，所有的小区（或扇区）都使用相同的频率，小区（或扇区）之间是以码型的不同来区分的，当移动用户从一个小区移动到另一个小区时，不需要让手机的收、发频率切换，只需在码序列上做相应的调整，称为软切换。其优点是：首先与新的基站接通，然后再切断原通话链路，这种先通后断的越区切换方式，不会产生"乒乓"效应，而且切换时间短，越区切换的成功率远大于 FDMA 和 TDMA 系统，尤其在通信的高峰期。

3）保密性好。CDMA 系统的信号扰码方式提供了高度的保密性，使这种 GSM 在防止串话、盗用等方面具有其他系统不可比拟的优点。

4）符合环保的要求。手机发射辐射对人体的影响越来越受到关注。目前普遍使用的 GSM 手机 900MHz 频段最大发射功率为 2W（33dBm），1800MHz 频段最大发射功率为 1W（30dBm）。规范要求，对于 GSM900 和 1800 频段，通信过程中手机最小发射功率分别不能低于 5dBm 和 0dBm。而 CDMA　IS-95A 规范，又对手机的最大发射功率要求为 0.2～

1W（23~30dBm），实际上目前网络允许手机的最大发射功率仅为 23dBm（0.2W）。CDMA 手机在通信过程中平均发射功率保持在十几毫瓦，峰值不过几十毫瓦，辐射功率很小，从而享有"绿色手机"的美誉。

5）覆盖范围大。正常情况下，CDMA 系统的小区半径可达 60km，覆盖范围的扩大所带来的直接优点是减少了基站数量。这些都是 CDMA 技术本身带来的，是 GSM 技术所没有的。从另一角度讲，对于相同的覆盖半径，CDMA 系统所需要的发射功率更低，手机的电池使用寿命更长。

6）语音音质好。CDMA 系统的语音质量明显高于 GSM 系统，更为接近固定网的语音质量，特别是在强背景噪声环境（如娱乐场所、商场、餐馆等）下，由于采用了伪随机序列进行扩频/解频，所以在用户通话中有明显的噪声抑制优点。

7）可提供数据业务。在数据通信方面，CDMA 系统传送单位比特成本，比 GSM 系统的平台上使用 WAP、GPRS、EDGE 等补充技术都要低，因此，更适合作为无线高速分组数据（如 144kbit/s）业务或实时数据业务的接入手段，为移动/无线与 Internet 的融合提供了更好的技术条件。

8）CDMA 系统可以实现向第三代移动通信系统平滑过渡。基于 IS-95 标准的 CDMA 技术具有较好的后向兼容，从 IS-95A 到 IS-95B，再到 CDMA2000 的 IX、CDMA2000 的 3X，或跳过 IS-95B 直接过渡到 CDMA2000 的 IX，均可提供峰值速率达 144kbit/s，语音业务的容量是 IS-95 的 1.6~1.8 倍，而 CDMA2000X，实际上标志着 CDMA 系统已从第二代平滑进入第三代移动通信 CDMA 2000 的第一阶段。

3.2.4　3G 移动通信技术标准

从移动通信技术的更新换代来看，第一代（1G）移动通信是模拟制式无线移动通信，第二代（2G）移动通信是 GSM、TDMA 等数字移动通信；EDGE、GPRS 等被人们称之为 2.5G、2.75G 技术。第三代（3rd Generation，3G）移动通信[（国际电信联盟的命名为 IMT-2000（国际移动电话 2000），欧洲电信业巨头称其为"UMTS"（通用移动通信系统）]，一般是指无线广域网通信和互联网等多媒体通信相结合的数字移动通信系统（不仅支持语音通信，还可以听音乐、看手机电视，支持通过互联网进行网页浏览、电子商务等多种增值服务；但是从全世界目前的应用来看，3G 手机依然主要是使用在语音、可视电话和定位业务上，在移动中进行大量数据下载或者是看手机电视的用户并不多）。

3G 技术作为一种完整的、覆盖范围连续的（包括完整的核心网和接入网）、有质量保证的、可以向用户提供语音和数据服务的无线网络，在全球拥有统一的频谱资源，其空中接口规范、核心网系列规范和业务规范等都已经完成了标准化的工作，已经可以支持 ITU 的高速移动无线通信规范（并与 GSM、TDMA 和 CDMA 相兼容）。

国际电联 IMT-2000 标准规定：移动终端以车速移动时的上、下行数据传输速率皆为 144kbit/s，室外静止或步行时皆为 384kbit/s，室内皆为 2Mbit/s（随建筑物内具体频率规划的不同而异）；在人口稀少的地区，采用 3G 接入移动互联网可能更为有利。

目前，W-CDMA、CDMA 2000 和 TD-SCDMA 都是我国第三代移动通信的行业标准。

1）TD-SCDMA。

时分同步码分多址（Time Division-Synchronous Code Division Multiple Access，TD-

SCDMA）的简称，是中国提出的第三代移动通信标准（简称为 3G），也是 ITU 批准的三个 3G 标准中的一个，以我国知识产权为主的、被国际上广泛接受和认可的无线通信国际标准。

TD-SCDMA 在频谱利用率、频率灵活性、对业务支持具有多样性及成本等方面有独特优势。TD-SCDMA 由于采用时分双工，上行和下行信道特性基本一致，因此，基站根据接收信号估计上行和下行信道特性比较容易。TD-SCDMA 使用智能天线技术有先天的优势，而智能天线技术的使用又引入了 SDMA 的优点，可以减少用户间干扰，从而提高频谱利用率。TD-SCDMA 具有 TDMA 的优点，可以灵活设置上行和下行时隙的比例而调整上行和下行的数据速率的比例，特别适合互联网业务中上行数据少而下行数据多的场合。但是这种上行下行转换点的可变性给同频组网增加了一定的复杂性。TD-SCDMA 是时分双工，不需要成对的频带。因此，和另外两种频分双工的 3G 标准相比，在频率资源的划分上更加灵活。

2）W-CDMA。

W-CDMA 属于第三代移动电话技术，最先由爱立信公司提出，是一种由 3GPP 具体制定，基于 GSMMAP 核心网，UTRAN（陆地无线接入网）为无线接口的第三代移动通信系统。W-CDMA 采用直接序列扩频码分多址（DS-CDMA）、频分双工（FDD）方式，码片速率为 3.84Mcps，载波带宽为 5MHz。基于 Release 99/ Release 4 版本，可在 5MHz 的带宽内，提供最高 384kbit/s 的用户数据传输速率。W-CDMA 能够支持移动/手提设备之间的语音、图像、数据以及视频通信，速率可达 2Mbit/s（对于局域网而言）或者 384Kbit/s（对于宽带网而言）。输入信号先被数字化，然后在一个较宽的频谱范围内以编码的扩频模式进行传输。窄带 CDMA 使用的是 200kHz 宽度的载频，而 W-CDMA 使用的则是一个 5MHz 宽度的载频。

W-CDMA 的优势在于码片速率高，有效地利用了频率选择性分集和空间的接收和发射分集，可以解决多径问题和衰落问题，采用 Turbo 信道编解码，提供较高的数据传输速率，FDD 制式能够提供广域的全覆盖，下行基站区分采用独有的小区搜索方法，无需基站间严格同步。采用连续导频技术，能够支持高速移动终端。相比第二代的移动通信制式，W-CDMA 具有更大的系统容量、更优的语音质量、更高的频谱效率、更快的数据速率、更强的抗衰落能力、更好的抗多径性、能够应用于高达 500km/h 的移动终端的技术优势，而且能够从 GSM 系统进行平滑过渡，保证运营商的投资，为3G运营提供了良好的技术基础。

W-CDMA 的支持者主要是以 GSM 系统为主的欧洲和日本厂商；其商用网络数和用户数都在迅速发展。

3）CDMA 2000。

CDMA 2000（Code Division Multiple Access 2000）是一个 3G 移动通信标准，国际电信联盟ITU 的IMT-2000标准认可的无线电接口，也是 2G CDMAOne 标准的延伸。根本的信令标准是 IS-2000。CDMA 2000 与另一个3G 标准WCDMA 不兼容。

CDMA 2000 1x EV-DO Rev.A，采用频分双工（FDD）方式（上、下行数据链路占用不同的频点），工作频率为 1920～1980MHz/2110～2170MHz，信道带宽为 1.25MHz，2GHz 频段覆盖范围 2～3km，支持高速移动通信（理论峰值下行数据传输速率 3.1Mbit/s、上行为 1.8Mbit/s）；建设成本低廉。CDMA 2000 1x EV-DO Rev.B，第一阶段峰值下行数据传输速率为 9.3Mbit/s、峰值上行速率可为 5.4 Mbit/s；第二阶段峰值下行数据传输速率为 14.7Mbit/s。

目前，CDMA 2000 主要使用地区有韩国和北美等。

W-CDMA、CDMA 2000 和 TD-SCDMA 3 种网络制式的主要区别在于其空中接口部分；其他的网络逻辑架构基本相同。

W-CDMA、CDMA 2000 和 TD-SCDMA 移动通信技术标准都是采用码分多重存取方式（都存在着多址干扰的问题，3G 扩容必须首先提高其抗干扰的能力），都绕不开 CDMA 技术。

3G 是电信领域以无线广域网为基本模式、以公众语音和多媒体数据为内容、以全球范围内漫游的个人手机为服务对象的一种技术，其 QoS 有较高的保证。

3G 的优点是在无线广域网范围内的性能稳定，用户可以随处使用其服务；缺点是上行的速率远低于其下行的速率。

当前，全球 3G 所开通的业务主要有：普通通话、视频通话、移动音乐、移动上网、移动视频、移动社交网络、移动商务、移动广告及移动公益服务等。

4G 以传统通信技术为基础，并利用了一些新的通信技术，来不断提高无线通信的网络效率和功能的。如果说 3G 能为人们提供一个高速传输的无线通信环境，那么 4G 通信会是一种超高速无线网络，一种不需要电缆的信息超级高速公路，这种新网络可使电话用户以无线及三维空间虚拟实境连线。是集 3G 与 WLAN 于一体并能够传输高质量视频图像以及图像传输质量与高清晰度电视不相上下的技术产品。国际通信联盟对 4G 的定义是任何能在 3G 基础上有实质的改进都称为 4G，目前 ITU 已经将 WiMax、HSPA+、LTE 正式纳入到 4G 标准里，加上之前就已经确定的 LTE-Advanced 和 WirelessMAN-Advanced 这两种标准，目前 4G 标准已经达到了 5 种。美国 5 大运营商目前 4G 标准：Verizon 运营商的 LTE 技术，AT&T 运营商的 LTE 技术，Sprint 运营商的 WiMax 技术，T-Mobile 运营商的 HSPA+技术，MetroPCS 运营商的 LTE 技术。

3.2.5 移动互联网

移动互联网就是将移动通信和互联网二者结合起来成为一体，是指互联网的技术、平台、商业模式和应用与移动通信技术结合并实践的活动的总称。移动互联网的定义有广义和狭义之分。广义的移动互联网是指用户可以使用手机、笔记本式计算机等移动终端通过协议接入互联网，狭义的移动互联网则是指用户使用手机终端通过无线通信的方式访问采用 WAP 的网站。

1）移动互联网的基本结构。

从层次上看，移动互联网可分为终端/设备层、接入/网络层和应用/业务层，其最显著的特征是多样性。应用或业务的种类是多种多样的，对应的通信模式和服务质量要求也各不相同；接入层支持多种无线接入模式，但在网络层以 IP 协议为主；终端也是种类繁多，注重个性化和智能化，一个终端上通常会同时运行多种应用。移动互联网参考模型如图 3-50 所示。

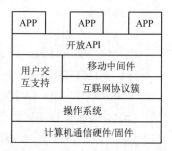

图 3-50 移动互联网参考模型

各种应用通过开放的应用程序接口（API）获得用户交互支持或移动中间件支持，移动中间件层由多个通用服务元素构成，包括建模服务、存在服务、移动数据管理、配置管理、服务发现、事件通知和环境监测等。互联网协议簇主要有 IP 服务协议、传输协议、机制协议、联网协议、控制与管理协议等，同时还负责网络层到链路层的适配功能。操作系统完成上层协议与下层硬件资源之间的交互。硬件/固件则指组成终端和设备的器件单元。

2）移动互联网的应用。

移动互联网支持多种无线接入方式，根据覆盖范围的不同，可分无线个人局域网（WPAN）接入、无线局域网（WLAN）接入、无线城域网（WMAN）接入及无线广域网（WWAN）接入。

WPAN 主要用于家庭网络等个人区域网场合，以 IEEE802.15 为基础，被称为接入网的"附加一公里"。蓝牙（Bluetooth）是目前最流行的 WPAN 技术，其典型通信距离为 10m，带宽为 3Mbit/s。其他技术，如超宽带（UWB）技术侧重于近距离高速传输，而 ZigBee 技术则专门用于短距离的低速数据传输。

WLAN 主要用于商务休闲和企业校园等网络环境，以 IEEE802.11 标准为基础，被广泛称为Wi-Fi（无线相容性认证）网络，支持静止和低速移动，其中 802.11g 的覆盖范围约为100m，带宽可达 54Mbit/s。Wi-Fi 技术成熟，目前处于快速发展阶段，已在机场、酒店和校园等场合得到广泛应用。

WMAN 是一种新兴的适合于城域接入的技术，以 IEEE802.16 标准为基础，常被称为WiMax（全球微波互联接入）网络，支持中速移动，视距传输可达 50km，带宽可至70Mbit/s。WiMax 可以为高速数据应用提供更出色的移动性，但在互联互通和大规模应用方面尚存在很多亟待解决的难点问题。

WWAN 是指利用现有移动通信网络（如3G）实现互联网接入，具有网络覆盖范围广、支持高速移动性、用户接入方便等优点。基站覆盖范围可达 7km，室内应用带宽可达2Mbit/s，但在高速移动时仅支持 384kbit/s 的数据速率。目前三种主流 3G 制式分别是WCDMA、CDMA 2000 和TD-SCDMA，已在世界范围内展开应用，其共同目标是实现移动业务的宽带化。

3.3 短距离无线通信

3.3.1 蓝牙技术

1. 蓝牙技术

"蓝牙"（Bluetooth）是一种短距离的无线联接技术标准的代称，蓝牙的实质内容就是要建立通用的无线电空中接口及其控制软件的公开标准。在近距离通信中，蓝牙无线接入技术使无线单元间的通信变得十分容易，将计算机技术与通信技术更紧密地结合在一起，使人们可随时随地进行信息的交换与传输。除此之外，蓝牙技术还可为数字网络和外设提供通用接口，以组建远离固定网络的个人特别联接设备群。蓝牙技术主要面向网络中各类数据及语音设备（如 PC、拨号网络、笔记本式计算机、打印机、数码相机、移动电话和高品质耳机等），通过无线方式将它们联成一个微微网，多个微微网之间也可以互联形成分布式网络，从而方便、快速地实现各类设备之间的通信。它是实现语音和数据无线传输的开放性规范，是一种低成本、短距离的无线联接技术。其中无线收发器是很小的一块芯片，大约有9mm×9mm，可方便地嵌入到便携式设备中，从而增加设备的通信选择性。下面以较成熟的蓝牙 1.x 为例来介绍蓝牙系统。

（1）蓝牙系统的基本术语

1）微微网（Piconet）。它是由采用蓝牙技术的设备以特定方式组成的网络。微微网的建立由两台设备（如便携式计算机和蜂窝电话）的联接开始，最多由 8 台设备构成。所有的蓝牙设备都是对等的，以同样的方式工作。然而，当一个微微网建立时，只有一台为主设备，其他均为从设备，而且在一个微微网存在期间将一直维持这一状况。

2）分布式网络（Scattemet）。它是由多个独立、非同步的微微网形成的。

3）主设备（Master Unit）。在微微网中，如果某台设备的时钟和跳频序列用于同步其他设备，则称它为主设备。

4）从设备（Slave Unit）。非主设备的设备均为从设备。

5）MAC 地址（MAC Address）。用 3bit 表示的地址，用于区分微微网中的设备。

6）休眠设备（Parked Units）。在微微网中只参与同步，而没有 MAC 地址的设备。

7）监听及保持方式。指微微网中从设备的两种低功耗工作方式。

（2）蓝牙技术的特点

1）采用跳频技术，抗信号衰落。

2）采用快跳频和短分组技术，减少同频干扰，以保证传输的可靠性。

3）采用前向纠错（FEC）编码技术，减少远距离传输时的随机噪声影响。

4）使用 2.4GHz 的 ISM（即工业、科学、医学）频段，无需申请许可证。

5）采用 FM 调制方式，降低设备的复杂性。该技术的传输速率设计为 1MHz，以时分方式进行全双工通信，其基带协议是电路交换和分组交换的组合。

（3）蓝牙技术的系统结构

蓝牙技术的系统结构图如图 3-51 所示。蓝牙技术的系统结构分为 3 大部分，即底层硬件模块、中间协议层和高层应用。底层硬件部分包括无线射频（RF）、基带（BB）和链路管理（LM）。无线射频层通过 2.4GHz 无需授权的 ISM 频段的微波，实现数据位流的过滤和传输。本层协议主要定义了蓝牙收发器在此频带正常工作所需要满足的条件。基带负责跳频以及蓝牙数据和信息帧的传输。链路管理负责联接、建立和拆除链路，并进行安全控制。

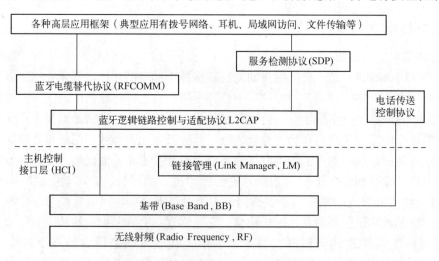

图 3-51　蓝牙技术的系统结构图

蓝牙技术结合了电路交换与分组交换的特点，可以进行异步数据通信，可以支持多达 3 个同时进行的同步语音信道，还可以使用一个信道同时传送异步数据和同步语音。每一个语音信道支持 64kbit/s 的同步语音；异步信道支持最大速率为 721kbit/s、反向应答速率为 57.6kbit/s 的非对称连接，或者是 43.2kbit/s 的对称连接。在蓝牙系统 1.x 中，一个跳频频率发送一个同步分组，每个分组占用一个时隙，也可扩展到 5 个时隙。中间协议层包括蓝牙逻辑链路控制与适应协议、服务检测协议、蓝牙电缆替代协议和电话传送控制协议。蓝牙逻辑链路控制与适应协议具有完成数据拆装、控制服务质量和复用协议的功能，该层协议是其他各层协议实现的基础。服务检测协议层为上层应用程序提供一种机制来发现网络中可用的服务及其特性。蓝牙电缆替代协议层具有仿真 9 针 RS-232 串口的功能。电话传送控制协议层则提供蓝牙设备间语音和数据的呼叫控制指令。在蓝牙协议栈的最上部是各种高层应用框架。其中较典型的有拨号网络、耳机、局域网访问及文件传输等，它们分别对应一种应用模式。各种应用程序可以通过各自对应的应用模式实现无线通信。拨号网络应用可通过蓝牙电缆替代协议访问微微网，数据设备也可由此接入传统的局域网；用户可以通过协议栈中的电话传送控制协议层在手机和耳塞中实现音频流的无线传输；在多台 PC 或笔记本式计算机之间不需要任何连线，就能快速、灵活地进行文件传输和共享信息，多台设备也可由此实现同步操作。此外，蓝牙规范还定义了主机控制接口层（Host Controller Interface，HCI）作为蓝牙协议中软硬件之间的接口，它提供了一个调用基带、链路管理、状态和控制寄存器等硬件的统一命令接口。当在蓝牙设备之间进行通信时，HCI 以上的协议软件实体在主机上运行，而 HCI 以下的功能由蓝牙设备来完成，二者之间通过一个对两端透明的传输层进行交互。

总之，整个蓝牙协议结构简单，使用重传机制来保证链路的可靠性，在基带、链路管理和应用层中可实行分级的多种安全机制，并且通过跳频技术还可以消除网络环境中来自其他无线设备的干扰。下面从无线频段的选择、多址接入体系、蓝牙系统的功能单元以及蓝牙技术的通信过程等方面具体介绍蓝牙技术。

2．无线频段的选择和抗干扰

蓝牙技术采用 2400～2483.5MHz 的工业、科学和医学（ISM）频段，这是因为：其一，该频段内没有其他系统的信号干扰，同时该频段向公众开放，无需特许；其二，该频段在全球范围内有效。世界各国、各地区的相关法规不同，一般只规定信号的传输范围和最大传输功率。对于一个在全球范围内运营的系统，其选用的频段必须同时满足所有规定，使任何用户都可接入，因此，必须将所需的要素最小化，在满足规则的情况下，可自由接入无线频段。因为 2.45GHz ISM 频段为开放频段，使用其中的任何频段都会遇到不可预测的干扰源（如某些家用电器、无绳电话和汽车开门器等），此外，对外部和其他蓝牙用户的干扰源也应有充分估计，所以，抗干扰问题便变得非常重要。抗干扰方法分为避免干扰和抑制干扰两种。避免干扰可通过降低各通信单元的信号发射电平来达到；抑制干扰则可通过编码或直接序列扩频来实现。然而，在不同的无线环境下，专用系统的干扰和有用信号的动态范围变化极大。在超过 50dB 的远近比和不同环境功率差异的情况下，要达到 1Mbit/s 以上速率，仅靠编码和处理增益是不够的。相反，由于信号可在频率（或时间）没有干扰时（或干扰低时）发送，所以避免干扰更容易一些。若采用时间避免干扰法，则当遇到时域脉冲干扰时，发送的信号将会中止。大部分无线系统是受带宽限制的，而在 2.45GHz 频段上，系统带宽为 80MHz，可找到一段无明显干扰的频谱，同时利用频域滤波器对无线频带其余频谱进行抑制，以达到理想效果。因此，以频域避免干扰法更为可行。

3．多址接入体系

蓝牙系统选择专用系统多址接入体系，是因为在 ISM 频段内尚无统一的规定。频分多址（FDMA）的优势在于信道的正交性仅依赖发射端晶振的准确性，结合自适应或动态信道分配结构，可免除干扰，但单一的 FDMA 无法满足 ISM 频段内的扩频需求。时分多址（TDMA）的信道正交化需要严格的时钟同步，在多用户专用系统联接中，保持共同的定时参考十分困难。码分多址（CDMA）可实现扩频，应用于非对称系统，可使专用系统达到最佳性能。直接序列（DS）CDMA 因远近效应，故需要一致的功率控制或额外的增益，与 TDMA 相同，其信道正交化也需共同的定时参考，随着使用数目的增加，将需要更高的芯片速度、更宽的带宽（抗干扰）和更多的电路消耗。跳频（Frequency Hopping，FH）CDMA 结合了专用无线系统中的各种优点，信号可扩频至很宽的范围，因而，使窄带干扰的影响变得很小。跳频载波为正交，通过滤波，邻近跳频干扰可得到有效抑制，而对窄带和用户间干扰造成的通信中断，可依赖高层协议来解决。在 ISM 频段上，FH 系统（蓝牙 1.x 标准）的信号带宽限制在 1MHz 以内。

4．蓝牙系统的功能单元

蓝牙系统一般由 4 个功能单元组成，即无线射频单元、联接控制（固件）单元、链路管理（软件）单元和蓝牙软件（协议）单元。

（1）无线射频单元

蓝牙系统的天线发射功率符合美国联邦通信委员会（FCC）关于 ISM 波段的要求。采用扩频技术，发射功率可增加到 100mW。系统的最大跳频速率为 1600 跳/秒，在 2.402～2.480GHz 之间，采用 79 个 1MHz 带宽的频点。系统的设计通信距离为 0.1～10m，若增加发射功率，这一距离则也可以达到 100m。

（2）联接控制单元

联接控制单元（即基带）描述了数字信号处理的硬件部分——链路控制器，它实现了基带协议和其他的底层联接规程。

1）媒体接入控制（Media Access Control，MAC）。蓝牙系统可实现同一区域内大量的非对称通信。与其他专用系统实行一定范围内的单元共享同一信道不同，蓝牙系统设计为允许大量独立信道存在，每一信道仅为有限的用户服务。在蓝牙系统中，一个跳频（FH）蓝牙信道与一微微网相联。微微网信道由一主单元标识（提供跳频序列）和系统时钟（提供跳频相位）定义，其他为从单元。每一蓝牙无线系统有一本地时钟，没有一通常的定时参考。在一微微网建立后，从单元进行时钟补偿，使之与主单元同步，微微网释放后，补偿亦取消，但可存储起来以便再用。不同信道有不同的主单元，因而，存在不同的跳频序列和相位。一条普通信道的单元数量为 8（1 主 7 从），可保证单元间有效寻址和大容量通信。蓝牙系统建立在对等通信基础上，主从任务仅在微微网生存期内有效，在微微网取消后，主从任务随即取消。每一单元皆可为主/从单元，可定义建立微微网的单元为主单元。除定义微微网外，主单元还控制微微网的信息流量，并管理接入。接入为非自由竞争，625ps 的驻留时间仅允许发送一个数据包。基于竞争的接入方式需较多开销，效率较低。在蓝牙系统中，实行主单元集中控制，通信仅存在于主单元与一个或多个从单元之间。当主从单元间进行通信时，时隙交替使用。在进行主单元传输时，主单元确定一个欲通信的从单元地址，为了防止信道中从单元发送冲突，采用轮流检测技术，即对每个从到主时隙，由主单元决定允许哪个从单元进行发送。这一判定是以前一时隙发送的信息为基础实施的，且仅有恰为前一主到从被选中的从地址可进行发送。若主单元向一具体从单元发送了信息，则此从单元被检测，可发送信息；若主单元未发送信息，它将发送一检测包来标明从单元的检测情况。主单元的信息流体系包含上行和下行链路，目前，已有考虑从单元特征的智能体系算法。主单元控制可有效阻止微微网中的单元冲突。当在互相独立的微微网单元中用同一跳频现代通信技术时，可能发生干扰。系统利用 ALOHA 技术（原计算机之间的数据信息传输与交换设计的一种在地面通信网中进行的数据分组广播通信方式），当信息传送时，不检测载波是否空载（无侦听），若信息接收不正确，则将进行重发（仅有数据）。由于驻留期短，所以 FH 系统不宜采用避免冲突结构。对每一跳频，会遇到不同的竞争单元，后退（Backoff）机制效率不高。

2）差错控制。蓝牙系统的纠错机制分为 FEC（前向纠错编码）和包重发。FEC 支持 1/3 率和 2/3 率 FEC 码。1/3 率仅用 3bit 重复编码，大部分在接收端判决，既可用于数据包头，又可用于 SCO（同步连接）连接的包负载。2/3 率码使用一种缩短的汉明码，误码捕捉用于解码，它既可用于 SCO 连接的同步包负载，又可用于异步无连接的异步包负载。使用 FEC 码，编/解码过程变得简单迅速。采用 FEC 编码方式的目的在于减少数据重发次数，但在无差错环境中，FEC 方式产生的无用检验位降低了数据吞吐量，因此，业务数据是否采用 FEC，还将视需要而定。分组包头含有重要的连接信息和纠错信息，始终采用 1/3 FEC 方式进行保护性传输。

3）认证与加密。认证与加密服务由物理层提供。认证采用口令——应答方式，在连接过程中，可能需要一次或两次认证，或者无需认证。认证对任何一个蓝牙系统都是重要的组成部分，它允许用户自行添加可信任的蓝牙设备。例如，只有用户自己的笔记本式计算机才可以通过用户自己的手机进行通信。蓝牙系统采用流密码加密技术，适于硬件实现，密钥长度可以是 0、40 或 64 位，密钥由高层软件管理。蓝牙安全机制的目的在于提供适当级别的保护，如果用户有更高级别的保密要求，就可以使用有效的传输层和应用层安全机制。

（3）链路管理单元

链路管理器（LM）软件实现链路的建立、认证及链路配置等。链路管理器可发现其他的链路管理器，并通过链接管理协议（LMP）建立通信联系，LM 利用链路控制器（LC）提供的服务实现上述功能。LC 的服务项目包括接收和发送数据、设备号请求、链路地址查询、建立链接、认证、协商并建立链接方式、确定分组的帧类型以及设置监听方式、保持方式和休眠方式等。

（4）蓝牙软件单元

蓝牙的软件体系是一个独立的操作系统，不与任何操作系统捆绑。适用于几种不同商用操作系统的蓝牙规范正在完善中。在蓝牙协议体系中设计协议和协议栈的主要原则是，为尽可能利用现有各种高层协议，保证现有协议与蓝牙技术融合及各种应用之间的互通性，充分利用兼容蓝牙技术规范的软硬件系统和蓝牙技术规范的开放性，便于普遍开发新的应用。蓝牙软件结构标准包括核心（Core）和应用协议栈（Profile）两大部分。Core 蓝牙协议核心，主要定义蓝牙的技术细节，Profile 定义相应的实现协议栈，从而为全球兼容性奠定基础。蓝牙标准主要定义的是底层协议，也定义了一些高层协议和相关接口。具体协议分为 4 层，即核心协议（蓝牙联接管理协议 LMP、蓝牙逻辑链路控制与适配协议 LZCAP、服务检测协议 SDP）、蓝牙电缆替代协议（RFCOMM）、电话传送控制协议（TCB BIN/AT）与 Internet 应用相关的一些高层协议（PPP、UOP/TCP/IP、OBEX/vCard/vCal、lrMC、E-mail、WAP 和 WAE 等）。蓝牙系统的软件结构可实现以下功能，配置及诊断、蓝牙设备的发现、电缆仿真、与外围设备的通信、音频通信及呼叫控制以及交换名片和电话号码等。

5. 蓝牙技术的通信过程

蓝牙技术的通信过程如图 3-52 所示。在蓝牙系统中，建立联接分为扫描、呼叫和查询 3 步。在微微网建立之前，所有设备都处于就绪（Standby）状态。在该状态下，未联接的设备每隔 1.28s 监听一次消息，设备一旦被唤醒，就会在预先设定的 32 个跳频频率上监听信息。跳频数目因地区而异，但 32 个跳频频率为绝大多数国家所采用。在空闲模式下，一般单元保持休眠状态，以节省能量，但为了允许建立联接，该单元必须经常侦听是否有其他单元欲建立联接。在实际的专用系统中，没有通用的控制信道（一个单元为侦听呼叫信息而锁定），这在常规蜂窝无线系统中是很普遍的。

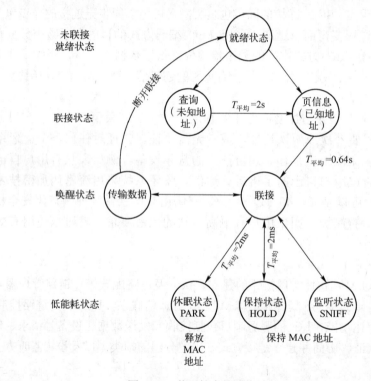

图 3-52　蓝牙技术的通信过程

联接进程由主设备初始化。在初始页状态，主设备在 16 个跳频频率上发送一串相同的页信息给从设备，如果没有收到应答，主设备就在另外的 16 个跳频频率上发送页信息。主设备到从设备的最大时延为两个唤醒周期（2.56s），平均时延为半个唤醒周期（0.64s）。当建立联接时，接收标志用于决定呼叫信息和唤醒序列。如果一个设备的地址已知，就采用页信息（Page Message）建立联接；若不知道该信息，则要进行联接的单元可发布一个查询消息，让接收方返回其地址和时钟信息。在查询过程中，查询者可决定哪个单元在需要的范围内，特性如何。查询信息也为一个接入码，但从预留标志（查询地址）得到。空闲单元根据跳频的查询序列侦听查询信息，收到查询信息的单元返回 FHS 包。在呼叫和查询过程中，使用了跳频载波。对于纯跳频系统，最少要使用 75 跳载波。然而现代通信技术，在呼叫和查询过程中，仅有一个接入码用于信令。接入码用作直接序列编码，得到由直接序列编码处理增益结合 32 跳频序列的处理增益，可满足混合 DS/FH 系统规定所要求的处理增益。因此，在呼叫和查询过程中，蓝牙系统是混合 DS/FH 系统；而在联接时，为纯 FH 系统。

在微微网中，无数据传输的设备转入节能工作状态。主设备可将从设备设置为保持模式（Hold Mode），此时，只有内部定时器工作；从设备也可以要求转入保持模式。设备由保持模式转出后，可以立即恢复数据传输。当联接几个微微网或管理低功耗元器件（如温度传感器）时，常使用保持模式。监听模式（Sniff Mode）和休眠模式（Park Mode）是另外两种低功耗工作方式。在监听模式下，从设备监听网络的时间间隔增大，其间隔大小视应用情况由编程确定；在休眠模式下，设备放弃了 MAC 地址，仅偶尔监听网络同步信息和检查广播信息。各节能模式依电源效率高低排列为休眠模式→保持模式→监听模式。

蓝牙技术支持同步业务（如语音信息）和异步业务（如突发数据流），定义了两种物理联接类型：

- 同步面向联接（Synchronous Connection Oriented，SCO）方式：主要用于语音传输。
- 异步无联接（Asynchronous Connection-less Link，ACL）方式：主要用于分组数据传输。

SCO 方式为主单元与从单元的点对点联接，通过在常规时间间隔内预留双工时隙建立起来。ACL 方式是微微网中主单元到所有从单元的点到多点联接，可使用 SCO 联接未用的所有空余时隙，由主单元安排 ACL 联接的流量。微微网的时隙结构允许有效地混合利用异步和同步联接。在同一微微网中，不同的主、从设备可以采用不同的联接方式，在一次通信中，可以任意改变联接方式。每一联接方式可支持 16 种不同的分组类型，其中控制分组有 4 种，是 SCO 和 ACL 通用的分组，这两种联接方式均采用时分双工（TDD）通信。SCO 为对称联接，支持限时语音传送，主、从设备无需轮询即可发送数据。SCO 的分组既可以是语音又可以是数据，当发生中断时，只有数据部分需要重传。ACL 是面向分组的联接，它支持对称和非对称两种传输流量，也支持广播信息。在 ACL 方式下，主设备控制链路带宽，负责从设备带宽的分配；从设备依轮询发送数据。蓝牙系统可优化到在同一区域中有数十个微微网运行，而没有明显的性能下降（在同一区域的多个微微网称为分散网）。蓝牙时隙联接采用基于包的通信，使不同微微网可互联。欲联接单元可加入到不同微微网中，但因无线信号只能调制到单一跳频载波上，任一时刻单元只能在一微微网中通信。通过调整微微网信道参数（即主单元标志和主单元时钟），单元可从一微微网跳到另一微微网中，并可改变任务。例如，某一时刻在一微微网中的主单元，另一时刻在另一微微网中为从单元。主单元参数标示了微微网的 FH 信道，因此一单元不可能在不同的微微网中都为主单元。跳频选择机制应设计成允许微微网间可相互通信，通过改变标志和时钟输入到选择机制，新微微网可立即选择新的跳频。为了使不同微微网间的跳换可行，数据流体系中设有保护时间，以防止不同微微网的时隙差异。在蓝牙系统中，引入了保持模式，允许一单元临时离开一微微网而访问另一微微网（保持模式也可在离开后无新的微微网访问期间作为一附加低功率模式）。

6. 蓝牙技术和产品应用领域

蓝牙技术的实质内容是要建立通用的无线接口及其控制软件的开放标准，使计算机与通信进一步结合，使不同厂家生产的便携式设备在没有电线或电缆相互连接的情况下，能在近距离范围内互联互通。蓝牙技术的具体应用实例如图 3-53 所示。

图 3-53　蓝牙技术的具体应用实例
a) 将无绳耳机与便携 PC 相联　b) 将 PC 联接到外围设备或 LAN

作为"电缆替代"提出的蓝牙技术发展到今天已经演化成了一种个人信息网络的技术。它将内嵌蓝牙芯片的设备互联起来，提供语音和数据接入服务，实现信息的自动交换和处理。

蓝牙技术主要针对 3 大类的应用，即语音/数据接入、外围设备互联和个人局域网。语音/数据的接入是将一台计算机通过安全的无线链路联接到通话设备上，以完成与广域通信网络的互联；外围设备互联是指将各种设备通过蓝牙链路联接到主机上；个人局域网的主要应用是个人网络和信息的共享和交换。从市场的角度看，蓝牙技术可制造出点对点连接、点对多点连接的市场应用产品及个人局域网等网络产品。

（1）点对点联接的市场应用产品

目前，这类产品应用比较广。第一代采用蓝牙技术的产品主要集中在语音通信方面，如爱立信公司推出的移动电话使用的无线耳麦，这种耳麦使得移动电话在环境噪声很大的情况下仍可自由地通话。很多手机都可以通过蓝牙电话适配器与蓝牙耳麦实现通话。蓝牙移动电话适配器可与任意一部手机联接，并使手机与其他蓝牙设备通信。为此，可将蓝牙 PC 卡插入笔记本式计算机中的 PCMCIA 槽，笔记本式计算机就可与所有可以联系的蓝牙手机联接，这样，就能接入互联网或发送电子邮件。这与红外联接不同的是，笔记本式计算机和手机之间不用直接联接。手表大小的掌上计算机是蓝牙信息产品，可以接收电子邮件，发出的回答信息可以传到工作范围内的笔记本式计算机或掌上计算机。无线操作的便携硬盘是蓝牙技术应用的另一种市场产品。计算机用户在主机和硬盘间可进行无线操作，离开时将硬盘带走，防止他人非法操作。目前许多厂商都已开发了数款面向企业和普通消费者的蓝牙技术通信产品，如便携式硬盘，它可利用蓝牙技术无线接收数据，并加以存储（总容量可达 200MB）。

（2）点对多点联接的市场应用产品

点对多点联接可实现微微网内设备的通信。它由工作于自己信道的两个或多个设备单元组成，将微微网中的主设备调节在信道上进行联系。按规定，由建立微微网的单元承担主单元作用，所有其他参加者作为从单元，参加者可以起到交换作用。点对多点联接的应用还适用于公共建筑、地铁站或机场的热点服务，如商务旅行者在飞机场用短距离无线电通信实现公共互联网的访问。这样可实现将移动无线通信基站扩展为家庭服务站。

（3）个人局域网

蓝牙技术的另一个实力体现在构成特设网络，在一个网络中可联接 8 个设备。个人局域网由便携式计算机、手机及打印机等组成，可形成点对点、点对多点联接。移动电话作为信息网关，在各种便携式设备之间交换内容，采用通用移动接口、开放的技术平台及标准。通过使用跳频、短数据包和前向纠错（FFC）方式，以保证各台站之间稳定、可靠的传输。当然，作为一种近距离的无线通信技术，蓝牙技术并不是唯一的。但是与其他相应的无线通信技术比较起来，蓝牙技术的优势体现在它具有全球统一的、开放的技术标准，同时兼顾技术先进性与经济性，更有世界蓝牙组织（SIG）知识产权共享的巨大诱惑力。近年来，世界上一些权威的标准化组织，也都在关注蓝牙技术标准的制定和发展。例如，IEEE 的标准化机构，也已经成立了802.15 工作组，专门关注有关蓝牙技术标准的兼容和未来的发展等问题。IEEE 802.15.1 TGI 就是讨论建立与蓝牙技术 1.0 版本相一致的标准；IEEE 802.15.2 TG2 是探讨蓝牙如何与 IEEE 8O2.11b 无线局域网技术共存的问题；而 IEEE 802.15.3 TG3 则是要研究未来蓝牙技术向更高速率（如 10～20Mbit/t）发展的问题。关于无线局域网 IEEE 802.1 与蓝牙技术可以共存、相互补充的问题，许多专家已有共识，并且已经提出一些可行的技术方案。例如，蓝牙采用自适应跳频的方式避开无线局域网的 22MHz 的频段，或者对蓝牙及无线局域网的发射功率加以控制，从而使其相互之间的干扰减至最小等。有些公司已经将蓝牙及 IEEE 802.llb 的功能集成到同一芯片上，解决了两种技术共存的问题。与此同时，世界蓝牙组织的各个技术工作组也在积极开展研究工作，以加快制定各种实用的纵向应用规范。例如，网络打印、静态图像的传输、汽车应用平台、电子商务、工业自动化及信息安全等。

以蓝牙技术为基础的 无线体域网（WBAN）、无线个人局域网通信技术（WPAN）和无线局域网（WLAN）构成了完整的无线接入体系。一般认为 WBAN 连接距离最短，为围绕人体、物体或附属其上，WPAN 联接距离大多在 10m 左右以内，最高达 100m 左右；而无线局域网 WLAN 联接距离很多为数千米至一百多米。由于其技术指标和市场定位不同，使得它们相互支持与补充，构成一种完整有效的 WLAN/WPAN/WBAN 无线接入。通用无线接入作为先进手段实施接入网的全部或部分功能，它已成为有线接入的有效支持、补充与延伸；是快速、灵活装备与实现普遍服务的重要途径。无线接入目前虽然大部分为窄带，但中宽带与宽带（Wideband and Broadband）无线接入，包括 2.5G/3G 移动接入、不对称 IP 接入及卫星接入已成为可能，而蓝牙及 WLAN/WPAN/WBAN 技术可视为一种最接近用户的短距离、微功率、微微小区（Picoeell）型无线接入手段，在构筑新世纪全球个人通信网络及无线联接世界方面将发挥其独特重要的作用。很明显，通用无线接入可综合包括宏大区、大区、小区、微小区、微微小区、移动、半移动、可搬移（TransPortable）及固定等多种接入覆盖模式，可有效覆盖三维物理空间的任何一角落及有效地在任何时候联接至任何个人用户，它对未来全球个人通信的实际联接覆盖的普遍化与重要性显而易见，而且无线接入与互联网联合运作的所谓无线互联网移动 IP，以及更进一步以全球移动通信演进发展沿 1G→2G→2G+（2.5G，2.75G）→3G →3G+→4G 这一发展脉络中，将及时大量运用及嵌入 Bluetooth、WLAN/WPAN/WBAN 之类新手段，进入所谓嵌入式（Embedded）世界，实现以微微小区个人接入为中心展开的无线个人域网络（WPAN/WBAN）时代，这将成为未来全球个人通信世界中的最重要环节之一。

3.3.2　ZigBee 无线接入技术

1. ZigBee 技术的源起和发展

如今随着计算机技术和无线通信技术的发展，数字家用电器及各类数字手持式终端已经大量进入普通家庭，而网络通信的迅速普及又引起了无线通信的数字革命。设备联网正成为实现智能化网络业务与应用的关键技术。随着联网设备不断增多，机器间（Machine-to-Machine，M2M）通信能力的重要性日益凸现。有数据表明，预计未来用于人对人通信的终端可能仅占整个终端市场的 1/3，而大部分则集中在 M2M 通信业务领域。2002 年由英国 Invensys 公司、日本三菱电气、美国摩托罗拉公司宣布组成 ZigBee 技术联盟，共同研究 ZigBee 技术。IEEE 也于 2003 年制定针对 LR-WPAN（Low Rate Wireless Personal Area Networks，低速无线个人区域网）的 IEEE802.15.4—2003 无线规范，定义了一种新的无线设备的物理层和 MAC 层，并致力于开发一种可应用在固定、便携或移动设备上的以及低成本、低功耗、低速率的无线联接技术。

　　ZigBee 技术主要应用在短距离范围内以及数据传输速率不高的各种电子设备之间，因此非常适合于工业控制、环境监测、智能家用电器和小型电子设备间的无线传输。典型的传输数据类型有周期性数据、间歇性数据以及重复、低反应时间数据。其目标功能是自动化控制，它采用 DSSS（直接序列扩频）扩频技术，使用的频段分为 2.4GHz（全球）、868MHz（欧洲）及 915MHz（美国），而且均为免收费的频段，有效覆盖范围根据不同速率为 0～300m。

　　2．ZigBee 技术研究的内容和实现的关键技术

　　当前 ZigBee 应用的热点主要是无线传感网络，它广泛用于野外环境监控、疫情跟踪等，其中以加州大学伯克利分校和洛杉矶分校的研究最为有名。而我国起步较晚，关键技术还掌握在国外少数大厂手中，国内主要靠结合国外的 ZigBee RFIC 评估板来做一些应用方面的研究。采用 Atmel 公司的 2.4GHz 的 ZigBee 收发芯片 AT86RF230 和 AVR 单片机 Mega1281 来构建无线通信功能模块，期望对 ZigBee 系统的工作原理、基本协议有深入的分析和应用创新。所要实现的关键技术有：①低功耗、高性能的模块电路设计；②ZigBee 协议栈的设计；③CSMA/CA 算法的实现；④网络路由算法的实现。

　　3．ZigBee 技术概述

　　到目前为止 ZigBee 技术主要是基于两个标准，一个是 ZigBee 联盟所制定的 V1.0 规范，另一个是 IEEE 802.15.4 工作组所制定的低速、近距离的无线个域网标准。V1.0 规范是基于 IEEE 802.15.4 标准基础之上的，两个规范都满足 OSI 参考模型。ZigBee 技术体系基本架构如图 3-54 所示。

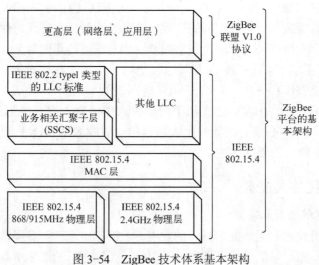

图 3-54　ZigBee 技术体系基本架构

120

ZigBee 技术是继 Bluetooth 之后，新兴的短距离、低功耗、低成本的应用于家庭、建筑自动化、消费类电子、工业控制和医疗传感器等应用领域的无线传感器网络新技术。它是一种介于无线标记和蓝牙之间的技术方案，有自己的无线电标准，在很多个微小的传感器之间相互协调传递信息。ZigBee 的通信标准是由 ZigBee 联盟开发，这是一个由半导体厂商、技术供应商和原始设备制造商加盟的组织。该联盟成立于 2001 年 8 月。2002 年下半年，英国 Hivensys 公司、日本三菱电气公司、美国摩托罗拉公司以及荷兰飞利浦半导体公司四大巨头共同宣布，它们将加盟"ZigBee 联盟"，以研发命名为"ZigBee"的下一代无线通信标准。这一事件成为该项技术发展过程中的里程碑。

ZigBee 技术标准基于 IEEE 802.15.4 低速率无线个人局域网，IEE 802.15.4 小组与 ZigBee 联盟共同制定了 ZigBee 规范。IEEE 802.15.4 小组负责制定物理层（Physical Layer，PHY）和媒体接入控制（GSM Access Control，MAC）层规范，并在此之上包含网络层、安全层和应用层。相对于常见的无线通信标准，ZigBee 协议紧凑简单，对实际处理器的性能要求也不高，在普通 8 位单片机配上 4KB ROM 和 64KB RAM 等就可以满足其需要，从而降低了相应产品的成本。ZigBee 是一个由多到 65 000 个无线节点组成的无线数据传输网络平台，并且可以和现有的互联网联接。

ZigBee 技术弥补了低成本、低功耗和低速率的无线通信市场的空缺，其成功的关键在于丰富而便捷的应用，而不是其技术本身。

4．ZigBee 技术体系基本架构

在 ZigBee 技术中，其体系结构是通过层来定义的，每一层完成自己的任务，并给予上层提供服务，各层通过接口进行相互通信。此技术的基础是 IEEE 802.15.4，是建立在 IEEE 802.15.4 标准之上的 IEEE 无线个人区域网工作组的一项标准，其物理层和介质访问控制层协议为 IEEE 802.15.4 协议标准，IEEE 处理低层的 MAC 层和物理层，而 ZigBee 联盟对网络层协议和应用框架进行了标准化，主要分为应用层、网络层、媒体接入控制层、物理层。

（1）物理层

ZigBee 技术的物理层分 2.4GHz 物理层和 868/915MHz 物理层。其中，2.4GHz 是运行在 2.4GHz 工业、科学、医学频带上的；而 868/915MHz 物理层，欧洲采用的是 868MHz 物理层，美国采用的是 9l5MHz 频带上，两者均采用直扩序列调制方式。物理层的主要功能包括激活和休眠射频收发器、信道能量检测、信道接收数据包的链路质量指示、空闲信道评估和收发数据。

（2）媒体接入控制层（MAC）

MAC 子层使用物理层提供的服务实现设备之间的数据帧传输。它的核心是信道接入技术，主要是指随机接入信道技术（CSMA/CA）。这种机制就是节点在发送数据之前先监听信道，如果信道空闲就发送数据，否则就要延迟一段随机时间，然后再进行监听，这个退避的时间是呈指数增长的，但有一个最大值，即如果上一次退避之后再次监听信道忙，退避时间就要增倍，这样做的原因是如果多次监听信道都忙，就有可能表明信道上的数据量大，因此让节点等待更多的时间，以避免繁忙的监听。通过这种信道接入技术，所有节点竞争共享同一个信道。在 MAC 层当中还规定了两种信道接入模式，一种是信标（Beacon）模式，另一种是非信标模式。在信标模式当中规定了一种"超帧"的格式，在超帧的开始发送信标帧，里面含有一些时序以及网络的信息，紧接着是竞争接入时期，在这段时间内各节点以竞争方

式接入信道，再后面是非竞争接入时期，节点采用时分复用的方式接入信道，然后是非活跃时期，节点进入休眠状态，等待下一个超帧周期的开始又发送信标帧。而非信标模式则比较灵活，节点均以竞争方式接入信道，不需要周期性的发送信标帧。MAC 子层功能具体是，协调器产生并发送信标帧，普通设备根据协调器的信标帧与协调器同步。

（3）网络层

ZigBee 网络层的主要功能是路由，路由算法是它的核心。目前 ZigBee 网络层主要支持树状路由和网状网路由这两种路由算法。树状路由是把整个网络看作是以协调器为根，整个网络由协调器建立，而协调器的子节点可以是路由器或者是末端节点，路由器的子节点也可以是路由器或者末端节点，而末端节点没有子节点。网状网路由是应用比较广泛的一种路由算法，可靠性很好，其主要依赖于多跳技术，多跳是指数据不断从一个节点跳到另一个节点。因为数据从一个节点不断被传送到另一个节点，又因为网状网络有好多节点，所以任何一个节点到另一个节点之间的路径总是不止一个。在节点加入网络后，这些节点和目的地节点之间就会自动生成路径，节点本身就能够建立路由，只要发送信息、邻近信号收到信息后就转发出去。这个转发过程会逐个节点地重复下去，直到信息到达目的地为止。目的地节点提供的确认信号告诉始发节点，完全路径已建成，信息已成功抵达。ZigBee 网络层的功能主要包括组建网络、加入网络、离开网络、建立路由及数据传输等。

（4）应用层

应用层是 ZigBee 技术为实际的应用提供一些应用框架模型。该层为用户应用进程间的数据通信提供接口，应用进程在调用应用层服务时，应该提供所有服务所需要的参数，然后由应用层服务将数据经过编码后，传给网络接口层对象，调用网络层数据传输服务把数据发送出去。在应用层收到来自通信端口的数据后，上传给应用层服务，由应用层服务根据服务报文中的目的应用进程标识 ID，将接收到的数据传送到应用层中相应的用户应用进程，由用户应用进程对相应的参量进行更新和进一步处理。应用层的主要功能是定义设备在网络中的角色（如协调器和终端设备）、组建网络、发起和响应绑定请求、在绑定设备间传递消息等。

5. ZigBee 网络拓扑结构

根据应用需要，ZigBee 网络拓扑结构图分星形网络拓扑结构图和对等网络拓扑结构图，如图 3-55 所示。

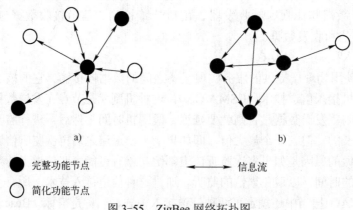

a)   b)

● 完整功能节点   ←—→ 信息流

○ 简化功能节点

图 3-55 ZigBee 网络拓扑图

a) 星形网络拓扑结构   b) 对等网络拓扑结构

（1）星形网络拓扑结构

星形网络由一个主协调器和多个从设备组成。从设备可以是简化功能节点，也可以是全功能节点。每个星形网络只有一个 PAN 的主协调器，该主协调器可以是起始设备、终端设备，也可以是路由设备，在该网络中，所有的设备只能与协调器进行通信，相互之间的通信是禁止的。在同一个区域的不同星形网络相互独立，通过 PAN 标示符区分不同网络。

（2）对等网络拓扑结构

对等网络拓扑结构也是由协调器和从设备组成的。协调器可以是全功能节点中的任意一个，一般可将通信中的第一通信设备定义为 PAN 主协调器。从设备可以是全功能节点，也可以是半功能节点，但是半功能节点只能作为终端设备，并且只与最近的全功能节点通信，而全功能节点只要在其通信范围内就可以与其他设备通信。

6. 数据帧结构

在 ZigBee 技术中，每一个协议都增加了各自的帧头和帧尾，在 IEEE 802.15.4 中定义了 MAC 层和物理层的帧格式。物理层帧格式是在 MAC 层帧格式前加上物理层帧头。数据帧结构图如图 3-56 所示。

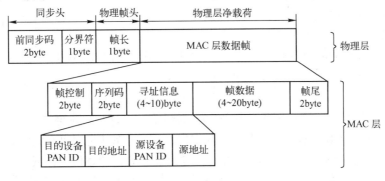

图 3-56　数据帧结构图

3.3.3　超宽带

近年来，超宽带（Ultra Wide Band，UWB）无线通信成为短距离、高速无线网络最热门的物理层技术之一。

1. UWB 的产生与发展

超宽带有着悠久的发展历史，但在 1989 年之前，超宽带这一术语并不常用，在信号的带宽和频谱结构方面也没有明确的规定。1989 年，美国国防部高级研究计划署（DARPA）首先采用超宽带这一术语，并规定：若信号在-20dB 处的绝对带宽大于 1.5GHz 或相对带宽大于 25%，则该信号为超宽带信号。此后，超宽带这个术语就被沿用下来。其中，f_H 为信号在-20dB 辐射点对应的上限频率、f_L 为信号在-20 dB 辐射点对应的下限频率。为探索 UWB 应用于民用领域的可行性，自 1998 年起，美国联邦通信委员会（FCC）开始在产业界广泛征求意见，美国 NTIA 等通信团体对此大约提交了 800 多份意见书。

2002 年 2 月，FCC 批准 UWB 技术进入民用领域，并对 UWB 进行了重新定义，规定 UWB 信号为相对带宽大于 20%或-10dB 带宽大于 500MHz 的无线电信号。根据 UWB 系统的具体应用，可分为成像系统、车载雷达系统、通信与测量系统 3 大类。根据 FCC Part15 规定，UWB 通信系统可使用频段为 3.1～10.6GHz。为保护现有系统（如 GPRS、移动蜂窝系统、WLAN 等）不被 UWB 系统干扰，针对室内、室外不同应用，对 UWB 系统的辐射谱密度进行了严格限制，规定 UWB 系统的最高辐射谱密度为-41.3 dBm/MHz.。当前，人们所说的 UWB 是指 FCC 给出的新定义。

自 2002 年至今，新技术和系统方案不断涌现，出现了基于载波的多带脉冲无线电超宽带（IR-UWB）系统、基于直扩码分多址（DS-CDMA）的 UWB 系统、基于多带正交频分复用（OFDM）的 UWB 系统等。在产品方面，Time-Domain、XSI、Freescale、Intel 等公司纷纷推出 UWB 芯片组，超宽带天线技术也日趋成熟。当前，UWB 技术已成为短距离、高速无线联接最具竞争力的物理层技术。IEEE 已经将 UWB 技术纳入其 IEEE 802 系列无线标准，正在加紧制订基于 UWB 技术的高速无线个局域网（WPAN）标准 IEEE 802.15.3a 和低速无线个域网标准 IEEE 802.15.4a。以 Intel 公司领衔的无线 USB 促进组织制订的基于 UWB 的 WUSB2.0 标准即将出台。无线 1394 联盟也在抓紧制订基于 UWB 技术的无线标准。可以预见，在未来的几年中，UWB 将成为无线个域网、无线家庭网络、无线传感器网络等短距离无线网络中占据主导地位的物理层技术之一。

2．UWB 的技术特点

（1）传输速率高及空间容量大

根据仙农（Shannon）信道容量公式，在加性高斯白噪声（AWGN）信道中，系统无差错传输速率的上限为

$$C=B\times\log_2(1+SNR)$$

式中，B 为信道带宽（单位：Hz），SNR 为信噪比。在 UWB 系统中，信号带宽 B 高达 500MHz～7.5GHz。因此，即使信噪比 SNR 很低，UWB 系统也可以在短距离上实现每秒几百兆位至 1Gbit/s 的传输速率。例如，如果使用 7GHz 带宽，即使信噪比低至-10 dB，其理论信道容量也可达到 1Gbit/s。因此，将 UWB 技术应用于短距离高速传输场合（如高速 WPAN）是非常合适的，可以极大地提高空间容量。理论研究表明，基于 UWB 的 WPAN 可达的空间容量比目前 WLAN 标准 IEEE 802.11.a 高出 1～2 个数量级。

（2）适合短距离通信

按照 FCC 规定，UWB 系统的可辐射功率非常有限，3.1～10.6GHz 频段总辐射功率仅为 0.55mW，远低于传统窄带系统。随着传输距离的增加，信号功率将不断衰减。因此，接收信噪比可以表示成传输距离的函数 SNRr（d）。根据仙农公式，信道容量可以表示成距离的函数

$$C(d)=B\times\log_2[1+SNRr(d)]$$

另外，超宽带信号具有极其丰富的频率成分。众所周知，无线信道在不同频段表现出不同的衰落特性。随着传输距离的增加高频信号衰落极快，这将导致 UWB 信号产生失真，从而严重影响系统性能。研究表明，当收发信机之间距离小于 10m 时，UWB 系统的信道容量高于 5GHz 频段的 WLAN 系统容量，当收发信机之间的距离超过 12m 时，UWB 系统在信道容量上的优势将不复存在。因此，UWB 系统特别适合于短距离通信。

（3）具有良好的共存性和保密性

由于 UWB 系统的辐射谱密度极低（小于-41.3dBm/MHz），对传统的窄带系统来讲，UWB 信号谱密度甚至低至背景噪声电平以下，UWB 信号对窄带系统的干扰可以视作宽带白

噪声，所以 UWB 系统与传统的窄带系统有着良好的共存性，这对提高日益紧张的无线频谱资源的利用率是非常有利的。同时，极低的辐射谱密度使 UWB 信号具有很强的隐蔽性，很难被截获，对提高通信保密性非常有利。

（4）多径分辨能力强、定位精度高

由于 UWB 信号采用持续时间极短的窄脉冲，其时间、空间分辨能力都很强，所以 UWB 信号的多径分辨率极高。极高的多径分辨能力赋予 UWB 信号高精度的测距、定位能力。对于通信系统，必须辩证地分析 UWB 信号的多径分辨力。无线信道的时间选择性和频率选择性是制约无线通信系统性能的关键因素。在窄带系统中，不可分辨的多径将导致衰落，而 UWB 信号可以将它们分开，并利用分集接收技术进行合并。因此，UWB 系统具有很强的抗衰落能力。但 UWB 信号极高的多径分辨力也导致信号能量产生严重的时间弥散（频率选择性衰落），接收机必须通过牺牲复杂度（增加分集重数）以捕获足够的信号能量。这将对接收机的设计提出严峻挑战。在实际的 UWB 系统设计中，必须折中考虑信号带宽和接收机复杂度，以得到理想的性价比。

（5）体积小、功耗低

传统的 UWB 技术无需正弦载波，数据就被调制在纳秒级或亚纳秒级基带窄脉冲上传输，接收机可利用相关器直接完成信号检测。收发信机不需要复杂的载频调制/解调电路和滤波器。因此，可以大大降低系统的复杂度，减小收发信机的体积和功耗。FCC 对 UWB 的新定义在一定程度上增加了无载波脉冲成形的实现难度，但随着半导体技术的发展和新型脉冲产生技术的不断涌现，UWB 系统仍然发挥了传统 UWB 体积小、功耗低的优势。

3. UWB 脉冲成形技术

任何数字通信系统都要利用与信道匹配良好的信号携带信息。对于线性调制系统，已调制信号可以统一表示为

$$s(t)=\sum I_n g(t-T)$$

式中，I_n 为承载信息的离散数据符号序列；T 为数据符号持续时间；$g(t)$ 为时域波形。通信系统的工作频段、信号带宽、辐射谱密度、带外辐射、传输性能及实现复杂度等诸多因素都取决于 $g(t)$ 的设计。

对于 UWB 通信系统，成形信号 $g(t)$ 的带宽必须大于 500MHz，且信号能量应集中于 3.1～10.6GHz 频段。早期的 UWB 系统采用纳秒/亚纳秒级无载波高斯单周脉冲，信号频谱集中于 2GHz 以下。FCC 对 UWB 的重新定义和频谱资源分配对信号成形提出了新的要求，必须调整信号成形方案。近年来，出现了许多行之有效的方法，如高斯单周脉冲、基于载波调制的成形技术、Hermit 正交脉冲、椭圆球面波（PSWF）正交脉冲等。

（1）高斯单周脉冲

高斯单周脉冲即高斯脉冲的各阶导数，是最具代表性的无载波脉冲。各阶脉冲波形均可由高斯一阶导数通过逐次求导得到。

随着脉冲信号阶数的增加，过零点数逐渐增加，信号中心频率向高频移动，但信号的带宽无明显变化，相对带宽逐渐下降。早期 UWB 系统采用 1 阶、2 阶脉冲，信号频率成分从直流延续到 2GHz。按照 FCC 对 UWB 的新定义，必须采用 4 阶以上的亚纳秒脉冲方能满足辐射谱的要求。

（2）基于载波调制的成形技术

从原理上讲，只要信号-10dB 带宽大于 500MHz 即可满足 UWB 的要求。因此，传统的用于有载波通信系统的信号成形方案均可移植到 UWB 系统中。此时，超宽带信号设计转化为低通脉冲设计，通过载波调制可以将信号频谱在频率轴上灵活地搬移。有载波的成形脉冲可表示为

$$w(t)=p(t)\cos(2\pi f_c t)(0 \leq t \leq T_p)$$

式中，$p(t)$为持续时间为 T_p 的基带脉冲；f_c 为载波频率，即信号中心频率。

形成脉冲的频谱取决于基带脉冲 $p(t)$，只要使 $p(t)$ 的-10dB 带宽大于 250MHz，即可满足 UWB 设计要求。通过调整载波频率 f_c 可以使信号频谱在 3.1～10.6GHz 范围内灵活移动。若结合跳频（FH）技术，则可以方便地构成跳频多址（FHMA）系统。在许多 IEEE 802.15.3a 标准提案中采用了这种脉冲成形技术。在典型的有载波修正余弦脉冲，中心频率为 3.35GHz，-10dB 带宽为 525MHz。

（3）Hermite 正交脉冲

Hermite 正交脉冲是一类最早被提出用于高速 UWB 通信系统的正交脉冲成形方法。结合多进制脉冲调制可以有效地提高系统传输速率。这类脉冲波形是由 Hermite 多项式导出的。这种脉冲成形方法的特点在于：能量集中于低频，各阶波形频谱相差大，需借助载波搬移频谱技术方可满足 FCC 要求。

（4）PSWF 正交脉冲

PSWF 正交脉冲是一类近似的"时限-带限"信号，在带限信号分析中有非常理想的效果。与 Hermite 脉冲相比，PSWF 脉冲可以直接根据目标频段和带宽要求进行设计，不需要复杂的载波调制进行频谱搬移。因此，PSWF 脉冲属于无载波成形技术，有利于简化收发信机的复杂度。

4. UWB 调制与多址技术

调制方式是指信号以何种方式承载信息，它不但决定通信系统的有效性和可靠性，而且也影响信号的频谱结构和接收机复杂度。对于多址技术解决多个用户共享信道的问题，合理的多址方案可以在减小用户间干扰的同时极大地提高多用户容量。在 UWB 系统中采用的调制方式可以分为两大类，即基于超宽带脉冲的调制和基于 OFDM（正交频分复用）的正交多载波调制。多址技术包括跳时多址、跳频多址、直扩码分多址及波分多址等。在系统设计中，可以对调制方式与多址方式进行合理的组合。

（1）UWB 调制技术

1）脉位调制。脉位调制（PPM）是一种利用脉冲位置承载数据信息的调制方式。按照采用的离散数据符号状态数可以分为二进制 PPM（2PPM）和多进制 PPM（MPPM）。在 PPM 这种调制方式中，在一个脉冲重复周期内脉冲可能出现的位置有两个或 M 个，脉冲位置与符号状态一一对应。根据相邻脉位之间距离与脉冲宽度之间的关系，又可分为部分重叠 PPM 和正交 PPM（OPPM）。在部分重叠的 PPM 中，为保证系统传输可靠性，通常选择相邻脉位互为脉冲自相关函数的负峰值点，从而使相邻符号的欧氏距离最大化。在 OPPM 中，通常以脉冲宽度为间隔确定脉位。接收机利用相关器在相应位置进行相干检测。鉴于 UWB 系统的复杂度和功率限制，实际应用中，常用的调制方式为 2PPM 或 2OPPM。PPM 的优点在于，它仅需根据数据符号控制脉冲位置，而不需要进行脉冲幅度和极性的控制，便于以较

低的复杂度实现调制与解调。因此，PPM 是早期 UWB 系统广泛采用的调制方式。但是，由于 PPM 信号为单极性，所以其辐射谱中往往存在幅度较高的离散谱线。如果不对这些谱线进行抑制，就很难满足 FCC 对辐射谱的要求。

2）脉幅调制。脉幅调制（PAM）是数字通信系统最为常用的调制方式之一。在 UWB 系统中，考虑到实现复杂度和功率有效性，不宜采用多进制 PAM（MPAM）。UWB 系统常用的 PAM 有两种方式，即开关键控（OOK）和二进制相移键控（BPSK）。前者可以采用非相干检测来降低接收机复杂度，而后者采用相干检测，可以更好地保证传输可靠性。与 2PPM 相比，在辐射功率相同的前提下，BPSK 可以获得更高的传输可靠性，且在辐射谱中没有离散谱线。

3）波形调制。波形调制（PWSK）是结合 Hermite 脉冲等多正交波形提出的调制方式。在这种调制方式中，采用 M 个相互正交的等能量脉冲波形携带数据信息，每个脉冲波形与一个 M 进制数据符号对应。在接收端，利用 M 个并行的相关器进行信号接收，利用最大似然检测法完成数据恢复。由于各种脉冲能量相等，因此可以在不增加辐射功率的情况下提高传输效率。在脉冲宽度相同的情况下，可以达到比 MPPM 更高的符号传输速率。在符号速率相同的情况下，其功率效率和可靠性高于 MPAM。由于这种调制方式需要较多的成形滤波器和相关器，其实现复杂度较高，所以在实际系统中较少使用，目前仅限于理论研究。

4）正交多载波调制。传统意义上的 UWB 系统均采用窄脉冲携带信息。FCC 对 UWB 的新定义拓展了 UWB 的技术手段。原理上讲，−10dB 带宽大于 500MHz 的任何信号形式均可称作 UWB。在 OFDM 系统中，数据符号被调制在并行的多个正交子载波上传输，数据调制/解调采用快速傅里叶变换/逆快速傅里叶变换（FFT/IFFT）实现。由于具有频谱利用率高、抗干扰能力强、便于 DSP（数字信号处理器）实现等优点，OFDM 技术已经广泛应用于数字音频广播（DAB）、数字视频广播（DVB）及 WLAN 等无线网络中，且被作为 B3G/4G 蜂窝网的主流技术。

（2）UWB 多址技术

1）跳时多址。跳时多址（THMA）是最早应用于 UWB 通信系统的多址技术，它可以方便地与 PPM 调制、BPSK 调制相结合，从而形成跳时-脉位调制（TH-PPM）、跳时-二进制相移键控系统方案。这种多址技术利用了 UWB 信号占空比极小的特点，将脉冲重复周期（T_f，又称为帧周期）划分成 N_h 个持续时间为 T_c 的互不重叠的码片时隙，每个用户利用一个独特的随机跳时序列在 N_h 个码片时隙中随机选择一个作为脉冲发射位置。在每个码片时隙内，可以采用 PPM 调制或 BPSK 调制。接收端利用与目标用户相同的跳时序列跟踪接收。

由于用户在跳时码之间具有良好的正交性，多用户脉冲之间不会发生冲突，所以避免了多用户干扰。将跳时技术与 PPM 结合可以有效地抑制 PPM 信号中的离散谱线，达到平滑信号频谱的作用。由于每个帧周期内可分的码片时隙数有限，当用户数很大时必然产生多用户干扰，所以如何选择跳时序列是非常重要的问题。

2）直扩-码分多址。直扩-码分多址（DS-CDMA）是 IS-95 和 3G 移动蜂窝系统中广泛采用的多址方式，这种多址方式同样可以应用于 UWB 系统。在这种多址方式中，每个用户使用一个专用的伪随机序列对数据信号进行扩频，用户扩频序列之间互相关很小，即使用户信号间发生冲突，解扩后互干扰也会很小。但由于用户扩频序列之间存在互相关，远近效应是限制其性能的重要因素，所以在 DS-CDMA 系统中需要进行功率控制。在 UWB 系统中，

DS-CDMA 通常与 BPSK 结合。

3）跳频多址。跳频多址（FHMA）是结合多个频分子信道使用的一种多址方式，每个用户利用专用的随机跳频码控制射频频率合成器，以一定的跳频图案周期性地在若干个子信道上传输数据，使数据调制在基带完成。若用户跳频码之间无冲突或冲突概率极小，则多用户信号之间在频域正交，可以很好地消除用户间干扰。原理上讲，子信道数量越多，则容纳的用户数量越大，但这是以牺牲设备复杂度和功耗为代价的。在 UWB 系统中，将 3.1～10.6GHz 频段分成若干个带宽大于 500MHz 的子信道，根据用户数量和设备复杂度要求，选择一定数量的子信道和跳频码来解决多址问题。FHMA 通常与多带脉冲调制或 OFDM 相结合，调制方式采用 BPSK 或正交移相键控（QPSK）。

4）PWDMA。PWDMA 是结合 Hermite 等正交多脉冲提出的一种波分多址方式。每个用户分别使用一种或几种特定的成形脉冲，调制方式可以是 BPSK、PPM 或 PWSK。由于用户使用的脉冲波形之间相互正交，所以在同步传输的情况下，即使多用户信号间相互冲突也不会产生互干扰。通常正交波形之间的异步互相关不为零，因此在异步通信的情况下用户间将产生互干扰。目前，PWDMA 仅限于理论研究，尚未进入实用阶段。

3.4　本章小结

数据通信系统的任务是，把数据源计算机所产生的数据迅速、可靠、准确地传输到数据宿（目的）计算机或专用外设。数据通信系统一般由以下几个部分组成，即数据终端设备、通信控制器、通信信道及信号变换器。数据在信道中的传输形式有基带传输、频带传输、宽带传输、数字数据传输。数据交换方式有电路交换、报文交换和分组交换。ATM 技术是以信元为信息传输、复接和交换的基本单位的传送方式。

移动通信是移动体之间的通信，或移动体与固定体之间的通信。移动通信系统由空间系统和地面系统两部分组成。地面系统由卫星移动无线电台和天线、关口站、基站组成。移动通信系统从 20 世纪 80 年代诞生以来，到 2020 年将大体经过 5 代的发展历程，除蜂窝电话系统外，宽带无线接入系统、毫米波 LAN、智能传输系统（ITS）和同温层平台（HAPS）系统都将投入使用。未来几代移动通信系统最明显的趋势是要求高数据速率、高机动性和无缝隙漫游。移动通信的种类繁多。按使用要求和工作场合不同可以分为集群移动通信、蜂窝移动通信、卫星移动通信和无绳电话。

蓝牙技术属于一种短距离、低成本的无线联接技术，是一种能够实现语音和数据无线传输的开放性方案，其传输速率最高为每秒 1Mbit/s，以时分方式进行全双工通信，通信距离为 10m 左右，配置功率放大器可以使通信距离进一步增加。采用的是跳频技术，能够抗信号衰落；采用快跳频和短分组技术，能够有效地减少同频干扰，提高通信的安全性；采用前向纠错编码技术，以便在远距离通信时减少随机噪声的干扰，运行于在全球范围开放的 2.4GHz ISM 波段上；采用 FM 调制方式，使设备变得更为简单可靠。

在 ZigBee 网络中，节点分为 3 种类型，即协调者、路由器和路由节点。ZigBee 的体系结构由物理层、介质接入控制子层、网络层、应用层等组成。每一层为其上层提供特定的服务，即由数据服务实体提供数据传输服务；管理实体提供所有的其他管理服务。每个服务实体通过相应的服务接入点（SAP）为其上层提供一个接口，每个服务接入点通过服务原语来完成所对应的功能。

超宽带技术 UWB 是一种无线载波通信技术，利用纳秒级的非正弦波窄脉冲传输数据，因此其所占的频谱范围很宽。UWB 可在非常宽的带宽上传输信号，美国 FCC 对 UWB 的规定是，在 3.1～10.6GHz 频段中占用 500MHz 以上的带宽。它在非常宽的频谱范围内采用低功率脉冲传送数据，而不会对常规窄带无线通信系统造成大的干扰，并可充分利用频谱资源。基于 UWB 技术而构建的高速率数据收发机有着广泛的用途。

3.5 习题

1. 简述数据通信系统的任务及组成部分。
2. 数据通信网有哪几种组网形式？
3. 什么是并行通信和串行通信方式？
4. 数据通信系统有哪些主要质量指标？
5. 数据在信道中的传输形式有哪几种？
6. 在数据通信网中，数据交换方式有哪几种？
7. 互联网的主要功能有哪些？
8. 简述移动通信的特点及工作方式。
9. GSM 移动电话由哪些部分组成？
10. CDMA 移动通信的主要特点是什么？
11. 什么是蓝牙技术？蓝牙技术有什么特点？
12. 简述蓝牙技术的系统结构及蓝牙系统的功能单元。
13. ZigBee 研究的内容和实现的关键技术是什么？
14. 简述 ZigBee 技术体系结构及 ZigBee 网络拓扑结构。
15. UWB 的技术有什么特点？
16. UWB 的调制技术有哪些？

第4章 应用技术

物联网的应用层主要完成数据的管理和数据的处理，并将这些数据与各行业应用的相结合。应用层包括物联网中间件、物联网应用两部分。应用层主要基于软件技术和计算机技术实现。应用层的关键技术主要是基于软件的各种数据处理技术，此外云计算技术作为海量数据的存储、分析平台，也将是物联网应用层的重要组成部分。

4.1 物联网中间件

物联网中间件是物联网软件的基础组成部分，是 RFID 运作的中枢。物联网中间件向上提供了不同的应用开发框架，同时屏蔽了异构网络和硬件平台的差异，有利于生成具有良好的可扩充性、易管理性、高可靠性和可移植性的物联网服务。

4.1.1 中间件的概述

1. 中间件的基本概念

在互联网普及之后的分布式异构环境中，通常存在多种硬件平台，在这些平台上又运行着各种各样的系统软件以及多种风格各异的操作界面。这些硬件平台还可能使用不同的网络协议和网络体系结构进行联接。为了解决分布异构的问题，人们提出了中间件（Middleware）的概念。中间件是位于平台和应用之间的具有标准程序接口和协议的通信服务。它们可以有符合接口和协议规范的多种实现来满足不同操作系统和硬件平台的需求。我们可以简单地用等式"中间件=平台+通信"来表示中间件，这也很好地将中间件与实用软件和支撑软件区分开来，同时也限定了只有分布式系统中的系统软件或者服务程序才可称为中间件。中间件有如下特点。

1）标准的协议和接口。

2）分布计算，提供网络、硬件和操作系统的透明性。

3）满足大量的应用需要。

4）能运行于多种硬件和操作系统平台上。

中间件的工作机制如下：应用程序需要从网络中的某地获取数据服务，而这些数据服务则可能处于任何可能的数据库中，且操作系统有不确定性。中间件则负责接收应用程序指令，完成在网络中的数据服务搜寻过程，查询完成后将结果传输回应用程序。

2. 中间件的分类

中间件将操作系统的复杂性屏蔽，使程序人员可以将注意力集中在业务方面来面对一个简单而统一的开发环境，从而减少了程序设计的复杂度。随着应用需求的不断增大，目前市场中涌现出了各具特色的中间件产品。鉴于中间件在系统中所起到的作用和采用的技术不同，可以把中间件大致分为以下几类。

（1）数据访问中间件（Data Access Middleware，DM）

数据访问中间件在系统中建立数据应用资源互操作模式，能够实现异构环境下的数据联接或者文件系统联接，方便了网络中的虚拟缓存提取、解压、格式转换。它是中间件中技术最成熟、应用最广的一种，比较典型的就是开放数据库互联（ODBC）。然而，在数据访问中间件处理模型中，中间件仅实现通信功能，而数据库才是信息存储的核心单元。由于 DM 需要大量的数据进行通信，而且当网络故障发生时，系统不能正常工作，所以这种方式虽然灵活，但是不适合高性能处理要求的场合。

（2）远程调用中间件（RPC）

远程调用中间件是通过发送命令到远程的应用程序，待完成远程处理后，将信息返回的中间件。它在 C/S（客户机/服务器）计算方面比数据访问中间件更进一步。由于 RPC 较好的灵活性，远程调用中间件相比数据访问中间件具有更广泛的应用，可被应用于更复杂的 C/S 计算环境中。但在一些大型的应用中，程序员需要考虑网络或者系统故障、处理缓冲、流量控制、并发操作以及同步等复杂问题，此时同步通信方式就不适合了。

（3）面向消息中间件（Message oriented Middleware，MoM）

面向消息中间件是指利用高效可靠的消息传递机制进行平台无关的数据交流，并给予数据通信进行分布式的集成。通过提供消息排队和消息传递模型，它可在分布式环境下扩展进程间的通信，并支持多通信协议、应用程序、语言、硬件和软件平台。目前比较流行的 MoM 产品有 Oracle 公司的 BEA MessageQ 和 IBM 公司的 MQSeries 等。

消息中间件常被用来屏蔽各种平台及协议之间的特性，实现应用程序之间的协同，能在不同平台之间进行通信，以实现分布式系统中可靠的、高效的、实时的跨平台数据传输。优点是，能在用户和服务器之间提供同步和异步的链接，并在任何时刻都可以将消息进行传送或者存储转发。它适用于需要在多个进程之间进行可靠数据传递的分布式环境，是中间件中唯一不可缺少的、销售量最大的中间件产品。

（4）面向对象中间件（Object-Oriented Middleware，OOM）

面向对象中间件提供一种通信机制，透明地在异构的分布式计算环境中传递对象请求，这些对象可以位于本地或者远程机器上，它是对象技术和分布式计算发展的产物。其中，CORBA 是功能最强大的面向对象中间件，它可以跨任意平台，但是体积庞大；DCOM 模型主要适合运行在 Windows 平台，已被人们广泛运用；JavaBean 简单灵活，适合作为浏览器使用，但是运行效果差。

（5）事务处理中间件（TPM）

事务处理中间件是针对复杂环境下分布式应用的速度和可靠性要求而实现的，是在分布、异构环境下提供保证交易完整性和数据完整性的一种环境平台。程序员可以使用它提供的应用程序编程接口（API）来编写高速可靠的分布式应用程序和基于事务处理的应用程序。

（6）网络中间件

网络中间件是当前研究的热点，它包括网管、网络测试、虚拟缓冲及虚拟社区等。

（7）终端仿真——屏幕转换中间件

它实现了客户机图形用户接口与已有字符接口方式的服务器应用程序之间的互操作。

4.1.2 RFID 中间件定义

1. RFID 中间件的基本定义

射频识别（Radio Frequency Identification，RFID）中间件是系统获取信息、处理信息和传递信息的核心部分，是联接读写器和企业应用程序的纽带，在物联网初期提出时被称作是一种分布式网络软件（Savant）。它主要对标签数据进行过滤、分组、计数、转发，以提高发往信息网络系统的数据质量，防止误读、漏读、多读信息。中间件的核心组成是事件管理器和信息服务器。事件管理器负责采集、过滤读写器收集的 EPC（产品电子代码）相关信息，并转发给其他应用。信息服务器提供事件管理器与企业信息系统之间的集成，存储事件服务器提交的数据信息，提供访问接口。RFID 中间件原理框图如图 4-1 所示。

RFID 中间件技术拓展了基础中间件核心设施和特性，将企业级中间件技术延伸到了 RFID 领域，是 RFID 产业链的关键技术。RFID 中间件屏蔽了 RFID 设备的多样性和复杂性，能够为后台业务系统提供强大的支撑，从而驱动更广泛、更丰富的 RFID 应用。RFID 中间件技术重点研究的内容包括并发访问技术、目录服务技术和定位技术、数据和设备监控技术、远程数据访问、安全和集成技术、进程和会话管理技术等。

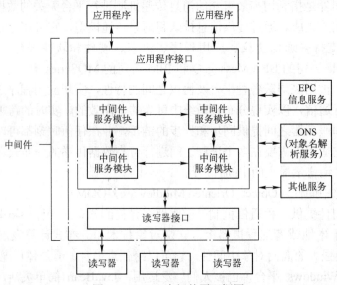

图 4-1　RFID 中间件原理框图

2. RFID 中间件的功能特点

RFID 中间件在实际应用中应当主要起到数据的处理、传递和阅读器的管理等功能。通过对 RFID 系统的分析，可知 RFID 中间件具备如下几项功能。

1）数据的读出和写入。RFID 中间件应提供统一的 API，完成数据的读出和写入工作。中间件应提供对不同厂家、不同协议的读写设备的支持，实现应用对设备的透明操作。

2）数据的过滤和聚合。阅读器不断从标签读取大量未经处理的数据，一般来说，应用系统并不需要大量重复的数据，因此数据必须经过去重和过滤。

3）RFID 数据的分发。RFID 设备读取的数据并不一定只由某一应用程序使用，每个应用系统可能需要数据的不同聚合，中间件应能够将数据整理后发送到相关的应用系统。数据分发还应支持分发时间的定制。

4）数据安全。因为电子标签上存储着商品信息，所以 RFID 中间件应考虑到保护商业信息的必要性，依法安全地进行数据收集和处理。

3．RFID 中间件的发展过程

RFID 中间件在发展过程中经历了应用程序中间件、架构中间件和解决方案这 3 个发展阶段。

（1）应用程序中间件发展阶段

RFID 初期的发展多以整合、串接 RFID 阅读器为目的。本阶段多为 RFID 阅读器厂商主动提供简单的 API，以供企业将后端系统与 RFID 阅读器串接。从整体发展架构来看，此时，企业的导入需自行花费许多成本去处理前后端系统联接的问题，通常企业在本阶段会用 Pilot Project（样板工程或样板设计）方式来评估成本效益与导入的关键议题。

（2）架构中间件发展阶段

本阶段是 RFID 中间件成长的关键阶段。由于 RFID 的强大应用，沃尔玛公司与美国国防部等关键使用者相继进行 RFID 技术的规划，并进行导入的 Pilot Project，促使国际各大厂持续关注 RFID 相关市场的发展。本阶段 RFID 中间件的发展不但已经具备了基本数据搜集、过滤等功能，而且也满足了企业多对多（Devices to Applications）的连续需求，并具备了平台的管理与维护功能。

（3）解决方案中间件发展阶段

未来，在 RFID 标签、阅读器与中间件发展成熟的过程中，各厂商将针对不同领域提出各项创新应用解决方案。

4.1.3 典型的 RFID 中间件模型

（1）程序逻辑功能层

中间件在 RFID 系统中扮演着与现有流程数据整合以及处理 RFID 数据的重要角色。根据各部分程序代码的不同职责，程序逻辑划分为以下几个功能层。

1）逻辑表示层。逻辑表示层指示用户如何与应用程序进行交互以及信息如何表示。

2）业务逻辑层。业务逻辑层装载应用程序的核心，即用来控制内嵌在应用程序中的业务处理（或其他功能）的规则。

3）数据访问功能。数据访问功能控制与程序使用的数据源（一般是数据库）的联接，并从这些数据源中取得数据提供给业务逻辑层。

（2）应用程序接口各模块功能

应用程序接口由以下 3 个不同层次构成，应用程序接口层次结构图如图 4-2 所示。

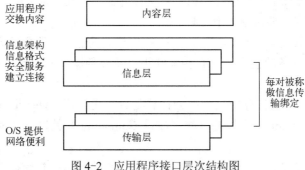

图 4-2　应用程序接口层次结构图

1）内容层。内容层详细地说明了中间件和应用程序之间抽象的交换内容，是应用程序接口的核心部分，定义能够完成何种请求的操作。

2）信息层。信息层说明了内容层中被定义的抽象内容是如何通过一种特殊的网络传输编译传输的。安全服务也在这一层被给定。信息层详细阐述了一个基本的网络联接是如何被建立的。任何初始化信息都需要建立同步或者初始化安全服务，以及一些类似于通过每一条信息被执行的编译码的运行。

3）传输层。传输层与操作系统规定的网络工作设备息息相关。RFID 中间件规定了信息层多重选择的执行。每种执行都被称为信息/传输绑定（MTB），不同的 MTB 提供了不同种类的传输，例如 TCP/IP 协议、蓝牙以及不同种类的通信协议，又如 SOAP、XML、MQseries。不同的 MTB 提供不同种类的安全服务。多种标准的 MTB 都有其各自的定义，其他没被定义的可能会逐步更新。不管使用何种 MTB，中间件的执行都允许通过应用程序接口建立多重的、同步的独立联接。处理模块有一致动作的准备以及随时实现一些关闭操作或其他操作，以确保同时联接的操作正确。

4.2 云计算

云计算是一种全新的服务模式，将传统的以桌面为核心的任务处理转变为以网络为核心的任务处理，利用互联网实现自己想完成的一切处理任务，使网络成为传递服务、计算力和信息的综合媒介，真正实现按需计算、网络协作。亚马逊、微软、惠普、雅虎、英特尔及 IBM 等公司先后宣布了自己的"云计划"，云安全、云存储、内部云、外部云、公共云及私有云……，一堆让人眼花缭乱的概念在不断冲击人们的神经。那么到底什么是云计算技术呢？

4.2.1 云计算的概念

计算机的应用模式大体经历了以大型机为主体的集中式结构（数据中心 1.0）、以 PC 为主体的客户机/服务器分布式计算结构（数据中心 2.0）、以虚拟化技术为核心的面向服务的体系结构（SOA）及基于 Web2.0 应用特征的新型结构（数据中心 3.0）。计算机的应用模式、技术结构及实现特征的演变是云计算发展的时代背景。

云计算（Cloud Computing）是由分布式计算（Distributed Computing）、并行处理（Parallel Computing）、网格计算（Grid Computing）发展来的，是一种新兴的商业计算模型。目前，对于云计算的认识在不断的发展变化，云计算仍没有普遍一致的定义。

当前云计算的定义主要包括如下几种。

1）维基百科给云计算下的定义。云计算将 IT 相关的能力以服务的方式提供给用户，允许用户在不了解提供服务的技术、没有相关知识以及设备操作能力的情况下，通过 Internet 获取需要的服务。

2）中国云计算网将云计算定义为：云计算是分布式计算（Distributed Computing）、并行计算（Parallel Computing）和网格计算（Grid Computing）的发展，或者说是这些科学概念的商业实现。

狭义的云计算指的是，厂商通过分布式计算和虚拟化技术搭建数据中心或超级计算机，以免费或按需租用方式向技术开发者或者企业用户提供数据存储、分析以及科学计算等服务，比如亚马逊数据仓库出租生意。

广义的云计算指的是，厂商通过建立网络服务器集群，向各种不同类型用户提供在线软件服务、硬件租借、数据存储及计算分析等不同类型的服务。广义的云计算包括了更多的厂商和服务类型，例如国内用友、金蝶等管理软件厂商推出的在线财务软件等。

云计算包含互联网上的应用服务及在数据中心提供这些服务的软硬件设施。互联网上的应用服务一直被称为软件即服务（Software as a Service，SaaS），所以我们使用这个术语。而数据中心的软硬件设施就是我们称为的云（Cloud）。

云计算的基本原理是：利用非本地或远程的分布式或集群计算机为互联网用户提供服务（计算、存储、软硬件等服务）。云计算可以把普通的服务器或者 PC 联接起来以获得超级计算机的计算和存储功能。云计算的出现使高性能并行计算不再是科学家和专业人士的专利，普通的用户也可以通过云计算获得并行计算、分布式计算带来的便利。用户不需要知道服务器在哪里，不用关心内部如何运作，通过高速互联网就可以透明使用各种资源。通过这项技术，网络服务提供者可以在数秒之内处理数以千万计甚至亿计的信息，达到和"超级计算机"同样强大效能的网络服务。

4.2.2　云计算的架构

云计算抽象了计算与存储资源并动态的分配给需要使用的用户，它是一个高伸缩性、高可靠性、底层透明、安全的底层架构并具有友好的监控与维护接口。图 4-3 显示的云计算系统的体系架构。

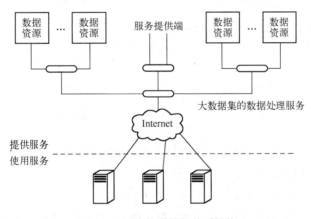

图 4-3　云计算系统的体系架构

我们可以从图中看出云计算系统的体系结构的一些特点，云端的设备众多，规模很大。另外，云计算还采用虚拟化技术，接收任意设备，任意地点的接入，并提供定制的服务。体系结构中包含几个组成部分。

1）用户：提交服务请求。

2）资源分配块：充当用户与云端接口。

3）虚拟机：在一个物理设备上可以存在多个虚拟机来满足用户需求。

4）物理设备：由许多服务器和存储设备和连接它们的路由器组成。

4.2.3 云计算的关键技术

云计算是一种以数据为中心的新型计算方式，在数据存储、数据管理及编程模式等多方面具有自身独特的技术，同时还涉及了众多其他技术。

（1）编程模型

云计算中的编程模型对编程人员来说非常重要，为了能让用户轻松的使用云计算带来的服务和利用编程模型可以轻松的编写可以并发执行的程序。云计算系统的编程模型应尽量简单，而且保证后台复杂的并发执行和任务调度对编程人员透明。

目前云计算大都是采用 Map-Reduce 编程模型，大部分 IT 厂商云计划中采用的都是采用 Map-Reduce 思想开发的编程工具。它是针对云计算的大数据量并行计算所设计的编程模型。而且它比较简单，不需要多少并行计算开发经验的编程人员也可以开发应用。Map-Reduce 模型包含两个阶段：Map 阶段，该阶段指定对各个分块数据的处理过程；Reduce 阶段，该阶段指定对各分块数据处理的中间结果进行归约。图 4-4 表示了 Map-Reduce 的具体执行过程。

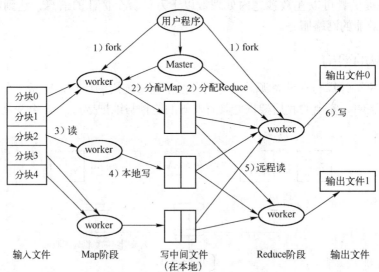

图 4-4 Map-Reduce 具体执行过程

由图可以看出，Map-Reduce 分为 5 个步骤：

1）输入文件。输入文件都分割成某个大小的分片。

2）Map 阶段。在所有进程中有一个称为 Master 的主控进程，将分片文件分配到多个 worker 并行的执行。

3）写中间文件（本地写）。Worker 通过 Map 操作处理后将中间结果缓存到本地硬盘中。

4）Reduce 阶段。Master 通知 Reduce 工作节点存放中间结果的位置，Reduce 工作节点通过远程读操作从 Map 工作节点所在硬盘上读取中间数据。它将中间结果排序，通过 Reduce 函数进行归约操作。

5）输出文件。当所有的 Map 和 Reduce 操作都完成后，则输出最终结果。

（2）数据存储技术

云计算采用了分布式存储的方式来存储数据，同时也保证了数据的高可用性、高伸缩性。通过采用冗余存储的方式来保证数据的可靠性，即同一份数据会在多个节点保存副本。另外，为了保证大量用户并行的使用云计算服务，同时满足大量的用户需求，云计算中的存储技术必须具有高吞吐率和高传输率的特点。Hadoop 开发的 GFS 的开源实现 HDFS（Hadoop Distributed File System）是云计算的主要数据存储技术。包括 IBM、雅虎的"云"计划都是采用的 HDFS 的数据存储技术。下面我们以 HDFS 为例来讲解云计算的数据存储技术。

HDFS 是采用的主/从架构，HDFS 架构如图 4-5 所示。一个 HDFS 集群由一个主服务器和一定数目的块服务器组成。主服务器管理文件系统的块服务器和客户端对文件的访问。块服务器在集群中一般是一个节点一个，负责管理节点上附带的存储。在块服务器内部，一个文件被分成多个块。块服务器在主服务器的指挥下进行块的创建、删除和复制。典型的部署方式是一台机器运行一个单独的主服务器点，而其他机器各运行一个块服务器实例。

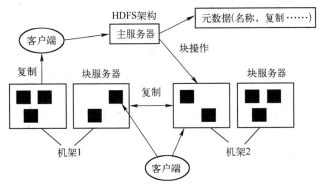

图 4-5　HDFS 架构

HDFS 架构是 Hadoop 云计算系统分布式计算的存储基础。因为云计算系统要求有成百上千个服务器来分别存储文件系统的某部分数据，这个集群是非常庞大的。所以服务器出错的概率是很大的。HDFS 采用的存储文件副本的方式来保证可靠性。一个文件被切分成多个块，块大小一般都是固定的，服务器给每个块分配一个 64 位全球唯一句柄对它进行标识，以后将通过块句柄和字节偏移来读取该块的数据。在默认情况下，块会保存 3 个备份，复制到不同的块服务器中保存。主服务器则将保存名称空间，块的控制信息，文件中块的信息，以及各个块所在的位置。因此主服务器将决定块复制相关的所有操作。另外，主服务器还会周期的收集整个集群中每个块服务器的心跳回应和对应的一个块报告。收到块的心跳回应表示当前块服务器在正常工作，块报告则是记录当前块服务器的所有块信息的一个列表。

HDFS 已经具备分布式存储系统的一些基本特点，如集群的命名空间，文件的分块存储。另外 HDFS 也具有数据一致性的特质，适合一次写入多次读取的模型。由于云计算的特点是支持超大规模数据的计算，如果在大文件中进行随机读写则会造成极大的读写开销，根本无法满足用户的需求，所以在 HDFS 系统中一个文件被创建，写入了就不应该被修改，以保证高数据访问吞吐量。

（3）数据管理技术

云计算系统是针对超大数据量进行处理、分析，从而为用户提供高效的服务。因此，系统中的数据管理技术必须能够高效的管理这些大数据集，并且能够在这些超大规模数据中查询特定的数据，也是数据管理技术所必须解决的问题。

根据 HDFS 结构，我们知道云计算系统的读操作频率远远大于数据的更新频率，所以云系统中的数据管理技术也是一种主要针对读优化的数据管理技术。为提高读取速度，云计算系统的数据管理技术采用的是一种基于列存储的模型，将数据表按列划分后存储。

（4）虚拟化技术

云计算平台利用软件来实现硬件资源的虚拟化管理、调度以及应用。虚拟化是对计算资源进行抽象的一个广义概念。虚拟化对上层应用或用户隐藏了计算资源的底层属性。它既包括把单个的资源（比如一个服务器，一个操作系统，一个应用程序，一个存储设备）划分成多个虚拟资源，也包括将多个资源（比如存储设备或服务器）整合成一个虚拟资源。虚拟化技术是指实现虚拟化的具体的技术性手段和方法的集合性概念。在云计算中利用虚拟化技术可以大大降低维护成本和提高资源的利用率。简单来说，云计算中的服务器虚拟化使得在单一物理服务器上可以运行多个虚拟服务器。

（5）云计算平台管理技术

云计算资源规模庞大，服务器数量众多，并分布在不同的地点，同时运行着数百种应用程序，如何有效地管理这些服务器以保证整个系统提供不间断的服务，是巨大的挑战。

云计算系统的平台管理技术能够使大量的服务器协同工作，方便地进行业务部署和开通，快速发现和修复系统故障，通过自动化、智能化的手段实现大规模系统的可靠运营。

4.2.4　典型云计算平台介绍

云计算技术范围很广，目前各大 IT 企业提供的云计算服务主要是根据自身的特点和优势实现的。下面以微软、IBM、Amazon 公司的云计算平台为例进行介绍。

（1）微软的云计算平台

2008 年 10 月，微软推出了名为 "Azure Services Platform" 的云计算平台。如图 4-6 所示，微软的 Azure Services Platform 由两个层次组成。

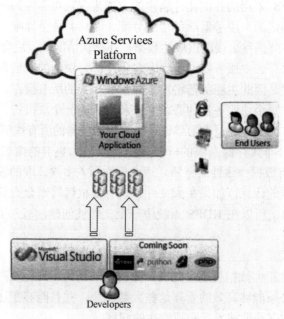

图 4-6　微软的云计算平台

底层是 Windows Azure，Windows Azure 的主要目标是为开发者提供一个平台，帮助开发可运行在云服务器、数据中心、Web 和 PC 上的应用程序。上层 Azure Services Platform 包括了以下主要组件：Windows Azure；Microsoft SQL 数据库服务，Microsoft.Net 服务；用于分享、存储和同步文件的 Live 服务；针对商业应用的 Microsoft share Point 和 Microsoft Dynamics CRM 服务。

（2）IBM 公司的"蓝云"计算平台

2007 年，IBM 在中国上海推出了"蓝云（Blue Cloud）"计划。IBM 发布的"蓝云"计划能够帮助用户进行云计算环境的搭建。对企业现有的基础架构进行整合，通过虚拟化技术和自动化技术，构建企业自己拥有的云计算中心，实现企业硬件资源和软件资源的统一管理、统一分配、统一部署、统一监控和统一备份，打破应用对资源的独占，从而帮助企业实现云计算理念。

IBM 公司的"蓝云"计算平台是一套软、硬件平台，将 Internet 上使用的技术扩展到企业平台上，使得数据中心使用类似于互联网的计算环境。"蓝云"大量使用了 IBM 公司先进的大规模计算技术，结合了 IBM 公司自身的软、硬件系统以及服务技术，支持开放标准与开放源代码软件。

"蓝云"基于 IBM Almaden 研究中心的云基础架构，采用了 Xen 和 PowerVM 虚拟化软件、Linux 操作系统映像以及 Hadoop 软件。IBM 公司已经正式推出了基于 X86 芯片服务器系统的"蓝云"产品。图 4-7 所示为 IBM "蓝云"的架构。

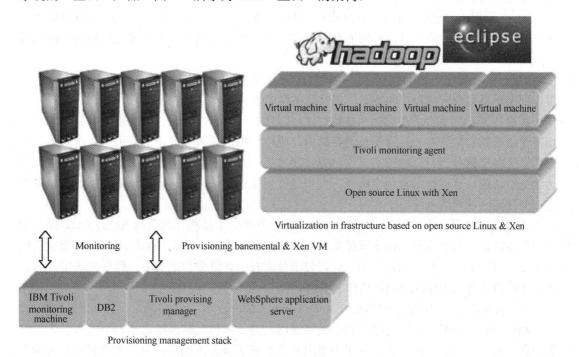

图 4-7　IBM "蓝云"的架构

由图 4-7 可知，"蓝云"计算平台由一个数据中心、IBM Tivoli 部署管理软件（Tivoli Provisioning Manager）、IBM Tivoli 监控软件（IBM Tivoli Monitoring）、IBM WebSphere 应用

服务器、IBM DB2 数据库以及一些开源信息处理软件和开源虚拟化软件共同组成。"蓝云"的硬件平台环境与一般的 X86 服务器集群类似，使用刀片的方式增加了计算密度。"蓝云"软件平台的特点主要体现在虚拟机以及对于大规模数据处理软件 Apache Hadoop 的使用上。

"蓝云"平台的一个重要特点是虚拟化技术的使用。虚拟化的方式在"蓝云"中有两个级别，一个是在硬件级别上实现虚拟化，另一个是通过开源软件实现虚拟化。硬件级别的虚拟化可以使用 IBM P 系列的服务器，获得硬件的逻辑分区 LPAR（Logic Partition）。逻辑分区的 CPU 资源能够通过 IBM Enterprise Workload Manager（IBM 企业级负载管理工具）来管理。通过这样的方式加上在实际使用过程中的资源分配策略，能够使相应的资源合理地分配到各个逻辑分区。P 系列系统的逻辑分区最小粒度是 1/10 颗 CPU。Xen 则是软件级别上的虚拟化，能够在 Linux 操作系统的基础上运行另外一个操作系统。

虚拟机是一类特殊的软件，能够完全模拟硬件的执行，运行不经修改的完整的操作系统，保留一整套运行环境语义。通过虚拟机的方式，在云计算平台上获得如下一些优点。

1）云计算的管理平台能够动态地将计算平台定位到所需要的物理节点上，而无需停止运行在虚拟机平台上的应用程序，进程迁移方法更加灵活。

2）降低集群电能消耗，将多个负载不是很重的虚拟机计算节点合并到同一个物理节点上，从而能够关闭空闲的物理节点，达到节约电能的目的。

3）通过虚拟机在不同物理节点上的动态迁移，迁移了整体的虚拟运行环境，能够获得与应用无关的负载平衡性能。

4）在部署上也更加灵活，即可以将虚拟机直接部署到物理计算平台上，而虚拟机本身就包括了相应的操作系统以及相应的应用软件，直接将大量的虚拟机映像复制到对应的物理节点即可。

"蓝云"计算平台中的存储体系结构对于云计算来说是非常重要的，无论是操作系统、服务程序还是用户应用程序的数据，都保存在存储体系中。

在设计云计算平台的存储体系结构时，可以通过组合多个磁盘以获得很大的磁盘容量。相对于磁盘的容量，在云计算平台的存储中，磁盘数据的读写速度是一个更重要的问题，因此需要对多个磁盘进行同时读写。这种方式要求将数据分配到多个节点的多个磁盘当中。为达到这一目的，存储技术有两个选择，一个是使用集群文件系统，另一个是使用基于块设备方式的存储区域网络系统。

在蓝云计算平台上，SAN 系统与分布式文件系统并不是相互对立的系统，SAN 提供的是块设备接口，需要在此基础上构建文件系统，才能被上层应用程序所使用。两者都能提供可靠性、可扩展性。至于如何使用，还需要由建立在云计算平台上的应用程序来决定，这也体现了计算平台与上层应用相互协作的关系。

（3）Amazon 公司的弹性计算云

Amazon 公司是互联网上最大的在线零售商，为了应付交易高峰，不得不购买了大量的服务器。而在大多数时间，大部分服务器闲置，造成了很大的浪费。为了合理利用空闲服务器，Amazon 公司建立了自己的云计算平台——弹性计算云（Elastic Compute Cloud，EC2），并且是第一家将基础设施作为服务出售的公司。

Amazon 公司将自己的弹性计算云建立在公司内部的大规模集群计算的平台上，而用户可以通过弹性计算云的网络界面去操作在云计算平台上运行的各个实例（instance）。用户使用实例的付费方式由用户的使用状况决定，即用户只需为自己所使用的计算平台实例付费，运行结束后计费也随之结束。这里所说的实例即是由用户控制的完整的虚拟机运行的实例。通过这种方式，用户不必自己去建立云计算平台，从而节省了设备与维护费用。

图 4-8 所示为 EC2 系统的使用模式。从图 4-8 中可以看出，弹性计算云用户使用客户端通过简单访问对象协议（SOAP）关于（over）以安全为目标的 HTPP 通道（HTTPS）协议与 Amazon 弹性计算云内部的实例进行交互操作。这样，弹性计算云平台就为用户或者开发人员提供了一个虚拟的集群环境，在用户具有充分灵活性的同时，也减轻了云计算平台拥有者（Amazon 公司）的管理负担。弹性计算云中的每一个实例代表一个运行中的虚拟机。用户对自己的虚拟机具有完整的访问权限，包括针对此虚拟机操作系统的管理员权限。虚拟机的收费也是根据虚拟机的能力进行费用计算的，实际上，用户租用的是虚拟的计算能力。

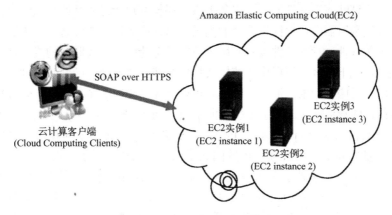

图 4-8　EC2 系统的使用模式

总而言之，Amazon 公司通过提供弹性计算云，满足了小规模软件开发人员对集群系统的需求，减小了自己的维护负担。其收费方式相对简单明了，即用户使用多少资源，为使用的那部分资源付费即可。

为了弹性计算云的进一步发展，Amazon 公司规划了如何在云计算平台基础上帮助用户开发网络化的应用程序。除了网络零售业务以外，云计算也是 Amazon 公司的核心价值所在。Amazon 公司将来会在弹性计算云的平台基础上添加更多的网络服务组件模块，为用户构建云计算应用提供方便。

（4）百度的框计算

2009 年 8 月 18 日，主题为"从你开始，创新世界"的百度技术创新大会上，百度发布了"框计算（BoxComputing）"平台的理念和构想，如图 4-9 所示。框计算为用户提供基于互联网的一站式服务，是一种简单的互联网需求交互模式。你往框里输入你想要什么，框就会自动识别你的需求，然后在互联网可选范围内自动匹配满足你相关需求的最佳应用和服务。

综上所述，各个公司根据自己公司的特点定义自己

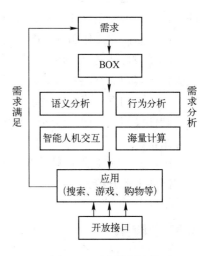

图 4-9　百度的框计算

的云计算，因此，他们的云计算有不同的特点。目前，云计算还没有统一的标准，各个公司的云计算平台的具体技术架构也尚未公开。

4.2.5　云计算主要服务形式

目前云计算还处于萌芽阶段，有庞杂的各类厂商在开发不同的云计算服务。云计算的表现形式多种多样，简单的云计算在人们日常网络应用中随处可见。目前，云计算的主要服务模式有软件即服务（Software as a Service，SaaS）、平台即服务（Platform as a Service，PaaS）及基础设施服务（Infrastructure as a Service，IaaS）。

（1）软件即服务（SaaS）

软件即服务（SaaS）模式提供商将应用软件统一部署在自己的服务器上，用户根据需求通过互联网向厂商订购应用软件服务，服务提供商根据客户所定软件的数量、时间的长短等因素收费，并且通过浏览器向客户提供软件的模式。这种服务模式的优势是，由服务提供商维护和管理软件、提供软件运行的硬件设施，用户只需拥有能够接入互联网的终端，即可随时随地使用软件。这种模式下，客户不再像传统模式那样花费大量资金在硬件、软件、维护人员，只需要支出一定的租赁服务费用，通过互联网就可以享受到相应的硬件、软件和维护服务，这是网络应用最具效益的营运模式。对于小型企业来说，SaaS 是采用先进技术的最好途径。

以企业管理软件来说，SaaS 模式的云计算 ERP 可以让客户根据并发用户数量、所用功能多少、数据存储容量、使用时间长短等因素不同组合按需支付服务费用，既不用支付软件许可费用，也不需要支付采购服务器等硬件设备费用，也不需要支付购买操作系统、数据库等平台软件费用，也不用承担软件项目定制、开发、实施费用，也不需要承担 IT 维护部门开支费用，实际上云计算 ERP 正是继承了开源 ERP 免许可费用只收服务费用的最重要特征，是突出了服务的 ERP 产品。目前，Salesforce.com 是提供这类服务最有名的公司。

（2）平台即服务（PaaS）

平台即服务（PaaS）把开发环境作为一种服务来提供。这是一种分布式平台服务，厂商提供开发环境、服务器平台、硬件资源等服务给客户，用户在其平台基础上定制开发自己的应用程序并通过其服务器和互联网传递给其他客户。PaaS 能够给企业或个人提供研发的中间件平台，提供应用程序开发、数据库、应用服务器、试验、托管及应用服务。

（3）基础设施服务（IaaS）

基础设施服务（IaaS）即把厂商的由多台服务器组成的"云端"基础设施，作为计量服务提供给客户。它将内存、I/O 设备、存储和计算能力整合成一个虚拟的资源池为整个业界提供所需要的存储资源和虚拟化服务器等服务。这是一种托管型硬件方式，用户付费使用厂商的硬件设施。例如 Amazon Web 服务（AWS），IBM 的 BlueCloud 等均是将基础设施作为服务出租。

IaaS 的优点是用户只需低成本硬件，按需租用相应计算能力和存储能力，大大降低了用户在硬件上的开销。

4.3　M2M

物联网其中核心的一部分是 M2M。M2M 实际上是 Machine to Machine，就是让机器与机器之间实现互联互通，当前各种设备都是孤立的，不具备联网和通信功能，我们就要把这些设备里嵌入通信模块，将设备中的采集数据和运营状况通过系统传递到后台，这样的话，就能够实现人们对设备的运营管理和监控。据统计，机器的数量是人类数量的 4～6 倍，下一个一级的通信领域就是 M2M。

4.3.1 M2M 概述

M2M 是一种理念，也是所有增强机器设备通信和网络能力的技术的总称。在人与人之间的很多沟通也是通过机器实现的，例如通过手机、电话、计算机及传真机等机器设备之间的通信来实现人与人之间的沟通。另外一类技术是专为机器和机器建立通信而设计的，如许多智能化仪器仪表都带有 RS-232 接口和通用接口总成（GPIB）通信接口，增强了仪器与仪器之间，仪器与计算机之间的通信能力。目前，绝大多数的机器和传感器不具备本地或者远程通信和联网能力。

1．M2M 的定义

M2M 的定义可以分为广义和狭义两种。广义上包括 Machine to Machine、Man to Machine 以及 Machine to Man。总之，是人与各种远程设备之间的无线数据通信。狭义上的 M2M 是 Machine to Machine 的简称，指一方或双方是机器，且机器通过程序控制，能自动完成整个通信过程的通信形式。

2．M2M 的特征

从全球各大运营商发展与应用来看，M2M 有以下几个特征。

（1）M2M 仍处于起步阶段

全球 M2M 虽已有一定的发展，但从整体发展来看，目前仍处于导入期的后期，商业模式处于摸索阶段，产业关注的焦点是行业市场的开拓，在 M2M 推进中传统运营商占据主导地位，是主要推动者。

（2）应用范围

根据 Berg Insight 的报告，至 2008 年 Verizon Wireless 公司已发展超过 630 万用户，美国 AT&T 公司已发展 120 万，法国电信超过 10 万，日本电信服务商 KDDI 已发展 80 万，DoCoMo（日本最大的移动运营商）已发展超过 150 万的 M2M 的 SIM 卡。

（3）主要业务

车辆信息通信和自动抄表是主要业务。M2M 在美洲地区最主要的应用是汽车信息通信、远程自动抄表。欧洲 M2M 市场比较成熟，尤其是西欧市场，已经实现了安全监测、机械服务、汽车信息通信终端及自动售货机等领域的应用，特别在车辆信息通信领域，欧盟制定并推广了 ECall 计划，旨在降低车辆事故数量和加快事故反应时间。日本和韩国的 M2M 市场发展较快，日本实行 U-Japan 和 I-Japan 的泛在网络战略，重点发展汽车信息通信系统以及智能家居。中国 M2M 的主要应用集中于车辆信息服务与电力远程抄表，并已开始带动其他行业的应用。

（4）商业模式集中

M2M 商业模式基本集中在 4 种方式，即通道型、合作型、自营型及定制型。通道型只是单纯的网络联接服务；合作型是运营商在一些应用领域挑选系统集成商的合作伙伴，由系统集成商开发业务和售后服务，而电信运营商负责检验业务在网络上的运行情况，并且代表系统集成商进行业务推广以及计费收费；自营型是指运营商自行开发业务、直接提供给用户的方式；定制型是指运营商根据用户的具体需求而特殊制定 M2M 业务。

4.3.2 M2M 系统架构

M2M 系统结构图如图 4-10 所示。

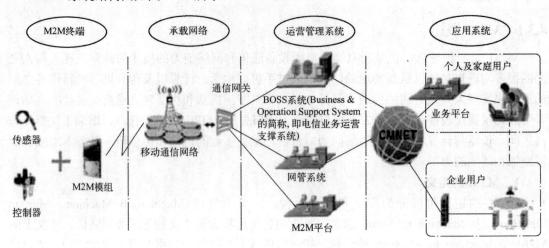

图 4-10　M2M 系统结构图

M2M 体系主要包括 M2M 终端、承载网络、运营系统和应用系统 4 个部分。其中 M2M 管理平台属于运营管理系统，是实现 M2M 业务管理和运营管理的核心网元，主要功能包括以下几个方面。

（1）终端接入

联接通信网关和 GGSN 等网元，M2M 终端可以采用 SMS/USSD/MMS/GPRS 等通信方式，与管理平台进行信息交互。

（2）应用接入

平台向集团用户应用系统提供统一接入接口，实现用户应用系统的接入、认证鉴权、监控和联接管理等功能。

（3）终端管理

实现 M2M 终端的接入、认证鉴权、远程监控、远程告警、远程故障诊断、远程软件升级、远程配置、远程控制及终端接口版本差异管理的功能。

（4）业务处理

根据 M2M 终端或者应用发出的请求消息的命令，执行对应的逻辑处理，实现 M2M 终端管理和控制的业务逻辑。M2M 管理平台能够对业务消息请求进行解析、鉴权、协议转换、路由和转发，并提供流量控制功能。

（5）业务运营支撑

提供业务开通、计费、网管、业务统计分析和管理门户等功能。

4.3.3 M2M 支撑技术

M2M 涉及 5 个重要的技术部分，即智能化机器、M2M 硬件、通信网络、中间件及应用。

1．智能化机器

实现 M2M 的第一步就是从机器/设备中获得数据，然后把它们通过网络发送出去。使机器"开口说话"（Talk），让机器具备信息感知、信息加工（计算能力）、无线通信的能力。使机器具备"说话"能力的基本方法有两种：在生产设备的时候嵌入 M2M 硬件；对已有机器进行改装，使其具备通信/联网能力。

2．M2M 硬件

M2M 硬件是使机器获得远程通信和联网能力的部件。主要进行信息的提取，从各种机器/设备那里获取数据，并传送到通信网络。目前的 M2M 硬件共分为 5 种类型。

（1）嵌入式硬件

嵌入到机器里面，使其具备网络通信能力。常见的产品是支持 GSM/GPRS 或 CDMA 无线移动通信网络的无线嵌入数据模块。

（2）可组装硬件

在 M2M 的工业应用中，厂商拥有大量不具备 M2M 通信和联网能力的设备仪器，可改装硬件就是为满足这些机器的网络通信能力而设计的。实现形式也各不相同，包括从传感器收集数据的 I/O 设备（I/O Devices），完成协议转换功能，将数据发送到通信网络的联接终端（Connectivity Terminals）。有些 M2M 硬件还具备回控功能。

（3）调制解调器（Modem）

在嵌入式模块将数据传送到移动通信网络上时，起的就是调制解调器的作用。如果要将数据通过公用电话网络或者以太网送出，就分别需要相应的 Modem。

（4）传感器

传感器可分成普通传感器和智能传感器两种。智能传感器（Smart Sensor）是指具有感知能力、计算能力和通信能力的微型传感器。由智能传感器组成的传感器网络（Sensor Network）是 M2M 技术的重要组成部分。一组具备通信能力的智能传感器以 Ad Hoc（点对点模式）方式构成无线网络，协作感知、采集和处理网络覆盖的地理区域中感知对象的信息，并发布给观察者；也可以通过 GSM 网络或卫星通信网络将信息传给远方的 IT 系统。

（5）识别标识（Location Tags）

识别标识如同每台机器、每个商品的"身份证"，使机器之间可以相互识别和区分。常用的技术如条形码技术、射频识别卡技术等。标识技术已经被广泛用于商业库存和供应链管理。

3．通信网络

网络技术已经彻底改变了人们的生活方式和生存面貌，使人们生活在一个网络社会中。今天，M2M 技术的出现，使得网络社会的内涵有了新的内容。网络社会的成员除了原有人、计算机、IT 设备之外，还有数以亿计的非 IT 机器/设备加入进来。随着 M2M 技术的发展，这些新成员的数量和其数据交换的网络流量将会迅速地增加。通信网络在整个 M2M 技术框架中处于核心地位，包括广域网（无线移动通信网络、卫星通信网络、Internet、公众电话网）、局域网（以太网、无线局域网、蓝牙）、个域网（ZigBee、传感器网络）。在 M2M 技术框架的通信网络中，有两个主要参与者，他们是网络运营商和网络集成商。尤其是移动通信网络运营商，在推动 M2M 技术应用方面起着至关重要的作用，他们是 M2M 技术应用的主要推动者。第三代移动通信技术除了提供语音服务之外，数据服务业务的开拓也是其发展的重点。随着移动通信技术向 3G 的演进，必定将 M2M 应用带到一个新的境界。国外提供 M2M 服务的网络有 AT&T 公司无线（Wireless）的 M2M 数据网络计划，Aeris（名）的 MicroBurst 无线数据网络等。

4．中间件

中间件包括两部分，即 M2M 网关、数据收集/集成部件。网关是 M2M 系统中的"翻译员"，它获取来自通信网络的数据，并将数据传送给信息处理系统。主要的功能是完成不同通信协议之间的转换。典型产品如 Nokia 公司的 M2M 网关。

5．应用

数据收集/集成部件是为了将数据变成有价值的信息，对原始数据进行不同加工和处理，并将结果呈现给需要这些信息的观察者和决策者。这些中间件包括数据分析和商业智能部件、异常情况报告和工作流程部件、数据仓库和存储部件等。

4.3.4 M2M 业务应用

全球主流运营商和设备商都已经升始提供移动 M2M 业务和解决方案，包括英国的 BT 和 Vodafone、德国的 T.Mobile、日本的 NTT DoCoMo 等运营商以及爱立信、诺基亚、西门子、摩托罗拉、英特尔及 IBM 等设备厂商。目前，估计全球范围内的 M2M（包括移动和固定）市场容量已经超过 2000 亿欧元。有了 M2M，无论你的车在哪里，车辆行驶的相关数据都能被实时查知；自助售货机不需要派人每天到每台机器上去查看是否已缺货，系统将会自动告诉你哪台机器少了哪类货物；老人或小孩无论走到哪里，都可以知道他们的确切行踪，再也不用担心他们会走失。生活中看似早已习以为常的现象，其实都可以通过 M2M 加以改善或提升，而且很多已在社会上悄然应用。

从目前全球的 M2M 应用场景来看，按行业应用可以分为安全监测、机械服务和维修业务、自动售货机、公共交通系统、车队管理、工业流程自动化、电动机械及城市信息化等领域；按功能类别可以分为定位服务、无线销售终端（POS）、智能测量、资产管理和智能服务 5 类。

（1）定位服务

定位服务主要应用于车辆管理、导航、运输管理与人员跟踪方面，并可广泛应用于公交、长途巴士、货运车辆、出租车及巡查人员的管理。

（2）无线 POS

无线 POS 主要用于无线收款机、专用型付费终端，如公用事业支付终端、彩票机等。

（3）智能测量

智能测量是 M2M 比较典型的应用，主要用于公用设施监测、安全管理与油田的遥测、远程抄表等。

（4）资产管理

资产管理主要用于集装箱跟踪、物流管理、自动售货机管理及重型机械管理等。

（5）智能服务

智能服务包括远程维护服务、远程医疗等。中国移动是中国最大的移动运营商。在 M2M 领域是国内行业的"领头羊"。目前，中国移动的 M2M 业务产品有神州车管家、电梯运营管理系统、企业安防监控管理系统、航标遥测遥控管理系统、路灯监控系统及危险源集中监控系统等，主要业务集中在电力、交通、制造及金融等行业。中国电信自 2008 年底获得 C 网牌照（移动通信系统的经营许可权），在 M2M 领域后来居上，充分利用现有资源，目前已在全国开始向车辆监控、水电抄表、无线 POS、远程无人彩票销售及油田监控等行业推广业务。

4.3.5 M2M 发展现状

1. M2M 产业发展

在国外，M2M 技术已经得到了广泛应用，并且发展迅速。全球知名无线巨头，如西门子、诺基亚、摩托罗拉、Wavecom 及高通等公司都投入巨资，研制生产 M2M 的通信模块及 M2M 应用产品，以推动 M2M 的应用普及。芬兰从 2005 年开始实施电力远程抄表项目，实现其全国至少 55 万台电表的统一管理；欧盟"ECall"（紧急呼叫）计划和美国"Onstar"服务大力推动了车载 M2M 应用需求的上升，"ECall"的目标是从 2009 年至 2010 年，欧洲销售的每辆新车上都安装此设备，预计年销量将达到 1500 万台；美国通用汽车公司计划到 2010 年底，将其美国市场上的所有汽车都安装 Onstar，并作为通用汽车的标准装备。

随着全球 M2M 应用的增长，中国的相关技术也在蓬勃发展，政府的相关部门已经将相关的 M2M 通信技术列入"十一五"规划国家级的重点通信项目。在 2008 年北京奥运会期间，北京的出租车就安装有包含无线通信和 GPS 的 M2M 应用模块，以实现车辆的集中调控、跟踪、维修，保证奥运期间公共交通的顺畅。深圳的深安科技和广东的和新科技公司先后推出了基于 M2M 技术的个人家庭安防系统，365 天且每天 24h 全天候地保证家庭的人身和财产安全。作为国内通信运营商龙头的中国移动通信公司成立了专门的 M2M 部门，研制开发和推广基于 M2M 技术的产品，2009 年，已经推出以神州行车管家、个人及家庭安防、电梯卫士、爱贝通及中央空调监控等几大拳头产品为主、其他各类产品为辅的一整套 M2M 产品产业链。

在当今世界上，机器的数量是人的数量的 4～6 倍，这意味着基于 M2M 技术的产品有着巨大的市场潜力和发展前景，M2M 应用市场是全球范围内快速增长的高科技市场。据 Wavecom 公司估计，世界 M2M 业务会得到快速的发展，在未来 5 年 M2M 业务收入会有每年平均 30%以上的增长；又据其市场数据研究机构（Wireless Data Research Group）研究所得，全球 M2M 市场从 2004 年到 2008 年以每年平均 27%的速度迅速增长。欧洲著名的行业咨询机构提供的报告则显示，全球范围 M2M 产品日益增加，M2M 市场规模扩大，2006 年，全球范围内 M2M 市场容量已经达到了 200 亿欧元，而到了 2010 年市场规模达到 2200 亿欧元，说明 M2M 行业有高速增长的趋势。在中国，M2M 技术才刚刚起步，要走到全面信息化的社会还有很长的路途。

2. M2M 标准化现状

M2M 的技术标准制定工作主要在欧洲电信标准化协会（ETSI）和 3GPP 两个国际标准化组织进行，我国主要是在中国通信标准化协会（CCSA）的泛在网技术委员会（TC10）进行。

（1）M2M 在 ETSI 的进展概况

ETSI 是国际上较早系统展开 M2M 相关研究的标准化组织，2009 年初成立了专门的 TC（技术委员会）来负责统筹 M2M 的研究，旨在制定一个水平化的、不针对特定 M2M 应用的、端到端解决方案的标准。其研究范围可以分为两个层面，第一个层面是针对 M2M 应用用例的收集和分析；第二个层面是在用例研究的基础上，开展与应用无关的统一 M2M 解决方案的业务需求分析、网络体系架构定义和数据模型、接口及过程设计等工作。ETSI 研究的 M2M 相关标准有十多个，具体内容包括如下方面。

1）M2M 业务需求。该研究课题描述了支持 M2M 通信服务的、端到端系统能力的需求。报告已于 2010 年 8 月发布。

2）M2M 功能体系结构。重点研究为 M2M 应用提供 M2M 服务的网络功能体系结构，包括定义新的功能实体，与其他标准化组织标准间的标准访问点和概要级的呼叫流程。M2M 技术涉及了通信网络中从终端到网络再到应用的各个层面，M2M 的承载网络包括了3GPP、TISPAN（从事下一代网络（NGN）研究的标准化组织）以及 IETF（Internet 工程任务组）定义的多种类型的通信网络。

3）M2M 术语和定义。对 M2M 的术语进行定义，从而保证各个工作组术语的一致性。目前正在进行初稿的讨论。

4）Smart Metering（智能仪表）的 M2M 应用实例研究。该课题对 Smart Metering 的用例进行描述，包括角色和信息流的定义，将作为智能抄表业务需求定义的基础。

5）智能医疗（EHealth）的 M2M 应用实例研究。该课题通过对智能医疗这一重点物联网应用用例的研究，来展示通信网络为支持 M2M 服务在功能和能力方面的增强。该课题与 ETSI TC EHealth 中的相关研究保持协调。

6）用户互联的 M2M 应用实例研究。该研究报告定义了用户互联这一 M2M 应用的实例。

7）城市自动化的 M2M 应用实例研究。通过收集自动化城市实例和相关特点，来描述未来具备 M2M 能力网络支持该应用的需求和网络功能与能力方面的增强。

8）基于汽车应用的 M2M 应用实例研究。通过收集自动化应用实例和相关特点，来描述未来具备 M2M 能力网络支持该应用的需求和网络功能与能力方面的增强。

9）ETSI 关于 M/441 的工作计划和输出总结。这一研究属于欧盟 Smart Meter 项目（EU Mandate M/441）的组成部分，本课题将向 EU Mandate M/441 提交研究报告，报告包括支撑 Smart Meter 应用的规划和其他技术委员会的输出成果。

10）智能电网对 M2M 平台的影响。基于 ETSI 定义的 M2M 概要级的体系结构框架，研究 M2M 平台针对智能电网的适用性，并分析现有标准与实际应用间的差异。

11）M2M 接口。在网络体系结构研究的基础上，主要完成协议/API、数据模型和编码等工作。目前上述内容合在一个标准中，未来待标准进入稳定阶段后，可能会按不同的接口拆分成多个标准文稿发布。

（2）M2M 在 3GPP 标准的进展概况

3GPP 早在 2005 年 9 月就开展了移动通信系统支持物联网应用的可行性研究。M2M 在 3GPP 内对应的名称为机器类型通信（Machine Type Communication，MTC）。3GPP 并行设立了多个工作项目（Work Item）或研究项目（Study Item），由不同工作组按照其领域，并行展开针对 MTC 的研究。下面按照项目的分类简述 3GPP 在 MTC 领域相关研究工作的进展情况。

1）签约控制。研究报告分析了 MTC 签约控制的相关问题，提出 SGSN/MME 具备根据 MTC 设备能力、网络能力、运营商策略和 MTC 签约信息，来决定启用或禁用某些 MTC 特性的能力。同时也指出了需要进一步研究的问题，例如网络获取 MTC 设备能力的方法，MTC 设备的漫游场景下等。

2）标识和寻址。MTC 通信的标识问题已经另外立项进行详细研究。主要研究了在 MT（机器类）过程中 MTC 终端的寻址方法，按照 MTC 服务器部署位置的不同，详细分析了寻址功能的需求，给出了 NATTT 和微端口转发技术寻址的两种解决方案。

3）时间控制特性。时间控制特性适用于那些可以在预设时间段内完成数据收发的物联网应用。报告指出，归属网络运营商应分别预设 MTC 终端的许可时间段和服务禁止时间段。服务网络运营商可以根据本地策略修改许可时间段，设置 MTC 终端的通信窗口等。

4）MTC 监控特性。MTC 监控是运营商网络为物联网签约用户提供的针对 MTC 终端行为的监控服务。包括监控事件签约、监控事件侦测、事件报告和后续行动触发等完整的解决方案。

（3）M2M 在 3GPP2 的标准进展概况

为推动 CDMA 系统 M2M 支撑技术的研究，3GPP2 在 2010 年 1 月曼谷会议上通过了 M2M 的立项。建议从以下方面加快对 M2M 的研究进程。

1）当运营商部署 M2M 应用时，应给运营商带来较低的运营复杂度。

2）降低处理大量 M2M 设备群组对网络的影响和处理工作量。

3）优化网络工作模式，以降低对 M2M 终端功耗的影响。

4）通过运营商提供满足 M2M 需要的业务，鼓励部署更多的 M2M 应用。

在 3GPP2 中 M2M 的研究参考了 3GPP 中定义的业务需求，研究的重点在于 CDMA 2000 网络如何支持 M2M 通信，具体内容包括 3GPP2 体系结构增强、无线网络增强和分组数据核心网络增强。

（4）M2M 在 CCSA（中国通信标准化协会）的进展概况

M2M 相关的标准化工作在中国通信标准化协会中主要在移动通信工作委员会（TC5）和泛在网技术工作委员会（TC10）进行。主要工作内容如下。

1）TC5 WG7 完成了移动 M2M 业务研究报告，描述了 M2M 的典型应用、分析了 M2M 的商业模式、业务特征以及流量模型，给出了 M2M 业务标准化的建议。

2）TC5 WG9 于 2010 年立项支持 M2M 通信的移动网络技术研究，任务是跟踪 3GPP 的研究进展，结合国内需求，研究 M2M 通信对 RAN（无线接入网）和核心网络的影响及其优化方案等。

3）TC10 WG2 M2M 业务总体技术要求，定义 M2M 业务概念、描述 M2M 场景和业务需求、系统架构、接口以及计费认证等要求。

4）TC10 WG2 M2M 通信应用协议技术要求，规定 M2M 通信系统中端到端的协议技术要求。

4.4 数据库系统

数据库是依照某种数据模型组织起来并存放二级存储器中的数据集合。这种数据集合具有如下特点：尽可能不重复，以最优方式为某个特定组织的多种应用服务，其数据结构独立于使用它的应用程序，对数据的增、删、改和检索由统一软件进行管理和控制。从发展的历史看，数据库是数据管理的高级阶段，它是由文件管理系统发展起来的。

4.4.1 数据库的基本结构

数据库的基本结构分三个层次，反映了观察数据库的三种不同角度。

1）物理数据层。它是数据库的最内层，是物理存储设备上实际存储的数据的集合。这些数据是原始数据，是用户加工的对象，由内部模式描述的指令操作处理的位串、字符和字组成。

2）概念数据层。它是数据库的中间一层，是数据库的整体逻辑表示。指出了每个数据的逻辑定义及数据间的逻辑联系，是存储记录的集合。它所涉及的是数据库所有对象的逻辑关系，而不是它们的物理情况，是数据库管理员概念下的数据库。

3）逻辑数据层。它是用户所看到和使用的数据库，表示了一个或一些特定用户使用的数据集合，即逻辑记录的集合。

数据库通常分为层次式数据库、网络式数据库和关系式数据库3种，而不同的数据库是按不同的数据结构来联系和组织的。

4.4.2 数据库的特点

数据库不同层次之间的联系是通过映射进行转换的。数据库具有以下主要特点：

1）实现数据共享。数据共享包含所有用户可同时存取数据库中的数据，也包括用户可以用各种方式通过接口使用数据库，并提供数据共享。

2）减少数据的冗余度。同文件系统相比，由于数据库实现了数据共享，从而避免了用户各自建立应用文件。减少了大量重复数据，减少了数据冗余，维护了数据的一致性。

3）数据的独立性。数据的独立性包括数据库中数据库的逻辑结构和应用程序相互独立，也包括数据物理结构的变化不影响数据的逻辑结构。

4）数据实现集中控制。文件管理方式中，数据处于一种分散的状态，不同的用户或同一用户在不同处理中其文件之间毫无关系。利用数据库可对数据进行集中控制和管理，并通过数据模型表示各种数据的组织以及数据间的联系。

5）数据一致性和可维护性，以确保数据的安全性和可靠性。主要包括：①安全性控制。以防止数据丢失、错误更新和越权使用。②完整性控制。保证数据的正确性、有效性和相容性。③并发控制。使在同一时间周期内，允许对数据实现多路存取，又能防止用户之间的不正常交互作用。④故障的发现和恢复。由数据库管理系统提供一套方法，可及时发现故障和修复故障，从而防止数据被破坏。

4.4.3 数据结构模型

（1）数据结构

所谓数据结构是指数据的组织形式或数据之间的联系。如果用 D 表示数据，用 R 表示数据对象之间存在的关系集合，则将 $DS=(D, R)$ 称为数据结构。

例如，设有一个电话号码簿，它记录了 n 个人的名字和相应的电话号码。为了方便地查找某人的电话号码，将人名和号码按字典顺序排列，并在名字的后面跟随着对应的电话号码。这样，若要查找某人的电话号码（假定他的名字的第一个字母是 Y），那么只需查找以 Y 开头的那些名字就可以了。该例中，数据的集合 D 就是人名和电话号码，它们之间的联系

R 就是按字典顺序的排列，其相应的数据结构就是 $DS=(D，R)$，即一个数组。

（2）数据结构类型

数据结构又分为数据的逻辑结构和数据的物理结构。

数据的逻辑结构是从逻辑的角度（即数据间的联系和组织方式）来观察数据，分析数据，与数据的存储位置无关；数据的物理结构是指数据在计算机中存放的结构，即数据的逻辑结构在计算机中的实现形式，所以物理结构也被称为存储结构。

这里只研究数据的逻辑结构，并将反映和实现数据联系的方法称为数据模型。

比较流行的数据模型有三种，即按图论理论建立的层次结构模型和网状结构模型以及按关系理论建立的关系结构模型。

4.4.4 层次、网状和关系数据库系统

（1）层次结构模型

层次结构模型实质上是一种有根结点的定向有序树（在数学中"树"被定义为一个无回的连通图）。例如，一所学校的组织结构图，这个组织结构图像一棵树，校部就是树根（称为根结点），各系、专业、教师、学生等为枝点（称为结点），树根与枝点之间的联系称为边，树根与边之比为 $1:N$，即树根只有一个，树枝有 N 个。

按照层次模型建立的数据库系统称为层次模型数据库系统，IMS（Information Management System）是其典型代表。

（2）网状结构模型

按照网状数据结构建立的数据库系统称为网状数据库系统，其典型代表是DBTG（Database Task Group）。用数学方法可将网状数据结构转化为层次数据结构。

（3）关系结构模型

关系式数据结构把一些复杂的数据结构归结为简单的二元关系（即二维表格形式）。

由关系数据结构组成的数据库系统被称为关系数据库系统。

在关系数据库中，对数据的操作几乎全部建立在一个或多个关系表格上，通过对这些关系表格的分类、合并、连接或选取等运算来实现数据的管理。

dBASE Ⅱ就是这类数据库管理系统的典型代表。对于一个实际的应用问题（如人事管理问题），有时需要多个关系才能实现。用 dBASE Ⅱ建立起来的一个关系称为一个数据库（或称数据库文件），而把对应多个关系建立起来的多个数据库称为数据库系统。dBASE Ⅱ的另一个重要功能是通过建立命令文件来实现对数据库的使用和管理，对于一个数据库系统相应的命令序列文件，称为该数据库的应用系统。

因此，可以概括地说，一个关系称为一个数据库，若干个数据库可以构成一个数据库系统。数据库系统可以派生出各种不同类型的辅助文件和建立它的应用系统。

4.5 本章小结

中间件是位于平台和应用之间的、具有标准程序接口和协议的通信服务。它可以由符合接口和协议规范的多种实现来满足不同操作系统和硬件平台需求。从中间件在系统中所起到的作用和采用的技术不同，可以把中间件大致分为数据访问中间件、远程调用中间件、面向消息中

间件、面向对象中间件、事务处理中间件、网络中间件、终端仿真——屏幕转换中间件等。

RFID 中间件技术拓展了基础中间件核心设施和特性，将企业级中间件技术延伸到了 RFID 领域，是 RFID 产业链的关键技术。RFID 中间件屏蔽了 RFID 设备的多样性和复杂性，能够为后台业务系统提供强大的支撑，从而驱动更广泛、更丰富的 RFID 应用。RFID 中间件技术重点研究的内容包括并发访问技术、目录服务技术和定位技术，数据和设备监控技术、远程数据访问、安全和集成技术，进程和会话管理技术等。

云计算是由分布式计算、并行处理及网格计算发展来的，是一种新兴的商业计算模型。狭义的云计算指的是，厂商通过分布式计算和虚拟化技术搭建数据中心或超级计算机，以免费或按需租用方式向技术开发者或者企业用户提供数据存储、分析以及科学计算等服务。广义的云计算指的是，厂商通过建立网络服务器集群，向各种不同类型用户提供在线软件服务、硬件租借、数据存储及计算分析等不同类型的服务。

M2M 表示的是将多种不同类型的通信技术有机结合在一起，即实现机器之间通信，机器控制通信，人机交互通信，移动互联通信。M2M 让机器、设备、应用处理过程与后台信息系统共享信息，并与操作者共享信息。它提供了设备实时地在系统之间、远程设备之间、与个人之间建立的无线联接和传输数据的手段。M2M 技术综合了数据采集、GPS、远程监控、电信、信息技术，计算机、网络、设备、传感器及人类等的生态系统，它能够使业务流程自动化，集成公司资讯科技（IT）系统和非 IT 设备的实时状态，并创造增值服务。M2M 体系主要包括 M2M 终端、承载网络、运营系统和应用系统 4 个部分。M2M 涉及 5 个重要的技术部分，即智能化机器、M2M 硬件、通信网络、中间件及应用。

数据库是依照某种数据模型组织起来并存放二级存储器中的数据集合。这种数据集合具有如下特点：尽可能不重复，以最优方式为某个特定组织的多种应用服务，其数据结构独立于使用它的应用程序，对数据的增、删、改和检索由统一软件进行管理和控制。

4.6 习题

1. 什么是中间件？中间件有什么特点？
2. 简述中间件的工作原理及分类。
3. 简述 RFID 中间件的功能和作用。
4. 简述狭义云计算和广义云计算的概念。
5. 简述云计算的核心技术。
6. 简述几种典型的云计算平台。
7. 云计算的主要服务形式有哪些？
8. M2M 有哪些特点？
9. 简述 M2M 的系统结构。
10. 简述 M2M 的支撑技术。
11. M2M 有哪些应用？
12. 数据库结构分为哪三个层次？
13. 数据库具有哪些主要特点？
14. 什么是数据结构？

第5章　物联网应用

物联网有着巨大的应用前景，被认为是将对 21 世纪产生巨大影响力的技术之一。物联网从最初的军事侦察等无线传感器网络，逐渐发展到环境监测、医疗卫生、智能交通、智能电网及建筑物监测等应用领域。随着传感器技术、无线通信技术、计算机技术的不断发展和完善，各种物联网将遍布人们的生活中。

5.1　智能电网

电力工业是国家经济命脉，是现代经济发展和社会进步的基础和重要保障。传统电网是一个刚性系统，电源的接入和退出、电能的传输等都缺乏弹性，致使电网没有动态柔性及可组性。对客户服务简单、信息单向；系统内部缺乏信息共享。智能电网是通过智能传感和通信装置在电力系统中实现有效的信息感知和获取，经由无线或有线网络进行可靠的信息传输，并对感知和获取的信息进行数据挖掘和智能处理，实现信息自动化交互、无缝连接以及智能处理的网络。

5.1.1　智能电网概述

智能电网是以物理电网为基础，将现代先进的传感测量技术、通信技术、信息技术、计算机技术和控制技术与物理电网高度集成而形成的新型电网。智能电网主要是通过终端传感器在用户之间、用户和电网公司之间形成即时联接的网络互动，实现数据读取的实时、高速、双向的效果，从而整体提高电网的综合效率。国家电网公司智能电网实现电力流、信息流、业务流高度一体化的前提在于，信息的无损采集、流畅传输、有序应用。各个层级的通信支撑体系是坚强智能电网信息运转的有效载体。通过充分利用坚强智能电网多元、海量信息的潜在价值，可服务于坚强智能电网生产流程的精细化管理和标准化建设，提高电网调度的智能化和科学决策水平，提升电力系统运行的安全性和经济性。

智能电网的核心在于，构建具备智能判断与自适应调节能力的多种能源统一入网和分布式管理的智能化网络系统，可对电网与用户用电信息进行实时监控和采集，且采用最经济与最安全的输配电方式将电能输送给终端用户，实现对电能的最优配置与利用，提高电网运行的可靠性和能源利用效率。智能电网的本质是能源替代和兼容利用，它需要在开放的系统和共享信息模式的基础上，整合系统中的数据，优化电网的运行和管理。

面向智能电网的物联网从技术方案的角度来讲，网络功能仍集中于数据的采集、传输、处理 3 个方面。一是数据采集倾向于更多新型业务。由于宽带接入技术的支持，物联网应用不局限于数据量的限制，所以在未来的大规模应用中可以提供更多的数据类型业务，如重点输电线路监测防护、大规模实时双向用电信息采集。二是网内协作模式的数据传输。以网内节点的协作互助为基本方式来解决数据传输问题。以各种成熟的接入技术为物理层基础，从 MAC（媒体访问控制）层以上，通过多模式接入、自组织的路由寻址方式、传输控制、避免拥塞等技术实现节点协作数据传输模式。三是网内数据融合处理技术。物联网不仅仅是一个向用户提供物理世界信息的传输工具，同时还在网络内部对节点采集数据进行融合处理，更是一个具有高度计算能力和处理能力的云计算信息加工厂，用户端得到的数据是经过大量融合处理的非原始数据。

物联网作为智能电网末梢信息感知不可或缺的基础环节，在电力系统中具有广阔的应用空间。物联网将渗透电力输送的各个环节，从发电环节的接入到检测，变电的生产管理、安全评估与监督，以及配电的自动化、用电的采集以及营销等方面都要采用物联网，在电网建设、生产管理、运行维护、信息采集、安全监控、计量应用和用户交互等方面将发挥巨大作用。可以说，80%的业务跟物联网相关。传感器网络可以全方位提高智能电网各个环节的信息感知深度和广度，为实现电力系统的智能化以及信息流、业务量、电力流，提供高可用性支持。

5.1.2　物联网在智能电网中应用的基本架构

面向智能电网应用的物联网主要包括感知层、网络层和应用层。物联网技术在智能电网的主要应用如图 5-1 所示。

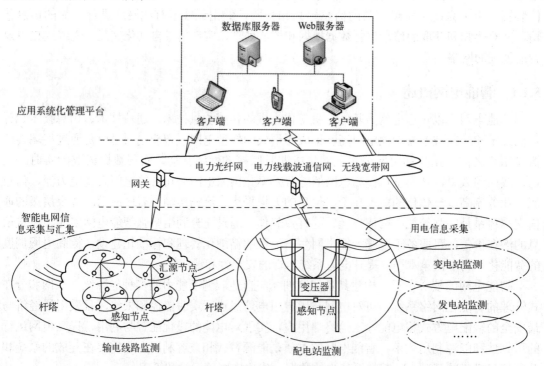

图 5-1　物联网技术在智能电网的主要应用

（1）感知层

感知层主要通过无线传感网络、RFID 等技术手段实现对智能电网各应用环节相关信息的采集。感知层是物联网实现"物物相连，人物互动"的基础，通常分为感知控制子层和通信延伸子层。其中，感知控制子层实现对物理世界的智能感知识别、信息采集处理及自动控制；通信延伸子层通过通信终端模块或其延伸网络，将物理实体连接到其上面两层。

具体而言，感知控制子层主要通过各种新型 MEMS 传感器、基于嵌入式系统的智能传感器、智能采集设备等技术手段，实现对物质属性、环境状态及行为态势等静态或动态的信息的大规模、分布式的信息获取。通信延伸子层所用技术比较广泛，对于电网的监控数据基本采用光纤通信方式，而对于输电线路在线监测、电气设备状态监测，除利用光纤传递信息外，还一定程度上应用了无线传感技术。在用电信息数据采集和智能用电方面，所用到的通信技术主要涉及窄带电力线通信、宽带电力线通信、短距离无线通信、光纤复合低压电缆及无源光通信、公网通信等。

（2）网络层

网络层以电力光纤网为主，以电力线载波通信网、无线宽带网为辅，从感知层设备将采集的数据转发，负责物联网与智能电网专用通信网络之间的接入，主要用来实现信息的传递、路由和控制。网络层分为接入网和核心网，以保证物联网与电网专用通信网络之间的互联互通。

在智能电网应用中，考虑到对数据安全性、传输可靠性及实时性的严格要求，物联网的信息传递、汇聚与控制主要借助于电力通信网实现，在条件不具备或某些特殊条件下也可依托于公众电信网。其中，核心网主要由电力骨干光纤网组成，并辅以电力线载波通信网、数字微波网。而接入网则以电力光纤接入网、电力线载波、无线数字通信系统为主要的手段，从而使电力宽带通信网为物联网技术的应用提供了一个高速的双向宽带通信的网络平台。

（3）应用层

应用层主要由应用基础设施和各种应用两大部分组成。其中，应用基础设施为物联网应用提供信息处理、计算等通用基础服务设施、能力及资源调用接口，并在此基础上实现物联网的各种应用。面向智能电网物联网的应用涉及智能电网生产和管理中的各个环节，通过运用智能计算、模式识别等技术来实现电网相关数据信息的整合分析处理，进而实现智能化的决策、控制和服务，最终使电网各应用环节的智能化水平得以提升。

物联网技术主要应用于智能家用电器传感网络系统、智能家居系统、无线传感安防系统及用户用电信息采集系统等，主要硬件设备包括智能交互终端、智能交互机顶盒、智能插座等。该系统与外部的通信主要通过电力线通信（PLC）、电力复合光纤到户（PFTTH）、无线宽带通信等通信方式相结合的宽带通信平台来实现。物联网应用于智能电网用户服务的网络架构如图 5-2 所示。

面向智能电网的物联网将具有多元化信息采集能力的底层终端部署于监测区域内，利用各类仪表、传感器、RFID 射频芯片对监测对象和监测区域的关键信息及状态进行采集、感知、识别，并在本地汇集，进行高效的数据融合，将融合后的信息传输至中间一层的网络接入设备；中间层网络接入设备负责底层终端设备采集数据的转发，负责物联网与智能电网专用通信网络之间的接入，以保证物联网与电网专用通信网络的互联互通。在物联网中，网络设备之间的数据链路可采用多种方式并存的链路连接，并依据智能电网的实际网络部署需求，调整不同功能网络设备的数量，灵活控制目标区域（对象）的监测密度和监测精度以及网络覆盖范围和网络规模。

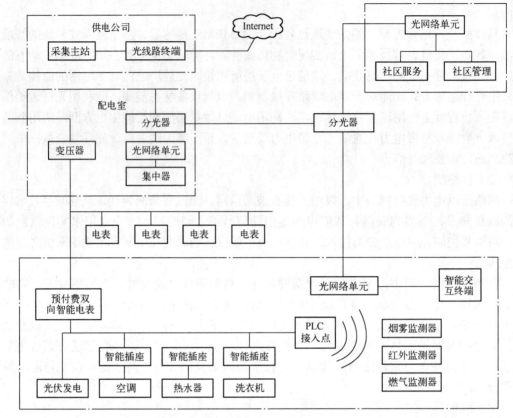

图 5-2　物联网应用于智能电网用户服务的网络架构

5.1.3　物联网在智能电网中的应用模型

2010 年，世界博览会在上海成功举办，世博园区各场馆（尤其是国家电网馆）都应用了物联网技术，在向人们展示智能电网美好蓝图的同时，通过各种仿真模拟，让人们体验到了物联网技术与智能电网完美结合后的智能与便捷。

（1）电力设备状态监测

利用物联网技术在常规机组内部安置一定数量的传感监测点，可以实时了解机组运行情况，包括其各种技术指标与参数，从而提高常规机组状态的监测水平。例如，通过在水电站坝体安装传感器网络，可以随时监测坝体变化情况，以规避水库运行可能存在的风险。同样，物联网技术也可以对风能、太阳能等新能源发电进行在线监测、控制以及功率预测等。利用物联网技术，可以大幅提高一次设备的感知能力，使其能与二次设备很好地结合，从而实现联合处理、数据传输、综合判断等功能，极大地提高电网的技术水平和智能化程度。

此外，输电线路状态在线监测是物联网的重要应用，它也可以提高对输电线路运行状况的感知能力，包括气象条件、覆冰、导地线微风振动、导线温度与弧垂、输电线路风偏及杆塔倾斜等内容的监测。

根据物联网对电力设备的环境状态信息、机械状态信息、运行状态信息进行的实时监测和预警诊断，可提前做好相应的故障预判、设备检修等工作，从而提高了设备检修、自动诊断和安全运行水平。

（2）电力生产管理

因电力生产的管理较为复杂，所以在管理电力现场作业难度相当大，伴有误操作、误进入等安全隐患存在。通过物联网技术进行身份识别、电子工作票管理、环境信息监测及远程监控等，可方便地实现调度指挥中心与现场作业人员的实时互动。

在电力巡检管理上，利用射频识别（RFID）、全球定位系统（GPS）、地理信息系统以及无线通信网，对设备的运行环境及其运行状态进行监控，并根据识别标签辅助设备定位，实现了人员的到岗监督，从而监督工作人员参照标准化和规范化的工作流程，进行辅助状态检修和标准化作业。在塔基下、杆塔上及输电线路上安装地埋振动传感器、壁挂振动传感器、倾斜传感器、距离传感器及防拆螺栓等设备，并结合输电线路状态的在线监测系统，可实现对重要杆塔较好的实时监测和防护。

（3）电力资产全寿命周期管理

在电力设备中应用射频识别和标识编码系统，对资产进行身份管理、状态监测、全寿命周期管理，自动识别目标对象并获取数据，从而在技术上为实现电力资产全寿命周期管理、提高运转效率、提升管理水平提供了更好的支撑。

（4）智能用电

物联网技术有利于智能用电双向交互服务、用电信息采集、家居智能化及家庭能效管理、分布式电源接入以及电动汽车充放电的实现，同时也是实现用户与电网的双向互动、提高供电可靠性与用电效率以及节能减排的技术保障。

在电动汽车、电池、充电设施中安装传感器和射频识别装置，实时感知电动汽车的运行状态、电池使用状态、充电设施状态以及当前网内能源的供给状态，可实现电动汽车及充电设施的综合监测与分析，并保证电动汽车稳定、经济、高效运行。

物联网技术也方便于家居智能化的实现。借助于在各种家用电器中内嵌的智能采集模块和通信模块，可以实现家用电器的智能化和网络化，完成对家用电器运行状态的监测、分析以及控制；借助于在家中安装门窗磁报警、红外报警、可燃气体泄漏监测及有害气体监测等传感器，可以实现家庭安全防护；借助于应用无线、电力线载波技术，可以实现水、电、气表自动抄收；借助于光纤复合低压电缆、电力线载波以及智能交互终端，可以实现用户与电网的交互，以及相关的通信服务、视频点播和娱乐信息等服务。

5.2 智能交通系统

随着我国经济的快速持续的发展，人们的出行范围不断扩大，汽车工业作为国家经济的支柱产业，汽车保有量也迅速增加。因此，交通系统面临着城市交通拥挤、汽车能耗大、尾气排放量大，造成环境污染严重、交通安全事故多等问题，用简单的限制车辆和扩大路网的覆盖率等方法是解决不了问题的。智能交通通过感知车辆运行状态、交通基础设施状态、出行者行为等，在更高层次上满足人们交通出行的安全、畅通和环境需求，满足运输智能化、自动化的需求和车辆智能化、安全性和节能减排的需求。

5.2.1　智能交通系统概述

智能交通系统（Intelligent Transport System，ITS）是将传感器技术、RFID 技术、无线通信技术、数据处理技术、网络技术、自动控制技术、视频检测识别技术、GPS 及信息发布技术等运用于整个交通运输管理体系中，从而建立起实时的、准确的、高效的交通运输综合管理和控制系统。显然，在智能交通行业中无处不在利用物联网技术、网络和设备来实现交通运输的智能化。ITS 是作为继计算机产业、互联网产业、通信产业之后的又一新兴产业，其与物联网的结合是必需的，也是必然的，智能交通行业已被公认为是物联网产业化发展落实到实际应用的最能够取得成功的优先行业之一，它必将能够创造出巨大的应用空间和市场价值。

智能交通的发展，将带动智能汽车、导航、车辆远程信息系统、RFID、交通基础设施运行状况的感知技术（如智能道路、智能铁路、智能水运航道等）、运载工具与交通基础设施之间的通信技术、运载工具与同种运载工具或不同种运载工具之间的通信技术及动态实时交通信息的发布技术等多个产业的发展，具有很广泛的应用领域需要。

从系统功能上讲，这个系统必须将汽车、驾驶者、道路以及相关的服务部门相互联接起来，并使道路与汽车的运行功能智能化，从而使公众能够高效地使用公路交通设施和能源。其具体的实现方式是：将该系统采集到的各种道路交通及各种服务信息，经过交通管理中心集中处理后，传送到公路交通系统的各个用户，出行者可以进行实时的交通方式和交通路线的选择；交通管理部门可以自动进行交通疏导、控制和事故处理；运输部门可以随时掌握所属车辆的动态情况，进行合理调度。这样，就使路网上的交通经常处于最佳状态，改善交通拥挤状况，最大限度地提高路网的通行能力及机动性、安全性和生产效率。

美国是应用 ITS 较为成功的国家。1995 年美国交通部出版的"国家智能交通系统项目规划"，明确规定了智能交通系统的 7 大领域和 29 个用户服务功能。7 大领域包括出行和交通管理系统、出行需求管理系统、公共交通运营系统、商用车辆运营系统、电子收费系统、应急管理系统、先进的车辆控制和安全系统。目前 ITS 在美国的应用已达 80%以上，而且相关的产品也较先进。美国 ITS 应用在车辆安全系统（占 51%）、电子收费（占 37%）、公路及车辆管理系统（占 28%）、导航定位系统（占 20%）、商业车辆管理系统（占 14%）的发展较快。

5.2.2　智能交通系统服务领域架构

智能交通系统是汇集众多高新技术的大系统，其内部包含许多的子系统，在这些子系统中，又要用到各种各样的技术，包括传感器技术、测量技术、判断处理技术、数据库技术、控制以及伺服机构技术、计算机技术、通信技术、网络技术、人机联系技术、人体机理学、交通规则理论以及交通工程学等，只有将这些系统和技术有机的联系在一起，才能最大限度发挥 ITS 整体的效用。根据国际标准化组织 ISO 的分类，ITS 服务领域可划分为交通管理、交通信息、车辆系统、商用车辆、公共交通、应急管理、电子支付和安全管理等。智能交通系统服务领域架构，如图 5-3 所示。

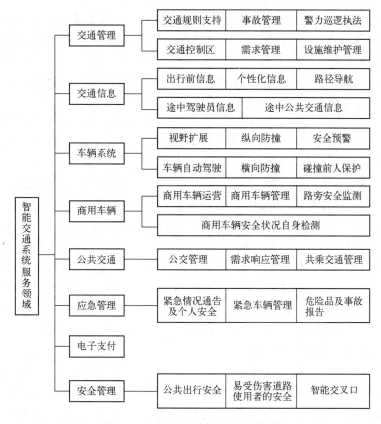

图 5-3　智能交通系统服务领域架构

5.2.3　ITS 中 6 项重要的关键技术

在图 5-3 所示的智能交通系统服务领域之中，下面 5 项技术在国际上备受关注。我国应在这些技术上迎头赶上，建立安全、快捷、高效、畅通及环保的智能交通硬件基础。

（1）智能化交通管理系统

将智能化交通信号控制系统和智能化交通监控系统集成起来就构成了先进的智能交通管理系统的主要部分。

我们在通过交叉路口时常看见这样的情况，有时在一个方向已经没有车了，可绿灯仍然亮着，而另外一个方向却有很多车在红灯下等候。智能化的信号控制系统就可以通过设在路上的传感器，检测路段和路口的交通状态，根据路口各个方向以及周围相邻路口的交通状态，改变路口各方向红绿灯信号的持续时间（专业语言称为信号配时），使得路口的使用效率得以提高。通俗地说，就是要使路口的信号系统"聪明"起来，让路口信号控制系统能够有眼睛（传感器）、有脑子（计算机），能够处理信息和思考（软件）。

在庞大的道路交通网上，交通的参与者有几万甚至几十万，其中包括步行、骑自行车、乘公交车（包括地铁和轻轨）、乘出租车或自己驾车，道路上的情况瞬息万变。人们经常会遇到由于交通事故或意外事件造成的堵车现象，如果能够快速探测到事故或事件并快速响应和处理，就会大大减少由此造成的堵车现象。

智能化交通监控系统就是为此开发的。它包括安装在主要交通干线上的摄像机和传感器（如电磁感应检测器、微波检测器、红外检测器及激光检测器等）、通信和传输系统、交通监控中心（包括数据存储、信息处理与显示、指挥控制等子系统）、信息发布系统和执行系统等。应具备功能：第一，对道路上的交通信息以及与交通相关信息的采集应尽量完整和实时；第二，在交通参与者（包括驾驶员、乘客、行人等）、交通管理者、交通工具、道路管理设施之间的信息交换可以做到实时和高效；第三，控制中心对执行系统的控制是强制和高效的；第四，交通监控中心计算机系统（包括城市、高速公路的监控中心及运输管理中心等）配备有功能强大的软件和数据库，具备自学习、自适应的能力。

以某城市已经投入使用的城市交通监控系统和指挥中心为例，指挥中心通过摄像机和传感器随时了解二、三环路和几条交通干线的交通状态，122 交通报警服务台也设在指挥中心大厅内，使得上述第一个功能较好地实现；交通民警执勤的车辆配有 GPS 定位系统和通信设备，指挥控制中心可以实时确定各执勤车辆的位置，并与民警保持通信联络，这使得第三个功能全部实现，第二个功能部分实现；第四个功能目前还没有具备。就是这样一个初级的系统，已经使某城市主要干线上的交通管理和事故处理得到大大改善，例如接到事故报警后（可以是当事人报 122，也可以是指挥中心通过监视系统直接检测到），指挥中心可以根据执勤车辆的位置，调动最近的执勤车辆尽快（平均 3～4min）赶到事故现场，使效率大大提高。

（2）电子不停车收费技术的应用

电子不停车收费系统是智能交通系统中最先投入应用的系统之一，主要应用技术是自动车辆识别技术。使用该种收费方式的用户必须在事前购买专用的电子标签，并安装在前挡风玻璃上，当车辆驶入收费区域时，该系统安装在门架上或路侧的微波天线查询到车载电子标签中存储的识别信息（如电子标签 ID 号码、车型、车主等），立即抬杆，使车辆快速通过。在采用"封闭式"收费制式的高速公路上，在进入高速公路时，车道天线要向电子标签写入入口车站信息；在离开高速公路时，再读出入口信息以便系统计算通行费。

自动车型分类系统利用装在车道内和车道周围的各种传感器装置来测定通过车辆的类型，并与车载电子标签存储的车型数据进行核对，以防止故意换卡违章使用，保障计算机系统按照正确的车型实现收费。

逃费抓拍系统用来抓拍那些未安装有效电子标签并冲闯不停车收费车道的汽车车牌照图像，用于确定逃费车主，并通知其应交的费用。对于高速不停车收费车道，逃费抓拍系统是必需的。对于低速不停车收费车道，也常常采用高速自动栏杆迫使违章车辆停下。电子不停车收费技术特别适用于在高速公路或交通繁忙的桥隧环境下采用。它可大大提高公路的通行能力，使公路收费走向电子化，降低现金管理的成本。允许车辆不停车交费后高速通过，有利于提高车辆的营运效益，降低收费口的噪声水平和废气排放。由于通行能力得到大幅度提高，所以可以缩小收费站的规模，以节约基建费用和管理费用。另外，不停车收费系统对于城市来说，不仅仅是一项先进的收费技术，它更是一种通过经济杠杆进行交通流调节的切实有效的交通管理手段，可以有效提高这些市政设施的资金回收能力。

（3）自动公路和智能汽车

智能汽车是很多驾车人所向往的。当你做完了一天的工作下班回家，驾车行驶在大都市区的高速公路或城市间的高速公路上时，可能会想："如果汽车可以自动行驶，那该多好呀！"如果你前面的汽车由于某种原因突然刹车，你的车也能够同时刹车，那么汽车追尾就不会发生。如今这个梦想已经开始变成现实。

美国的科学家很早就开始这方面的探索，例如美国加州大学的 PATH 项目组，从 20 世纪 90 年代初就开始了自动公路和智能汽车的研究，叫作智能车路系统。1992 年美国国会通过了地面运输效率法案（ISTEA），要求在 1998 年前实现一条试验自动公路。经过 5 年的努力，1997 年 8 月在南加州 7.6mile 长的试验路段上对自动公路进行了成功的试验。当安装有自动驾驶系统的汽车驶入埋有导向磁性标线的道路时，汽车进入自动驾驶状态，驾驶员完全放开手脚，可以和同行人聊天，可以看报纸，遇到弯道，汽车会自己转弯，遇到情况会自己采取刹车等措施。

（4）基于全球卫星定位系统和地理信息系统（GPS+GIS）的车辆定位与导航技术

全球卫星定位系统技术（Global Positioning System，GPS）利用分布在太空的多颗人造卫星对地面上的目标进行测定、定位和导航，它用于对船舶和飞机及其他飞行物的导航、对地面目标的精确定时和定位、对地面和空中进行的交通管制以及对空间和地面的灾害监测等。

一般应用于智能交通的 GPS 系统的 3 个组成部分及共相互关系，如图 5-4 所示。

GPS 可以用于车辆导航，实现的主要功能有车辆跟踪、航线设计、按计划航线进行导航、查询功能等。

车辆导航系统主要由 GPS 接收机、微处理器、显示器、车辆导航软件和地理信息系统组成，车辆导航系统模块构成示意图如图 5-5 所示。GPS 用于车辆运营管理，实现的主要功能有查询、多屏幕、多车辆跟踪、指挥与车辆跟踪相结合及报警与意外处理等。

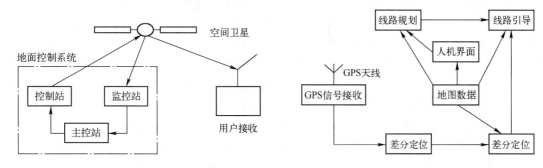

图 5-4 GPS 系统的 3 个组成部分及其相互关系　　　　图 5-5 车辆导航系统模块构成示意图

地理信息系统（Geographic Information System，GIS）技术综合了数据库、计算机图形学、地理学、几何学等技术，以地理空间数据为基础，采用地理模型和分析方法，适时提供多种空间和动态的地理信息，从而为存放和管理定位导航信息提供信息服务。

GIS 用于车辆导航与监控，实现的功能包括电子地图显示功能、标注当前车位、地物信息分类索引、最佳路径选择及行车路线导航等。

GIS 用于道路实网数据和属性数据，以分路段的方式与地理坐标联系起来，可以对路面质量、路况和路面维护进行管理，另外也可以对桥梁、隧道及其他各种道路管理设施（如信号装置等）进行测量和管理，从而保证各项设施的正常运转，使交通管理和控制措施得以顺利实施。

GIS 可用于交通安全管理和事故分析，还可用于公路环境评价、监控和管理。交通安全地理信息系统结构示例如图 5-6 所示。

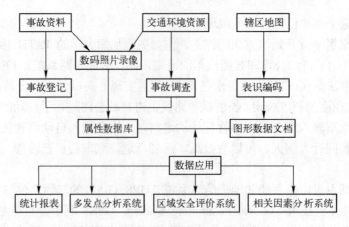

　　GPS+GIS 的车辆定位与导航，一般还必须配备有由移动电信服务商提供的移动通信信道，目前采用的是 GPRS 和 CDMA。在模块提供方面，摩托罗拉公司的 G18 模块，提供了 GSM/GPRS 整体接入解决方案；爱立信公司也提供类似的 GPRS 芯片组解决方案；高通公司则把 GPS 和 CDMA 模块做了整体化的集成，两个模块使用一个共用的外接天线，达到了较小的体积、较低的功耗和成本，是一个具有竞争力的解决方案。在终端整机供应方面，国外一些公司提供了比较有新意的整体解决方案。另一方面，作为基于 GPS、GIS 和特定移动通信手段的车辆定位与导航技术应用，离不开系统运营商的监控网络运营和其他的增值服务。日本在这方面做得比较好。例如，就提供 GPS 服务而言，日本于 1996 年 9 月，在丰田公司的倡导下，成立了一个覆盖全国的全球定位信息中心，由这个信息中心向其他的增值运营商和最终用户提供最新的电子地图和定位服务。专业化的服务使得电子地图的更新更加快速、附加信息的录入更加准确，以及通过差分技术和其他的附加手段，提供任何时候、任何位置的尽可能准确的定位信息。总而言之，在基于 GPS+GIS 的车辆定位与导航技术及应用方面，比较有市场前景的有两个方面：一是终端设备提供；二是增值运营服务。这两者相辅相成，终端设备市场的规模形成，离不开增值运营网络的建成与内容服务的增加，而增值运营服务的提供，最终又需要通过终端设备传递给用户。目前，在国内来说，增值运营服务这个市场正在逐渐为产业界所关注，但是，从发展的角度来说，目前缺少的是内容提供，而内容提供的瓶颈在于数据收集的手段有限。

　　（5）模拟仿真系统

　　仿真（Simulation）是指为了求解问题而人为地模拟真实系统的部分或整个运行过程。计算机仿真是 20 世纪 60 年代逐步发展起来的新兴学科，最早的通用仿真器（General Purpose Simulation System，GPSS）是由 IBM 公司的 Gffery Gordon 研制的，1967 年更名为通用仿真系统（General Purpose Simulation System，GPSS），并增加了许多功能，直至后来发展成应用最广的一种离散系统仿真语言。

　　计算机仿真技术在交通工程中有着广泛的应用，从 20 世纪 60 年代起，国外就开始利用计算机对各种交通现象和交通特征进行仿真，到目前为止，已经开发出了一些相当优秀的、实用性强的软件。利用交通仿真模型，人们可以动态地、逼真地仿真交通流和事故等各种交通现象，深入地分析车辆、驾驶员和行人、道路以及交通流的交通特征，有效地进行交通规则、交通组织和管理、交通能源节约与物资运输流量合理化等方面研究。

仿真模型是分析交通系统的重要手段和重要方法，但是，并非所有的仿真模型都适用于ITS 分析，ITS 的交通仿真模型需要满足以下条件。

1）清晰地表现路网的几何图形，包括交通设施（如信号灯、车检器等）。

2）清晰地表现驾驶员的行为。

3）清晰地表现车辆间的相互作用，如跟车、车道变换时的相互作用。

4）清晰地表现交通控制策略（定周期、自适应、匝道控制）。

5）能够模拟先进的交通道路策略，如采用 VMS（虚拟内存系统）提供的路径重定向、速度控制和车道控制等。

6）提供与外部实时应用程序交互的接口。

7）模拟动态的车辆诱导，再现被诱导车辆和交通中心的信息交换。

8）能够应用于一般化的路网，包括城市道路和城市间的高速公路。

9）能够细致地仿真路网交通流的状况（例如交通需求的变化），来模拟交通设施的功能。

10）清晰地模拟公共交通，提供结果分析的工具等。

（6）基于 VICS 的车载多媒体信息终端技术

车辆信息和通信系统（Vehicle Information And Communication System，VICS）是一种通过路旁微波天线及 FM 多路广播等，为车辆提供宽带数字数据的先进信息通信系统。它所提供的信息包括实时的道路状况和交通情况、优化路径选择、预计旅行时间、交通流分配信息、停车区域信息、休息服务区信息、高速公路沿线服务设施信息及交通管制信息等，它通常与带有 GIS 和 GPS 的车辆导航系统一起使用。在日本，带有 VICS 系统的车载终端于1996 开始发展，其目标是面向全国范围提供及时的智能运输系统服务信息，以减少事故发生、增进交通安全、平滑交通流、降低交通污染和保障环境以及为用户提供附加的有用增值信息服务。根据日本经济社提供的统计数据，日本 20%的快速道路上提供了 VICS 服务。日本通过这个服务已经把交通堵塞造成的损失降低了接近 30%；日本还乐观地预计如果在 30%的快速道路上提供 VICS 服务，就可以把这个数字降低为 10%。由于 VICS 使得车辆用户的道路行程更加安全、事故率更低、预计旅行时间更准确、出行计划性更加好，所以 VICS 在日本受到了广泛的欢迎。截至 2002 年 7 月份，已经有接近 500 万台的 VICS 车载终端投入使用。车辆定位与自动导航相比，VICS 需要更多的信息源、更强的信息分析处理能力以及更快的信息发布手段。在信息来源方面，需要随着跨部门、跨行业的共用交通信息平台的形成才能够得到更多的提供；在信息分析处理方面，需要随着各种信息处理技术的提高以及交通优化算法、交通预测手段的提升而提升；在信息发布方面，需要开发更高带宽和速率的车、路通信技术方式和终端通信设备。

5.3 智能家居

智能家居是利用先进的计算机技术、网络通信技术、综合布线技术，依照人体工程学原理，融合个性需求，将与家居生活有关的各个子系统（如安防、灯光控制、窗帘控制、煤气阀控制、信息家用电器、场景联动、地板采暖等）有机地结合在一起，通过网络化综合智能控制和管理，实现"以人为本"的全新家居生活体验。

5.3.1　智能家居概述

智能家居在英文中常用 Smart Home、Intelligent Home 表示。它是以住宅为平台，兼备建筑、网络通信、信息家用电器、设备自动化等功能，集系统、结构、服务、管理及控制于一体，来创造一个优质、舒适、安全、便利、节能及环保的居住生活环境空间。

智能家居是在家庭产品自动化、智能化的基础上，通过网络按照拟人化的需求而实现的。智能家居是一个综合系统，利用先进的网络通信、电力自动化、计算机、短距离通信及嵌入式等技术将与居家生活有关的各种设备有机地结合起来，通过网络化综合管理平台或者先进的云计算平台，实现人与家、人与家用电器、家用电器与环境之间的信息互通。智能家居强调人的主观能动性，要求重视人与居住环境的协调，能够随心所欲地控制室内各种电器及环境。为此，智能家居系统必须具备以下几个特征。

1）安全性。安全性是智能家居系统首先要解决的问题，没有安全的系统就谈不上智能化和生活舒适。智能家居的安全包括两个层面，一是安全的智能家用电器设备，当传统的家用电器设备被赋予智能化时，就必须保障其安全可控；二是安全的网络和控制系统，需要有足够安全的网络来防止他人的入侵。

2）易用性。智能家居系统是一个综合性的系统。要做到系统的完美，为最终用户提供良好的舒适度，就需要在易用性方面下功夫。这就要求智能家居系统在功能上人性化、个性化。设计时要考虑到不同层次人群的需求，让最终用户真正体会到智慧化的"个性"服务。

3）稳定性。系统的稳定性是家庭生活更舒适的前提保障。如果安装了智能家居，经常出现各种不稳定的因素，就不是带来了方便，而是带来了麻烦。

4）扩展性。智能家居系统必须具有良好的兼容性和扩展性，能够保证各种设施的"即插即用"以及网络组建的便捷性。

5.3.2　智能家居系统体系结构

家居系统主要由智能灯光控制、智能家用电器控制、智能安防报警、智能娱乐系统、可视对讲系统、远程监控系统及远程医疗监护系统等组成。智能家居系统结构框图如图 5-7 所示。

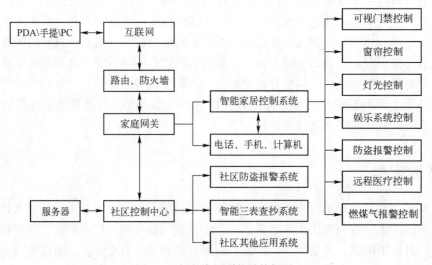

图 5-7　智能家居系统结构框图

5.3.3　智能家居系统主要模块设计

（1）照明及设备控制

智能家居控制系统的总体目标是通过采用计算机、网络、自动控制和集成技术建立一个由家庭到小区乃至整个城市的综合信息服务和管理系统。系统中照明及设备控制可以通过智能总线开关来控制。本系统主要采用交互式通信控制方式，分为主、从机两大模块，在主机模块被触发后，通过 CPU 将信号发送，进行编码后通过总线传输到从模块，进行解码后通过 CPU 触发响应模块。因为主机模块与从机模块完全相同，所以从机模块也可以进行相反操作来控制主机模块实现交互式通信。灯光及家居设备系统控制框图如图 5-8 所示。系统模块程序流程图如图 5-9 所示。其中主机模块相当于网络的服务器，主要负责整个系统的协调工作。

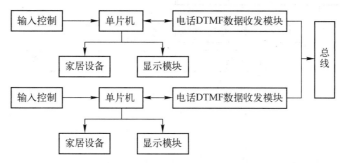

图 5-8　灯光及家居设备系统控制框图

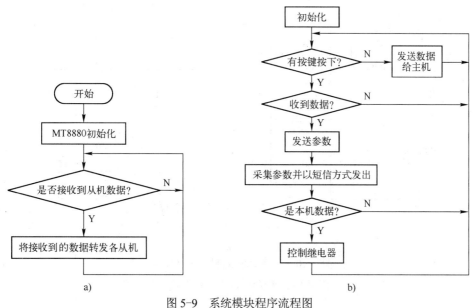

图 5-9　系统模块程序流程图

a) 主机模块程序流程图　b) 从机模块程序流程图

对于灯光控制，可以形成不同的灯光情景模式，以营造舒适优雅的环境气氛。为了提高系统的可维护性及可靠性，设计时应使系统具有智能状态回馈功能、故障自动报警功能、软启动功能。系统能自动检查负载状态，检查坏灯、少灯、保护装置状态等；也可以根据季节、天气、时间及人员活动探测等作出智能处理，达到节能目的。

对其他家用电器设备及窗帘控制，与照明控制类似，均可采用手动和自动控制两种方式。

（2）智能安防及远程监控系统设计

智能安防系统主要由各种报警传感器（如人体红外、烟感、可燃气体等）及其检测、处理模块组成。入侵检测报警电路与其他火灾、燃煤气泄漏报警电路类似。入侵检测报警框图及电路图如图 5-10 所示。

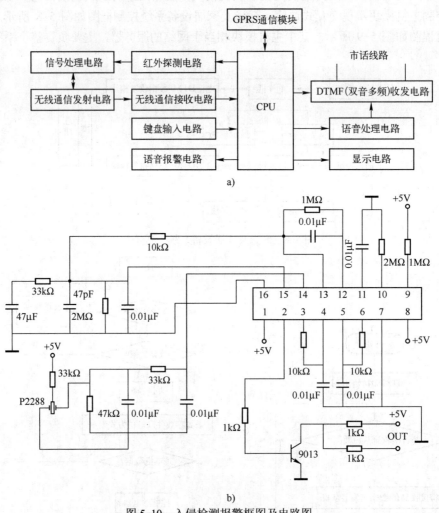

图 5-10 入侵检测报警框图及电路图

a) 入侵检测防盗系统框图　b) 人体红外线检测报警电路

在图 5-10 中的 DTMF（双音多频）收发电路接口电路图如图 5-11a 所示。其核心芯片为 MT8880，可接收和发送 DTMF 全部 16 个信号，具有接收呼叫音和带通滤波功能，能与微处理器直接对接。其自动摘挂机功能是，通过单片机 I/O 口控制一个继电器的开关，由继电器的控制端连接一个电阻接入电话线两端，从而实现模拟摘挂机的。

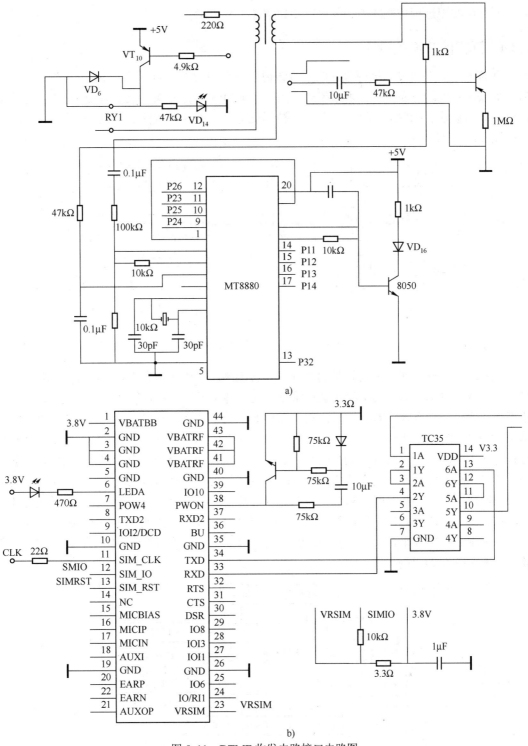

图 5-11 DTMF 收发电路接口电路图

a) DTMF 收发电路接口电路图　b) GPRS 通信模块 TC35 接口电路图

GPRS 通信模块——TC35 模块主要通过串口与单片机连接，实现单片机对 TC35 模块的控制，从而实现远程控制功能。其电路图如图 5-11b 所示。

5.3.4 远程医疗系统设计

在智能家居系统中，远程医疗应用应该说还没有引起人们的广泛关注，但实际上它是今后智能家居发展的方向之一。本系统提出的基于 GPRS 的远程医疗监控系统由中央控制器、GPRS 通信模块、GPRS 网络、互联网、数据服务器及医院局域网等组成。远程医疗监护系统框图如图 5-12 所示。

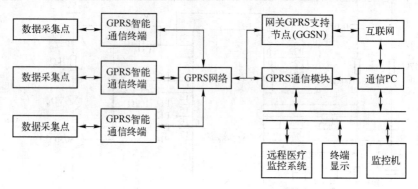

图 5-12　远程医疗监护系统框图

当系统工作时，患者随身携带的远程医疗智能终端首先对患者心电、血压、体温进行监测，当发现可疑病情时，通信模块就对采集到的人体现场参数进行加密、压缩处理，再以数据流形式通过串行方式（RS-232）连接到 GPRS 通信模块上，与中国移动基站进行通信后，基站 SGSN（服务 GPRS 支持节点）再与网关支持节点 GGSN 进行通信，GGSN 对分组资料进行相应的处理，把资料发送到互联网上，去寻找在互联网上的一个指定 IP 地址的监护中心，并接入后台数据库系统。这样，信息就开始在移动患者单元和远程移动监护医院工作站之间不断进行交流，所有的诊断数据和患者报告都会被传送到远程移动监护信息系统存档，以供将来研究、评估、资源规划所用。GPRS 远程医疗智能终端的硬件框图如图 5-13 所示。系统监护中心由监控平台、信息管理系统、电子地图库及电子病历库等组成。监护中心系统软件框图如图 5-14 所示。

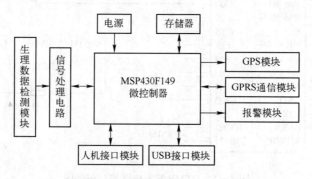

图 5-13　GPRS 远程医疗智能终端的硬件框图

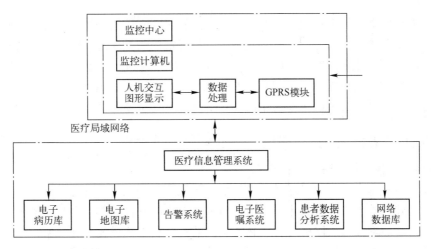

图 5-14　监护中心系统软件框图

5.4　智能物流

随着物流业的迅速发展，物流信息化成为现代物流业的灵魂。面对物流快速响应、协同配合、个性化需要的要求，基于物联网技术，以高度信息化、智能化为特征的智能物流应运而生。

5.4.1　智能物流概述

物流业是物联网很早就实实在在落地的行业之一，很多先进的现代物流系统已经具备了信息化、数字化 网络化、集成化、智能化、柔性化、敏捷化、可视化及自动化等先进技术特征。很多物流系统和网络也采用了最新的红外、激光、无线、编码、认址、自动识别、定位、无接触供电、光纤、数据库、传感器、RFID 及卫星定位等高新技术，这种集光、机、电、信息等技术于一体的新技术在物流系统的集成应用就是物联网技术在物流业应用的体现。在物流领域相对成熟的物联网应用已经进入人们的视野。在产品的智能可追溯网络系统方面（如食品的可追溯系统、药品的可追溯系统等），为保障食品、药品等的质量与安全提供了坚实的物流保障。

在物流过程的可视化智能管理网络系统方面，采用基于 GPS 卫星导航定位技术、RFID 技术、传感技术等多种技术，在物流过程中实时实现车辆定位、运输物品监控、在线调度与配送可视化与管理。目前，还没有全网络化与智能化的可视管理网络，但初级的应用比较普遍，如有的物流公司或企业建立了 GPS 智能物流管理系统；有的公司建立了食品冷链的车辆定位与食品温度实时监控系统等，初步实现了物流作业的透明化和可视化管理。

物联网正在助推智能化的企业物流配送中心的形成。这是基于传感、RFID、声、光、机、电及移动计算机等各项先进技术，建立全自动化的物流配送中心，建立物流作业的智能控制、自动化操作的网络，从而实现物流与生产联动，实现商流、物流、信息流及资金流的全面协同。

企业的智慧供应链建设离不开物联网。在竞争日益激烈的今天，面对着大量的个性化需求与订单，怎样才能使供应链更加智慧？怎样才能做出准确的用户需求预测？这些都是企业经常遇到的现实问题。这就需要智慧物流和智慧供应链的后勤保障网络系统支持。打造智慧供应链，这也是 IBM 提出的智慧地球解决方案的重要组成部分。

此外，基于智能配货的物流网络化公共信息平台建设以及物流作业中手持终端产品的网络化应用等，也是目前很多地区推动的物联网在物流领域的应用模式。

5.4.2　智能物流系统案例——物流园区供应链管理平台

1. 物流园区供应链管理平台需求

随着物联网技术和云计算技术的快速发展，物流园区已逐步成为物流企业大量聚集的空间区域。如何建立基于物联网技术的园区供应链管理集成平台，实现对物流资源及业务数据的有效采集，进而增强物流园区对社会物流资源的整合利用和优化配置效率，已成为国内外学者关注的热点。但是与现有供应链管理平台相比，物流园区供应链管理平台的构建有以下需求。

1）移动工作任务。园区聚集的各类物流企业，其业务活动常常表现为较大空间范围内的频繁移动服务过程，对园区供应链业务数据采集的时效性和准确性要求更高。

2）高度专业分工。物流园区具有典型的产业集群特征，相关企业的专业分工程度较高，因此，对于企业之间协同信息传递的可靠性和及时性要求更高。

3）海量数据服务需求。聚集在物流园区的物流企业数量较多，对 SaaS（软件即服务）和 PaaS（平台即服务）服务模式的接受程度也较高，因此，园区供应链管理平台的信息种类和数量都会成倍增加，要求其具备高效的海量数据处理能力。

4）智能信息服务需求。随着园区数据海量特征的日趋突出，如何对海量物流数据进行智能挖掘与处理，支持企业在合适的地点和时间，及时准确地获得合适的信息或知识服务，是当前物流园区供应链管理平台面临的重大挑战。

物联网技术的快速发展为上述需求提供了新的思路。现有物联网的研究主要集中在物联网领域的共性基础关键技术研究上，如物联网编码技术、射频识别、传感器、无线网络传输、高性能计算及智能控制等，但如何对海量物品信息进行后期的高效利用，对各类服务进行整合，并且提供给企业或个人更为人性化的服务，尚没有得到人们足够的重视。同时，已有的应用性研究也多见于智能交通、电力抄表和智能家居等，有关物流供应链管理领域的应用研究并不多见。

2. 物流园区供应链管理平台概念模型

基于物联网技术的物流园区供应链管理平台是指通过传感器等终端数据采集设备、无线传感网络等各类物联网技术应用，实现对车辆、货物、集装箱及仓储等物流资源状态的全程监控，建立统一的园区多元数据集成中间件。在此基础上，采用 SOA（面向服务的体系结构）平台架构建立园区供应链集成管理平台，支持平台以 SaaS 软件方式为园区内外各类物流服务主体提供应用软件系统服务，以 PaaS 平台服务方式为园区内外用户提供各类 Web 服务，进而建立园区供应链"云计算"公共服务中心，通过园区供应链的数据挖掘，实现园区物流资源的优化配置。该平台的概念模型包括物流资源层、数据采集层、网络通信层、供应链数据层、供应链应用层、供应链服务层及供应链决策层等 7 大层次。

1）物流资源层刻画了园区供应链管理面向物流资源对象的视图描述。

2）数据采集层应用物联网关键技术，实现了对各类物流资源实时状态的监控和跟踪。根据数据采集时间周期，数据采集层可分为 3 种，即基于 RFID 等终端数据设备的实时数据采集；基于专用企业接口系统的定期数据采集；基于特定情况发生的应急数据采集，如发生特大自然灾害时有关道路通行信息的采集。

3）网络通信层是在集成物流园区有线/无线网络和传感器网络的基础上，建立具有自适应、自组织特征的物联网网络通信系统，重点实现基于混合汇聚点的无线传感器网络构建。

4）供应链数据层提供了数据定义、数据集成、数据交换和数据分发等 4 类数据管理组件，建立了统一描述的多元物流数据视图模型以及支持园区物流资源及其业务数据自主统一访问的专用集成数据中间件。

5）供应链应用层以 SaaS 应用模式为用户提供了包括货物运输管理系统、仓储管理系统、司机手机服务系统、货代管理系统、LCD/LED 信息发布系统等在内的多类软件系统租赁服务。

6）供应链服务层定义了资源定位服务、信息推送服务、资源调度服务等供应链通用服务单元，支持以 PaaS 平台服务方式为用户提供上述 Web 服务。

7）供应链决策层重点建立并依托园区"云计算"公共服务中心，根据用户要求和园区资源优化的配置目标，调度相关计算资源，开展分布海量数据挖掘；通过数据分析和挖掘结果，支持园区供应链的业务协同和管理优化。

3．支持物流供应链管理的物联网构建技术

根据物流园区的工作移动性和业务复杂性等特点，需要在集成有线/无线网络和传感器网络的基础上，建立适应多类型障碍、满足园区联通与覆盖目标，并支持 RFID、EPC（产品电子代码）和移动数据终端等多种数据采集和交换方式的物联网。园区物流供应链上各环节之间主要是通过 VPN（虚拟专用网络）等有线网络进行商务数据的采集和交换，如仓储企业和运输企业之间的配送订单数据；物流企业与运输车辆、驾驶员等通过移动宽带等无线网络进行物流资源或物品状态数据的采集和交换，如车辆当前位置和可用状态数据；而对货物及运载货物的集装箱、托盘等储运工具在园区内部的实时状态监控，主要是采用园区传感器网络进行采集和交换，并通过与有线网络/无线网络的集成，以合适的方式推送给园区内外相关业务主体。

（1）融合物联网数据的多源数据集成中间件技术

由于在物流园区供应链中多种数据接入和交互方式的存在，使得不同物流资源的数据格式存在较大差异，必须建立支持不同应用程序独立于异构数据源访问的统一数据集成中间件。它包括资源属性数据模型、物流业务数据模型、空间地理数据模型、过程数据模型、元数据模型和知识数据模型等 6 类数据管理模型。

其中，资源属性数据模型、物流业务数据模型和空间地理数据模型属于静态源数据。通过中间件中的数据格式定义模块、源数据解释模块、数据迁移管理模块和数据质量控制模块，可以为园区供应链管理平台提供上述不同类型数据的标准接入功能，并将分散存放的上述数据抽象为结构化的分布式数据库。过程数据模型反映的是，通过园区物联网实时采集的物品动态过程的数据特征。通过数据中间件中的数据存取管理模块和数据质量控制模块，可以实现上述海量过程数据流的高效存储和访问；通过数据中间件中的分布异构数据源整合模块，则可以将对来自不同传感器节点的数据进行汇总、清洗和整理，得到完整记录物品运动状态的过程数据流概要模型。元数据组织模型是通过数据映射模块、XML（可扩展标记语言）表达模块、数据转换模块和语义冲突解决模块建立的园区供应链数据集成视图模型。它根据实体关系，采取合适的数据结构对资源属性数据、物流业务数据、空间地理数据和过程数据之间的网络关系添加语义注解，并根据数据标准进行数据转换和规范表达，可以支持不同应用系统的独立自主访问。知识数据模型反映的是支持园区供应链管理优化的各类知识信息，如车辆调度优化信息、配送路线优化信息等。这些信息是通过元数据抽取模块、数据访问模块、数据集成模块和数据挖掘模块，对原始数据进行处理后而得到的知识信息，在合适的时间和地点被主动推送给不同的主体，用以实现园区供应链上各环节之间的协同运行。

（2）基于任务情境的信息智能推送服务技术

物联网技术的应用不仅要为园区供应链平台提供强大的数据采集和通信服务，更为关键的是要为园区供应链上不同主体之间的数据交换，尤其是如何根据不同主体面临任务环境的差异，进行业务信息或知识的智能推送，提供强大的技术支撑。任务情境是指园区供应链管理任务面临内外环境因素的特征。通过建立基于任务情境的信息智能推送服务系统，可以根据任务情境感知处理信息，提供适时适地的数据交换和分发服务，强调增强系统对复杂环境下任务需求的敏感性和适应性。

其中，数据交换服务提供了兼容对等交换与主从交换的混合业务数据交换模式及机制，能够支持园区供应链管理平台通过物联网数据中心、云计算公共服务中心、企业数据专用接口等多种途径，进行任务情境数据采集和业务数据交换；数据分发或推送服务则提供了任务情境感知和触发组件，能够实现任务情境特征的结构化描述，并通过预先设定的情境触发规则，支持园区供应链管理平台为成员企业提供主动、及时和针对性的信息分类智能推送服务，如基于服务请求者查询触发的定向信息推送服务、基于任务时间情境触发的信息推送服务、基于任务地点情境触发的信息推送服务和基于任务用户偏好情境触发的信息推送服务。

（3）基于"云计算"公共平台的园区供应链决策优化技术

基于"云计算"模式的园区供应链决策优化系统核心是在园区"云计算"公共服务模式的总体架构下，建立由园区内外应用系统服务器、GIS（地理信息系统）应用服务器、物流企业服务器等软硬件资源构成的计算资源协作群，通过海量分布计算资源的敏捷调度，使每个用户均能享受园区"云计算"平台提供的分布异构海量数据分析和挖掘服务。其中，园区供应链全局控制节点 Agent（全局控制节点名）负责对用户任务进行结构化分解，确定所采用的数据挖掘模型及其相关数据集，然后为不同的子任务执行找到相应的 Web 服务资源节点，实现挖掘任务与相关计算资源的动态绑定，进而汇总各个局部节点传递的数据和知识，并以可视化方式提交给用户。各分节点 Agent 则根据全局控制节点 Agent 分配的子任务集合，提供局部自治的数据挖掘，并将相关子任务执行结果返回给上层节点。

物流园区供应链管理平台架构在物联网和云计算技术上，不仅能够支持对物流资源及相关物品的全程动态跟踪，实现适时适地的信息智能分类推送服务，而且能够支持平台以SaaS、PaaS 和 IaaS（基础架构即服务）等方式为园区供应链上各企业提供各类 IT 资源应用服务。这对于支持物流企业依托园区供应链管理平台，组建面向不同任务的物流服务供应链，并实现园区供应链协同管理，具有重要的意义。应用实践充分表明，该平台的实施有利于提高物流园区软硬件信息资源的共享效率，显著降低园区信息化的投资成本，增强园区社会物流资源的整合能力。

5.4.3 智能物流系统案例——商业卷烟物流配送中心物联网总体架构

卷烟物流配送中心的建设，需要以行业卷烟生产经营决策管理系统为基础，抓住仓储、分拣和配送 3 个主要环节，围绕业务、管理和技术 3 个维度，利用物联网技术对卷烟物流全过程的整合、集成和提升，实现作业过程可溯、作业环境可视、决策管理智能及物流信息透明的目标。商业卷烟物流配送中心物联网总体架构如图 5-15 所示。

图 5-15　商业卷烟物流配送中心物联网总体架构

商业卷烟物流配送中心物联网的总体架构应该包括如下。

（1）感知层

拓展感知对象，提升感知手段。运用 RFID、二维条形码等技术实现对卷烟成品（包括件烟、条烟、卷烟包装等）及资源（包括仓储设备、分拣设备、托盘、周转箱及作业人员等）的位置、数量、任务等信息的跟踪；运用温度、湿度、红外、视频及语音等技术实现对仓储环境、园区安全、车辆安全、现场作业的全面感知；运用 GPS/GIS 等技术实现对工商在途车辆、商业配送车辆的位置和轨迹跟踪；运用数据加工和传递技术实现对绩效、成本、服务、效率及现场管理的精准感知。

（2）网络层

实现现场总线、信息总线、公共互联网及行业内网的全面互联，搭建省级物联网运营中心和物流中心智能单元，对上联至行业物联网管控中心，对下调度各类智能处理单元间的信息链路，利用公共数据交换平台，实现供应链上下游信息共享，实现物与物、人与物及人与人之间的互联。

（3）应用层

充分利用信息处理、云计算等技术手段，依据先进性、开放性、实用性和安全性原则，改造提升物流信息平台，强化信息资源整合与共享，提升过程数据的综合加工和挖掘分析处理能力，及时发现存在的异常情况，形成"生产过程智能化、物品流通数字化及经营管理网络化"的一体化应用平台，支持决策、管理、调度及作业等生产经营各项活动的提升。

1）物流协同门户。搭建上下游协同的物流门户，建立和下游零售户间的双向感知链路。物流中心可以实时掌握零售户的满意度和投诉，并有针对性地调整服务策略，实时将订单处理状态、预计送达时间等信息传递给零售户；建立和上游工业间的物流互动链路，实现物流作业流程对接和信息共享。

2）数字化仓储监控。在仓储管理系统、分拣管理系统基础上，集成视频监控、RFID 跟踪等手段，融入定额管理思想，通过统一的任务模型来调度物流资源，实现对仓储作业过程的全程跟踪和全面监控，提升物流现场管理水平。

3）物流综合管理。实现物流绩效管理功能，通过定义绩效考核的对象、指标、目标和方法，实现与作业管理、目标管理相互融合的量化评价；建立覆盖成本预算、成本核算、成本控制和成本分析的闭环成本管理系统，以定额成本控制为目标，实现物流成本实时归集，实现纵向、横向各方面的费用分析；实现对物流资源的全面管理，建立车辆、托盘、设备及周转箱等基础档案，跟踪资源生命周期内的动态档案，并提供查询、统计和汇总功能。

4）运输优化与调度。搭建线路优化、配送导航、配送调度和配送监控四位一体的在途管理系统，实现配送网络的全面优化和配送车辆的合理调度，降低配送成本，提高配送效率，确保服务承诺的达成。

5）物流辅助决策。打造先进、实用、完整的综合物流指挥调度系统，融合自动化设备、位置感知及视频监控等各类技术，对物流仓储分拣过程、车辆在途过程、服务质量水平、流程管理规范、物流关键绩效、作业现场管理等进行全方位、分层次的监控，综合运用同比、环比、趋势、因果和相关性分析手段，提升数据的深度挖掘和综合应用能力。

6）物流过程跟踪。运用各类传感设备和系统集成手段，对卷烟工商在途、仓储、分拣、商零等各个环节进行全过程管理，以订单为主线，实现对时间、班组、人员、效率、损耗及设备等物流作业相关属性的实时、精准记录，对各类异常情况做出预警，为物流监控、决策和信息发布提供数据依据。

5.5 本章小结

智能电网主要是通过终端传感器在用户之间、用户和电网公司之间形成即时联接的网络互动，实现数据读取的实时、高速、双向的效果，从而整体提高电网的综合效率。智能电网的核心在于，构建具备智能判断与自适应调节能力的多种能源统一入网和分布式管理的智能化网络系统，可对电网与用户用电信息进行实时监控和采集，且采用最经济与最安全的输配电方式将电能输送给终端用户，实现对电能的最优配置与利用，提高电网运行的可靠性和能源利用效率。智能电网的本质是能源替代和兼容利用，它需要在开放的系统和共享信息模式的基础上，整合系统中的数据，优化电网的运行和管理。

智能交通是将汽车、驾驶者、道路以及相关的服务部门相互联接起来，并使道路与汽车的运行功能智能化，从而使公众能够高效地使用公路交通设施和能源。其具体的实现方式是，将系统采集到的各种道路交通及服务信息，经交通管理中心集中处理后，传送给公路交通系统的各个用户，使出行者可以进行实时的交通方式和交通路线的选择；交通管理部门可以自动进行交通疏导、控制和事故处理；运输部门可以随时掌握所属车辆的动态情况，进行合理调度。这样，路网上的交通经常处于最佳状态，能够改善交通拥挤，最大限度地提高路网的通行能力及机动性、安全性和生产效率。

智能家居系统主要由智能灯光控制、智能家用电器控制、智能安防报警、智能娱乐系统、可视对讲系统、远程监控系统及远程医疗监护系统等组成。

智能物流是指通过传感器等终端数据采集设备、无线传感网络等各类物联网技术应用，实现对车辆、货物、集装箱、仓储等物流资源状态的全程监控，建立统一的园区多元数据集成中间件。在此基础上，采用 SOA（面向服务的体系结构）平台架构建立园区供应链集成管理平台，支持平台以 SaaS 软件方式为园区内外各类物流服务主体提供应用软件系统服务，以 PaaS 平台服务方式为园区内外用户提供各类 Web 服务，进而建立园区供应链"云计算"公共服务中心，通过园区供应链的数据挖掘，实现园区物流资源的优化配置。

5.6 习题

1. 什么是智能电网？智能电网的核心是什么？
2. 简述智能电网的基本架构。
3. 简述物联网在智能电网中的应用模型。
4. 什么是智能交通？
5. 简述智能交通实现的方式。
6. 简述智能交通服务领域架构。
7. 简述智能交通中的关键技术。
8. 什么是智能家居？智能家居有什么特征？
9. 智能家居主要有哪些组成部分？
10. 什么是智能物流？
11. 简述物流园区供应链管理平台概念模型。
12. 简述商业卷烟物流配送中心物联网总体架构。

第6章 物联网安全

随着物联网建设的加快，物联网的安全问题已经成为制约物联网全面发展的重要因素。在物联网发展的高级阶段，物联网场景中的实体均具有一定的感知、计算和执行能力，广泛存在的这些感知设备将会对国家基础、社会和个人信息安全构成新的威胁。一方面，由于物联网具有在网络技术种类上兼容和业务范围内无限扩展的特点，所以当公众个人病例情况被联接到看似无边界的物联网时，将可能导致公众个人信息在任何时候、任何地方被非法获取；另一方面，随着国家重要的基础行业和社会关键服务领域（如电力、医疗等）都依赖于物联网和感知业务，国家基础领域的动态信息将可能被窃取。所有的这些问题都使得物联网的安全问题被上升到国家层面的高度，成为影响国家发展和社会稳定的重要因素。

6.1 信息安全

6.1.1 信息安全的基本概念

信息安全是一门交叉学科，涉及计算机科学、网络技术、通信技术、密码技术、信息安全技术、应用数学、数论及信息论等多种学科的综合性学科。信息安全涉及多方面的理论和应用知识。除了数学、通信、计算机等自然科学外，还涉及法律、心理学等社会科学。总体上，可以从理论和工程的两个角度来考虑。一些从事计算机和网络安全的研究人员从理论的观点来研究安全问题，他们感兴趣的是，通过建造被证明是正确的安全模型，用数学方法描述其安全属性。另一部分专家则经常对安全问题的起因感兴趣，这些专家以注重实际的、工程的角度来研究安全问题。

（1）信息安全的定义

信息安全是指为数据处理系统建立和采取的技术和管理手段，用以保护计算机硬件、软件和数据不因偶然和恶意的原因而遭到破坏、更改和泄漏，使系统连续正常运行。国际标准化组织（ISO）对信息安全的定义是，在技术上和管理上为数据处理系统建立的安全保护，保护计算机硬件、软件和数据不因偶然和恶意的原因而遭到破坏、更改和泄露。信息安全包括以下几方面的内容：

1）保密性。防止系统内信息的非法泄漏。

2）完整性。防止系统内软件（程序）与数据被非法删改和破坏。

3）有效性。要求信息和系统资源可以持续有效，而且授权用户可以随时随地以所喜爱的格式存取资源。

（2）信息安全的基本属性

信息安全包含了保密性、完整性、可用性、可控性及不可否认性等基本属性。

1）保密性。保证信息不泄露给未经授权的人。

2）完整性。防止信息被未经授权的人（实体）篡改，保证真实的信息从真实的信源（信号的产生物）无失真地到达真实的信宿（信号的接受物）。

3）可用性。保证信息及信息系统确实为授权使用者所用，防止由于计算机病毒或其他人为因素造成的系统拒绝服务或为敌手所用。

4）可控性。对信息及信息系统实施安全监控管理。

5）不可否认性。保证信息行为人不能否认自己的行为。

6.1.2　信息安全的分类

（1）物理安全

网络面临的安全威胁大体可分为两种：一是对网络数据的威胁；二是对网络设备的威胁。这些威胁可能来源于各种各样的因素：可能是有意的，也可能是无意的；可能是来源于企业外部的，也可能是内部人员造成的；可能是人为的，也可能是自然力造成的。总结起来，大致有下面几种主要威胁：1）非人为或自然力造成的数据丢失、设备失效、线路阻断；2）人为但属于操作人员无意的失误造成的数据丢失；3）来自外部和内部人员的恶意攻击和入侵。

物理安全主要是指通过物理隔离实现网络安全。

所谓"物理隔离"是指内部网不直接或间接地联接公共网。物理安全的目的是保护路由器、工作站、网络服务器等硬件实体和通信链路免受自然灾害、人为破坏和搭线窃听攻击。只有使内部网和公共网物理隔离，才能真正保证党政机关的内部信息网络不受来自互联网的黑客（Hacker）攻击。此外，物理隔离也为政府内部网划定了明确的安全边界，使得网络的可控性增强，便于内部管理。

在实行物理隔离之前，我们对网络的信息安全有许多措施，如在网络中增加防火墙、防病毒系统，对网络进行入侵检测及漏洞扫描等。由于这些技术的极端复杂性与有限性，这些在线分析技术无法满足某些机构（如军事、政府、金融等）提出的高度数据的安全性要求。而且，此类基于软件的保护是一种逻辑机制，对于逻辑实体（指黑客、内部用户等）而言极易被操纵。

（2）网络安全

网络安全主要是网络自身的安全性和网络信息的安全性。保证网络安全的主要典型技术有密码技术、网络防火墙技术、入侵检测技术、安全扫描技术、认证技术、虚拟网技术及访问控制技术等。

1）密码技术。

密码技术是保障信息安全的核心技术。主要包括密码算法、密码协议的设计与分析、密钥管理和密钥托管等技术。密码算法主要包括序列密码、分组密码、公钥密码及散列密码等，用于保证信息的安全。按照加密密钥和解密密钥的对称性，密码算法可分为对称型加密和不对称型加密。

① 对称型加密是指加密密钥和解密密钥相同，或两密钥虽然不相同，但可由其中任意一个很容易推导出另一个，即密钥是双方共享的。在大多数对称算法中，加密和解密密钥是相同的，它要求发送者和接收者在安全通信之前，商定一个密钥。只要通信需要保密，就必须保密密钥。

② 不对称型加密的特点是加密解密双方拥有两个不相同的密钥，一个是公开密钥，为发送者对数据加密时使用，是公开的。另一个是私有密钥，用于解密，是保密的，由接收者妥善保存，只有两者搭配使用，才能完成加密和解密过程。

2）网络防火墙。

网络防火墙技术是一种用来加强网络之间访问控制，防止外部网络用户以非法手段通过外部网络进入内部网络，访问内部网络资源，保护内部网络操作环境的特殊网络互联设备。它对两个或多个网络之间传输的数据包（如链接方式），按照一定的安全策略来实施检查，以决定网络之间的通信是否被允许，并监视网络运行状态。防火墙产品主要有堡垒主机，包括过滤路由器、应用层网关（代理服务器）和电路层网关、屏蔽主机防火墙以及双宿主机等类型。虽然防火墙是保护网络免遭黑客袭击的有效手段，但也有明显不足：无法防范通过防火墙以外的其他途径的攻击，不能防止来自内部变节者和不经心的用户们带来的威胁，也不能完全防止传送已感染病毒的软件或文件，以及无法防范数据驱动型的攻击。

3）入侵检测系统。

入侵检测技术是近年出现的新型网络安全技术，目的是提供实时的入侵检测及采取相应的防护手段，如记录证据用于跟踪和恢复、断开网络联接等。实时入侵检测能力之所以重要，是因为首先它能够对付来自内部网络的攻击，其次它能够缩短 Hacker 入侵的时间。入侵检测系统可分为两类：一类是基于主机，另一类是基于网络。基于主机的入侵检测系统用于保护关键应用的服务器，实时监视可疑的联接、系统日志检查，非法访问的闯入等，并且提供对典型应用的监视（如 Web 服务器应用）。基于网络的入侵检测系统用于实时监控网络关键路径的信息。

4）安全扫描技术。

安全扫描技术与防火墙、安全监控系统互相配合能够提供很高安全性的网络。安全扫描工具源于 Hacker 在入侵网络系统时采用的工具。商品化的安全扫描工具为网络安全漏洞的发现提供了强大的支持。安全扫描工具通常也分为基于服务器的扫描器和基于网络的扫描器。基于服务器的扫描器主要扫描与服务器相关的安全漏洞，如密码文件、目录和文件权限、共享文件系统、敏感服务、软件及系统漏洞等，并给出相应的解决办法建议。通常与相应的服务器操作系统紧密相关。基于网络的安全扫描主要扫描设定网络内的服务器、路由器、网桥、变换机、访问服务器及防火墙等设备的安全漏洞，并可设定模拟攻击，以测试系统的防御能力。

5）认证技术。

认证技术主要解决网络通信过程中通信双方的身份认可。数字签名作为身份认证技术中的一种具体技术，同时，它还可用于通信过程中的不可抵赖要求的实现。认证技术将应用到企业网络中的以下方面：

① 路由器认证，路由器和交换机之间的认证。

② 操作系统认证，操作系统对用户的认证。

③ 网管系统对网管设备之间的认证。

④ VPN 网关设备之间的认证。

⑤ 拨号访问服务器与用户间的认证。

⑥ 应用服务器（如 Web Server）与用户的认证。

⑦ 电子邮件通信双方的认证。

数字签名技术主要用于：

① 基于公钥基础设施（PKI）认证体系的认证过程。

② 基于 PKI 的电子邮件及交易（通过 Web 进行的交易）的不可抵赖记录。

6）虚拟网技术。

虚拟网技术主要基于近年发展的局域网交换技术（ATM 和以太网交换）。交换技术将传统的基于广播的局域网技术发展为面向联接的技术。因此，网管系统有能力限制局域网通信的范围而无需通过开销很大的路由器。由以上运行机制带来的网络安全的好处是显而易见的——信息只到达应该到达的地点。因此，防止了大部分基于网络监听的入侵手段。通过虚拟网设置的访问控制，使在虚拟网外的网络节点不能直接访问虚拟网内的节点。但是，虚拟网技术也带来了新的安全问题，即执行虚拟网交换的设备越来越复杂，从而成为被攻击的对象。基于网络广播原理的入侵监控技术在高速交换网络内需要特殊的设置。基于苹果计算机（MAC）的虚拟局域网（VLAN）不能防止 MAC 欺骗攻击。以太网从本质上基于广播机制，但应用了交换器和 VLAN 技术后，实际上转变为点到点通信，除非设置了监听口，信息交换也不会存在监听和插入（改变）问题。但是，采用基于 MAC 的 VLAN 划分将面临假冒 MAC 地址的攻击。因此，VLAN 的划分最好基于交换机端口。但这要求整个网络桌面使用交换端口或每个交换端口所在的网段机器均属于相同的 VLAN。网络层通信可以跨越路由器，因此攻击可以从远方发起。IP 协议族各厂家实现的不完善，因此，在网络层发现的安全漏洞相对更多，如 IP Sweep、Teardrop、SYN flood、IP Spoofing 攻击等。

7）访问控制。

访问控制技术是按用户身份及其所归属的某预定义组来限制用户对某些信息的访问的。访问控制技术的功能主要有：防止非法的主体访问受保护的网络系统资源；允许合法用户访问受保护的网络资源；防止合法的用户对受保护的网络资源进行非授权的访问。访问控制技术分为自助访问控制技术、强制访问控制技术以及基于角色的访问控制技术等 3 种。

（3）应用系统安全

系统安全主要包括操作系统安全、数据库安全、主机安全审计及漏洞扫描、计算机病毒检测和防范等方面，是信息安全研究的重要发展方向。

1）Internet 域名服务。

Internet 域名服务为 Internet/Intranet 应用提供了极大的灵活性。几乎所有的网络应用均利用域名服务。但是，域名服务通常为 Hacker 提供了入侵网络的有用信息，如服务器的 IP、操作系统信息、推导出可能的网络结构等。同时，针对 BIND NDS 实现的安全漏洞也开始发现，绝大多数的域名系统均存在类似的问题。如由于 DNS（域名系统）查询使用无连接的 UDP（用户数据包）协议，利用可预测的查询 ID 可欺骗域名服务器给出错误的主机名 IP 对应关系。因此，在利用域名服务时，应该注意到以上的安全问题。主要的措施有：

① 内部网和外部网使用不同的域名服务器，隐藏内部网络信息。

② 域名服务器及域名查找应用安装相应的安全补丁。

③ 对付 Denial-of-Service 攻击，应设计备份域名服务器。

2）Web Server。

Web Server 是企业对外宣传、开展业务的重要基地。由于其重要性，所以成为 Hacker

攻击的首选目标之一。Web Server 经常成为 Internet 用户访问公司内部资源的通道之一，如 Web Server 通过中间件访问主机系统，通过数据库联接部件访问数据库，利用 CGI 访问本地文件系统或网络系统中其他资源。但 Web 服务器越来越复杂，其被发现的安全漏洞越来越多。为了防止 Web 服务器成为攻击的牺牲品或成为进入内部网络的跳板，我们需要给予更多的关心：

① 将 Web 服务器置于防火墙保护之下。

② 在 Web 服务器上安装实时安全监控软件。

③ 在通往 Web 服务器的网络路径上安装基于网络的实时入侵监控系统。

④ 经常审查 Web 服务器配置情况及运行日志。

⑤ 在运行新的应用前，先进行安全测试，如新的 CGI（通用网关接口）应用。

⑥ 认证过程采用加密通信或使用 X.509 证书模式。

⑦ 小心设置 Web 服务器的访问控制表。

3）电子邮件系统。

电子邮件系统也是网络与外部必须开放的服务系统。由于电子邮件系统的复杂性，其被发现的安全漏洞非常多，并且危害很大。加强电子邮件系统的安全性，通常有如下办法：

① 设置一台位于停火区的电子邮件服务器作为内外电子邮件通信的中转站（或利用防火墙的电子邮件中转功能）。所有出入的电子邮件均通过该中转站中转。

② 同样为该服务器安装实施监控系统。

③ 邮件服务器作为专门的应用服务器，不运行任何其他业务（切断与内部网的通信）。

④ 升级到最新的安全版本。

4）操作系统。

市场上几乎所有的操作系统均已发现有安全漏洞，并且越流行的操作系统发现的问题越多。对操作系统的安全，除了不断地增加安全补丁外，还需要：

① 检查系统设置（如敏感数据的存放方式、访问控制、口令选择/更新）；

② 建立基于系统的安全监控系统。

6.2 无线传感器网络安全

6.2.1 传感器网络的安全机制

无线传感器网络作为计算、通信和传感器三项技术相结合的产物，是一种全新的信息获取和处理技术。无线传感器网络具有许多鲜明特点，如通信能力有限、电源能量有限、计算能力和存储空间有限、传感器节点配置密集和网络拓扑结构灵活多变等，这些特点对于安全方案的设计提出了一系列挑战。安全是系统可用的前提，需要在保证通信安全的前提下，降低系统开销，研究可行的安全算法。一种比较完善的无线传感器网络解决方案应当具备如下基本特征：机密性、真实性、完整性、新鲜性、扩展性、可用性、自组织性及鲁棒性。目前研究的安全问题分为 3 层，按从上到下的顺序可分为：

1）安全的路由。从维护路由安全的角度出发，寻找尽可能安全的路由以保证网络的安全。

2）密钥管理。考虑两个节点间的通信安全，从怎样产生一个安全的密钥、怎样分配密钥、怎样交换密钥、怎样鉴权角度入手。

3）密钥算法。从算法角度入手。

无线传感器网络中的两种专用安全协议：安全网络加密协议（Sensor Network Encryption Protocol，SNEP）和基于时间的高效的容忍丢包的流认证协议 μTESLA（无线传感网络安全协议中的方案）。SNEP 的功能是提供节点到接收机之间数据的鉴权、加密、刷新，μTESLA 的功能是对广播数据的鉴权。因为无线传感器网络可能是布置在敌对环境中，为了防止供给者向网络注入伪造的信息，需要在无线传感器网络中实现基于源端认证的安全组播。但由于在无线传感器网络中不能使用公钥密码体制，因此源端认证的组播并不容易实现。传感器网络安全协议 SP INK 中提出了基于源端认证的组播机制 uTESLA，该方案是对 TESLA 协议的改进，使之适用于传感器网络环境。其基本思想是采用 Hash（哈希）链的方法在基站生成密钥链，每个节点预先保存密钥链最后一个密钥作为认证信息，整个网络需要保持松散同步，基站按时段依次使用密钥链上的密钥加密消息认证码，并在下一时段公布该密钥。

6.2.2 传感器网络的安全分析

由于传感器网络自身的一些特性，使其在各个协议层都容易遭受到各种形式的攻击。下面着重分析对网络传输底层的攻击形式。

1．物理层的攻击和防御

物理层安全的主要问题就是如何建立有效的数据加密机制，受传感器节点的限制，其有限计算能力和存储空间使基于公钥的密码体制难以应用于无线传感器网络中。为了节省传感器网络的能量开销和提供整体性能，也尽量要采用轻量级的对称加密算法。对称加密算法在无线传感器网络中的负载，在多种嵌入式平台架构上分别测试了 RC4、RC5 和 IDEA 等 5 种常用的对称加密算法的计算开销。测试表明，在无线传感器平台上性能最优的对称加密算法是 RC4，而不是目前传感器网络中所使用的 RC5。由于对称加密算法的局限性，不能方便地进行数字签名和身份认证，给无线传感器网络安全机制的设计带来了极大的困难，因此高效的公钥算法是无线传感器网络安全亟待解决的问题。

2．链路层的攻击和防御

数据链路层或介质访问控制层为邻居节点提供了可靠的通信通道，在 MAC 协议中，节点通过监测邻居节点是否发送数据来确定自身是否能访问通信信道。这种载波监听方式特别容易遭到拒绝服务攻击，也就是 Dos（磁盘操作系统）。在某些 MAC 层协议中使用载波监听的方法来与相邻节点协调使用信道。当发生信道冲突时，节点使用二进制值指数倒退算法来确定重新发送数据的时机，攻击者只需要产生一个字节的冲突就可以破坏整个数据包的发送。因为只要部分数据的冲突，就会导致接收者对数据包的校验和不匹配，导致接收者会发送数据冲突的应答控制信息 ACK（确认字符），使发送节点根据二进制指数倒退算法重新选择发送时机。这样经过反复冲突，使节点不断倒退，从而导致信道阻塞。恶意节点有计划地重复占用信道比长期阻塞信道要花更少的能量，而且相对于节点载波监听的开销，攻击者所消耗的能量非常的小，对于能量有限的节点，这种攻击能很快耗尽节点有限的能量。所以，载波冲突是一种有效的 Dos 攻击方法。

虽然纠错码提供了消息容错的机制，但是纠错码只能处理信道偶然错误，而一个恶意节点可以破坏比纠错码所能恢复的错误更多的信息。纠错码本身也导致了额外的处理和通信开销。目前来看，这种利用载波冲突对 Dos 的攻击还没有有效的防范方法。

解决的方法就是对 MAC 的准入控制进行限速，网络自动忽略过多的请求，从而不必对于每个请求都应答，节省了通信的开销。但是采用时分多路算法的 MAC 协议通常系统开销比较大，不利于传感器节点节省能量。

3．网络层的攻击和防御

通常，在无线传感器网络中，大量的传感器节点密集地分布在一个区域里，消息可能需要经过若干节点才能到达目的地，而且由于传感器网络的动态性，没有固定的基础结构，所以每个节点都需要具有路由的功能。由于每个节点都是潜在的路由节点，因此更易于受到攻击。无线传感器网络的主要攻击种类较多，简单介绍如下。

（1）虚假路由信息

通过欺骗、更改和重发路由信息，攻击者可以创建路由环，吸引或者拒绝网络信息流通量，延长或者缩短路由路径，形成虚假的错误消息，分割网络，增加端到端的时延。

（2）选择性的转发

节点收到数据包后，有选择地转发或者根本不转发收到的数据包，导致数据包不能到达目的地。

（3）污水池攻击

攻击者通过声称自己电源充足、性能可靠而且高效，使泄密节点在路由算法上对周围节点具有特别的吸引力，来吸引周围的节点选择它作为路由路径中的点，并引诱该区域的几乎所有的数据流通过该泄密节点。

（4）Sybil（对网络层的一种攻击方法）攻击

在这种攻击中，单个节点以多个身份出现在网络中的其他节点面前，使之被其他节点选作路由路径中的节点具有更高概率，然后与其他攻击方法结合使用，达到攻击的目的。它降低具有容错功能的路由方案的容错效果，并对地理路由协议产生重大威胁。

（5）蠕虫洞攻击

攻击者通过低延时链路将某个网络分区中的消息发往网络的另一分区重放。常见的形式是两个恶意节点相互串通，合谋进行攻击。

（6）Hello 洪泛攻击

很多路由协议需要传感器节点定时地发送 Hello 包，以声明自己是其他节点的邻居节点。而收到该 Hello 报文的节点，则会假定自身处于发送者正常无线传输范围内。而事实上，该节点离恶意节点距离较远，以普通的发射功率传输的数据包根本到不了目的地。网络层路由协议为整个无线传感器网络提供了关键的路由服务。若受到攻击，则后果非常严重。

6.3　RFID 安全

随着 RFID 能力的提高和标签应用的日益普及，安全（特别是用户隐私）问题变得日益严重。用户如果带有不安全标签的产品，在用户没有感知的情况下，就会被附近的阅读器读取，从而泄露用户个人的敏感信息，例如金钱、药物（与特殊的疾病相关联）、书（可能包含个人的特殊喜好）等，特别是可能暴露用户的位置隐私，使得用户被跟踪。因此，在

RFID 应用时，必须仔细分析所存在的安全威胁，研究和采取适当的安全措施（既需要技术方面的措施，也需要政策、法规方面的制约）。

6.3.1 RFID 的安全和隐私问题

1．RFID 的隐私威胁

RFID 面临的隐私威胁包括标签信息泄漏和利用标签的惟一标识符进行的恶意跟踪。

信息泄露是指暴露标签发送的信息，该信息包括标签用户或者是识别对象的相关信息。例如，当 RFID 标签应用于图书馆管理时，图书馆信息是公开的，任何其他人都可以获得读者的读书信息。当 RFID 标签应用于医院处方药物管理时，很可能暴露药物使用者的病理情况，隐私侵犯者可以通过扫描服用的药物推断出某人的健康状况。当个人信息（如电子档案、生物特征）添加到 RFID 标签里时，标签信息泄露问题便会极大地危害个人隐私，如美国原计划 2005 年 8 月在入境护照上装备电子标签的计划，因考虑到信息泄露的安全问题而被推迟。

RFID 系统后台服务器提供数据库，标签一般不需包含和传输大量的信息。通常情况下，标签只需要传输简单的标识符，然后，通过这个标识符访问数据库而获得目标对象的相关数据和信息。因此，可通过标签固定的标识符实施跟踪，即使标签进行加密后不知道标签的内容，也仍然可以通过固定的加密信息跟踪标签。也就是说，人们可以在不同的时间和不同的地点识别标签，以获取标签的位置信息。这样，攻击者可以通过标签的位置信息获取标签携带者的行踪，比如得出被攻击者的工作地点以及到达和离开工作地点的时间。

虽然利用其他的一些技术（如视频监视、全球移动通信系统、蓝牙等）也可进行跟踪，但是 RFID 标签识别装备相对低廉，特别是在 RFID 进入老百姓日常生活以后，拥有阅读器的人都可以扫描并跟踪他人。而且，被动标签信号不能切断，尺寸很小极易隐藏，使用寿命长，可自动识别和采集数据，从而使恶意跟踪更容易。

2．跟踪问题的层次划分

RFID 系统根据分层模型可划分为 3 层，即应用层、通信层和物理层。恶意跟踪可分别在此 3 个层次内进行。

（1）应用层

应用层处理用户定义的信息（如标识符）。为了保护标识符，可在传输前变换该数据，或仅在满足一定条件时传送该信息。在该层定义标签识别、认证等协议。

通过标签标识符进行跟踪是目前的主要手段。因此，解决方案要求每次识别时改变由标签发送到阅读器的信息，此信息或者是标签标识符，或者是它的加密值。

（2）通信层

定义阅读器和标签之间的通信方式。在通信层定义防碰撞协议和特定标签标识符的选择机制。通信层的跟踪问题来源于两个方面：一个方面是基于未完成的单一化会话攻击，另一个方面是基于缺乏随机性的攻击。

防碰撞协议分为确定性协议和概率性协议两类。确定性防碰撞协议基于标签唯一的静态标识符，对手可以轻易地追踪标签。为了避免跟踪，标识符需要是动态的。然而，如果标识符在单一化过程中被修改，就会破坏标签单一化。因此，标识符在单一化会话期间不能改变。为了阻止被跟踪，每次会话时应使用不同的标识符。但是，恶意的阅读器可让标签的一次会话处于开放状态，使标签标识符不改变，从而进行跟踪。概率性防碰撞协议也存在这样的跟踪问题。另外，概率性防碰撞协议（如 Aloha 协议），不仅要求每次改变标签标识符，而且要求是完美的随机化，以防止恶意阅读器的跟踪。

（3）物理层

物理层定义物理空中接口，包括频率、传输调制、数据编码及定时等。在阅读器和标签之间，交换的物理信号使对手在不理解所交换的信息的情况下也能区别标签或标签集。

无线传输参数遵循已知标准，使用同一标准的标签发送非常类似的信号，使用不同标准的标签发送的信号很容易区分。可以想象，几年后，我们可能携带嵌有标签的许多物品在大街上行走，如果使用几个标准，每个人就可能带有特定标准组合的标签，这类标准组合使对人的跟踪成为可能。该方法特别有利于跟踪某些类型的人，如军人或安全保安人员。

类似地，不同无线指纹的标签组合也会使跟踪成为可能。

3．RFID 的安全威胁

RFID 应用广泛，可能引发各种各样的安全问题。在一些应用中，非法用户可利用合法阅读器或者自构一个阅读器对标签实施非法接入，造成标签信息的泄露。在一些金融和证件等重要应用中，攻击者可篡改标签内容，或复制合法标签，以获取个人利益或进行非法活动。在药物和食品等应用中，伪造标签，进行伪劣商品的生产和销售。实际中，应针对特定的 RFID 应用和安全问题，分别采取相应的安全措施。

下面，根据 EPCglobal 标准组织定义的 EPCglobal 系统架构和一条完整的供应链，分别从纵向和横向来描述 RFID 面临的安全威胁和隐私威胁。

4．EPCglobal 系统的纵向安全和隐私威胁分析

EPCglobal 系统架构及安全和隐私威胁包括标签、阅读器、电子物品编码（EPC）中间件、电子物品编码信息系统（EPCIS）、物品域名服务（ONS）以及企业的其他内部系统。其中 EPC 中间件主要负责从一个或多个阅读器接收原始标签数据，过滤重复等冗余数据；EPCIS 主要保存有一个或多个 EPCIS 级别的事件数据；ONS 主要负责提供一种机制，允许内部、外部应用查找与 EPC 相关的 EPCIS 数据。

从下到上，可将 EPCglobal 整体系统划分为 3 个安全域，即由标签和阅读器组成的无线数据采集区域构成的安全域、企业内部系统构成的安全域、企业之间和企业与公共用户之间供数据交换和查询网络构成的安全区域。个人隐私威胁主要可能出现在第一个安全域，即在标签、空间无线传输和阅读器之间，有可能导致个人信息泄露和被跟踪等。另外，个人隐私威胁还可能出现在第三个安全域，如果 ONS 的管理不善，就也可能导致个人隐私的非法访问或滥用。安全与隐私威胁存在于如下各安全域。

1）由标签和阅读器组成的无线数据采集区域构成的安全域。可能存在的安全威胁包括标签的伪造、对标签的非法接入和篡改、通过空中无线接口的窃听、获取标签的有关信息以及对标签进行跟踪和监控。

2）企业内部系统构成的安全域。企业内部系统构成的安全域存在的安全威胁与现有企业网一样，在加强管理的同时，要防止企业内部人员的非法或越权访问与使用，还要防止非法阅读器接入企业内部网络。

3）在企业之间和企业与公共用户之间供数据交换和查询网络构成的安全区域。ONS 通过一种认证和授权机制以及根据有关的隐私法规，保证采集的数据不被用于其他非正常目的的商业应用和泄露，并保证合法用户对有关信息的查询和监控。

5．供应链的横向安全和隐私威胁分析

一个较完整的供应链及其面对的安全和隐私威胁包括供应链内、商品流通和供应链外等3个区域，具体包括商品生产、运输、分发中心、零售商店、商店货架、付款柜台、外部世界和用户家庭等环节。安全威胁有4个，隐私威胁有7个。

（1）安全威胁

1）工业间谍威胁。从商品生产出来到售出之前的各环节中，竞争对手均可容易地收集供应链数据，其中某些涉及产业的最机密信息。例如，一个代理商可从几个地方购买竞争对手的产品，然后，监控这些产品的位置补充情况。在某些场合，竞争对手可在商店内或在卸货时读取被唯一编号的产品标签，非常隐蔽地收集大量的数据。

2）竞争市场威胁。从商品到达零售商店直到用户在家使用等环节，携带着标签的物品使竞争者可容易地获取用户的喜好，并在竞争市场中使用这些数据。

3）基础设施威胁。基础设施威胁包括从商品生产到付款柜台售出等整个环节，这不是RFID本身特定的威胁，但当RFID成为一个企业基础设施的关键部分时，通过阻塞无线信号，可使企业遭到新的拒绝服务攻击。

4）信任域威胁。信任域威胁包括从商品生产到付款柜台售出等整个环节，这也不是RFID特定的威胁，因需要在各环节之间共享大量的电子数据，故某个不适当的共享机制将提供新的攻击机会。

（2）个人隐私威胁

1）行为威胁。由于标签标识的唯一性，可以很容易地与一个人的身份相联系，所以可以通过监控一组标签的行踪而获取一个人的行为。

2）关联威胁。在用户购买一个携带EPC标签的物品时，可将用户的身份与该物品的电子序列号相关联，这类关联可能是秘密的，甚至是无意的。

3）位置威胁。在特定的位置放置秘密的阅读器，可产生两类隐私威胁。一类是如果监控代理知道那些与个人关联的标签，那么，携带唯一标签的个人可被监控，他们的位置将被暴露；另一类是一个携带标签的物品的位置（无论谁或什么东西携带它）易于未经授权地被暴露。

4）喜好威胁。利用EPC网络，通过物品上的标签可唯一地识别生产者、产品类型、物品的唯一身份。这使竞争（或好奇）者以非常低的成本可获得宝贵的用户喜好信息。如果对手能够容易地确定物品的金钱价值，那么这实际上也是一种价值威胁。

5）星座（Constellation）威胁。无论个人身份是否与一个标签关联，多个标签均可在一个人的周围形成一个唯一的星座，对手可使用该特殊的星座实施跟踪，而不必知道他们的身份，即前面描述的利用多个标准进行的跟踪。

6）事务威胁。当携带标签的对象从一个星座移到另一个星座时，在与这些星座关联的个人之间，可容易地推导出发生的事务。

7）面包屑（Breadcrumb）威胁。属于关联结果的一种威胁。在个人收集携带标签的物品后，在公司信息系统中就会建立一个与个人的身份关联的物品数据库。当他们丢弃这些"电子面包屑"时，在他们和物品之间的关联不会中断。使用这些丢弃的"面包屑"可实施犯罪或某些恶意行为。

标签复制也是 RFID 面临的一种严重的安全威胁。

6.3.2　RFID 安全解决方案

RFID 安全和隐私保护与成本之间是相互制约的。根据自动识别（Auto ID）中心的试验数据，在设计 5 美分标签时，集成电路芯片的成本不应该超过 2 美分，这使集成电路门电路数量限制在了 7.5～15kb。一个 96b 的 EPC 芯片约需要 5～10kb 的门电路，因此用于安全和隐私保护的门电路数量不能超过 2.5～5kb，使得现有密码技术难以应用。优秀的 RFID 安全技术解决方案应该是平衡安全、隐私保护与成本的最佳方案。

现有的 RFID 安全和隐私技术可以分为两大类：一类是通过物理方法阻止标签与阅读器之间通信，另一类是通过逻辑方法增加标签的安全机制。

1. 物理方法

（1）杀死（Kill）标签

原理是使标签丧失功能，从而阻止对标签及其携带物的跟踪，如在超市买单时的处理。但是，Kill 命令使标签失去了它本身应有的优点。如商品在卖出后，标签上的信息将不再可用，不便于日后的售后服务以及用户对产品信息的进一步了解。另外，若 Kill 识别序列号（PIN）一旦被泄露，则可能导致恶意者对超市商品的偷盗行为。

（2）法拉第网罩

根据电磁场理论，由传导材料构成的容器（如法拉第网罩）可以屏蔽无线电波，使得外部的无线电信号不能进入法拉第网罩，反之亦然。把标签放进由传导材料构成的容器中可以阻止标签被扫描，即被动标签接收不到信号，不能获得能量，主动标签发射的信号不能发出。因此，利用法拉第网罩可以阻止隐私侵犯者扫描标签，以获取信息。比如，在货币嵌入 RFID 标签后，可利用法拉第网罩原理阻止隐私侵犯者扫描，避免他人知道你包里有多少钱。

（3）主动干扰

主动干扰无线电信号是另一种屏蔽标签的方法。标签用户可以通过一个设备主动广播无线电信号，用于阻止或破坏附近的 RFID 阅读器的操作。但这种方法可能导致非法干扰，使附近其他合法的 RFID 系统受到干扰，严重的是，它可能阻断附近的其他无线系统。

（4）阻止标签

阻止标签的原理是通过采用一个特殊的阻止标签干扰防碰撞算法来实现的，阅读器读取命令每次总是获得相同的应答数据，从而保护标签。

2. 逻辑方法

（1）哈希（Hash）锁方案

Hash 锁是一种更完善的抵制标签未授权访问的安全与隐私技术。整个方案只需要采用 Hash 函数，因此成本很低。

方案原理是阅读器存储每个标签的访问密钥 K，对应标签存储的元身份（MetaID），其中 MetaID=Hash（K）。标签接收到阅读器访问请求后发送 MetaID 作为响应，阅读器查询获得与标签 MetaID 对应的密钥 K 并发送给标签，标签通过 Hash 函数计算阅读器发送的密钥 K，检查 Hash（K）是否与 MetaID 相同，相同则解锁，并发送标签的真实 ID 给阅读器。

（2）随机 Hash 锁方案

作为 Hash 锁的扩展，随机 Hash 锁解决了标签位置隐私问题。采用随机 Hash 锁方案，阅读器每次访问标签的输出信息都不同。

随机 Hash 锁原理是标签包含 Hash 函数和随机数发生器，后台服务器数据库存储所有标签 ID。阅读器请求访问标签，在标签接收到访问请求后，由 Hash 函数计算标签 ID 与随机数 r（由随机数发生器生成）的 Hash 值。标签发送数据给请求的阅读器，同时阅读器发送给后台服务器数据库，后台服务器数据库穷举搜索所有标签 ID 和 r 的 Hash 值，判断是否为对应标签 ID。标签接收到阅读器发送的 ID 后解锁。

尽管 Hash 函数可以在低成本的情况下完成，但要集成随机数发生器到计算能力有限的低成本被动标签，却是很困难的。其次，随机 Hash 锁仅解决了标签位置的隐私问题，一旦标签的秘密信息被截获，隐私侵犯者就可以获得访问控制权，通过信息回溯从而得到标签历史记录，推断出标签的持有者隐私。后台服务器数据库的解码操作是通过穷举搜索进行的，需要对所有的标签进行穷举搜索和 Hash 函数计算，因此存在拒绝服务攻击。

（3）Hash 链方案

作为 Hash 方法的一个发展，为了解决可跟踪性的问题，标签使用了一个 Hash 函数，在每次阅读器访问后自动更新标识符，实现前向安全性。

方案原理是标签最初在存储器设置一个随机的初始化标识符 s1，同时这个标识符也储存在后台数据库中。标签包含两个 Hash 函数 G 和 H。当阅读器请求访问标签时，标签返回当前标签标识符 rk=G(sk)给阅读器，同时当标签从阅读器电磁场获得能量时自动更新标识符 sk+1=H(sk)。

Hash 链与之前的 Hash 方案相比其主要优点是提供了前向安全性。然而，它并不能阻止重放攻击，并且该方案每次识别时需要进行穷举搜索，比较后台数据库的每个标签，一旦标签规模扩大，后端服务器的计算负担就将急剧增大。因此 Hash 链方案存在着所有标签自更新标识符方案的通用缺点，难以大规模扩展，同时，因为需要穷举搜索，所以存在拒绝服务攻击。

（4）匿名 ID 方案

采用匿名 ID 方案，隐私侵犯者即使在消息传递过程中截获标签信息，也不能获得标签的真实 ID。该方案通过第三方数据加密装置，采用公钥加密、私钥加密或者添加随机数生成匿名标签 ID。虽然标签信息只需要采用随机读取存储器（RAM）存储，成本较低，但数据加密装置与高级加密算法都将导致系统的成本增加。因为在标签 ID 加密以后仍具有固定输出，所以使得标签的跟踪成为可能，存在标签位置的隐私问题。并且，该方案的实施前提是阅读器与后台服务器的通信建立在可信通道上。

（5）重加密方案

该方案采用公钥加密。标签可以在用户请求下通过第三方数据加密装置定期对标签数据进行重写。因采用公钥加密，故大量的计算负载超出了标签的能力，通常这个过程由阅读器来处理。该方案存在的最大缺陷是标签的数据必须经常重写，否则，即使加密标签 ID 固定输出，也将导致标签定位的隐私泄露。与匿名 ID 方案相似，标签数据加密装置与公钥加密将导致系统成本的增加，使得大规模的应用受到限制。并且，经常地重复加密操作也给实际操作带来困难。

3. 法规、政策解决方案

除了技术解决方案以外，还应充分利用和制订完善的法规、政策，加强 RFID 安全和隐私的保护。2002年，Garfinkel先生提出了一个RFID权利法案，提出了RFID系统创建和部署的5大指导原则，即RFID标签产品的用户具有如下权利。

1）用户有权知道产品是否包含RFID标签。

2）用户有权在购买产品时移除、失效或摧毁嵌入的RFID标签。

3）用户有权对RFID做最好的选择，如果消费者决定不选择RFID或启用RFID的Kill功能，那么消费者就不应丧失其他权利。

4）用户有权知道他们的RFID标签内存储着什么信息，若信息不正确，则有方法进行纠正或修改。

5）用户有权知道何时、何地、为什么RFID标签被阅读。

6.4 物联网安全体系

物联网相较于传统网络，其感知节点大都部署在无人监控的环境中，具有能力脆弱、资源受限等特点。由于物联网是在现有的网络基础上扩展了感知网络和应用平台，传统网络安全措施不足以提供可靠的安全保障，从而使得物联网的安全问题具有特殊性，所以在解决物联网安全问题时候，必须根据物联网本身的特点设计相关的安全机制。

6.4.1 物联网的安全层次模型及体系结构

考虑到物联网安全的总体需求就是物理安全、信息采集安全、信息传输安全和信息处理安全的综合，安全的最终目标是确保信息的机密性、完整性、真实性和网络的容错性，因此结合物联网分布式联接和管理（DCM）模式，下面给出相应的安全层次结构（如图6-1所示），并结合每层安全特点对涉及的关键技术进行系统阐述。

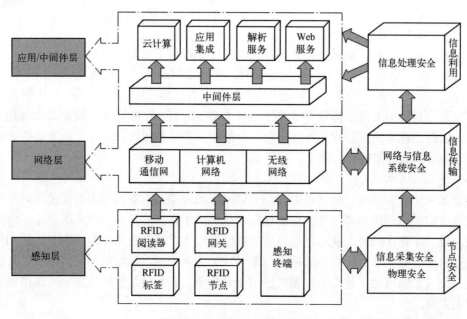

图6-1 物联网安全层次结构

6.4.2 感知层安全

物联网感知层的任务是实现智能感知外界信息功能，包括信息采集、捕获和物体识别。该层的典型设备包括 RFID 装置、各类传感器（如红外、超声、温度、湿度、速度等）、图像捕捉装置（摄像头）、全球定位系统（GPS）、激光扫描仪等。感知层涉及的关键技术包括传感器、RFID、自组织网络、短距离无线通信、低功耗路由等。

（1）传感技术及其联网安全

作为物联网的基础单元，传感器在物联网信息采集层面能否如愿以偿完成它的使命，成为物联网感知任务成败的关键。传感器技术是物联网技术、应用和未来泛在网的支撑。传感器感知了物体的信息，RFID 赋予它电子编码。传感网到物联网的演变是信息技术发展的阶段表征。传感技术利用传感器和多跳自组织网，协作地感知、采集网络覆盖区域中感知对象的信息，并发布给上层。由于传感网络本身具有无线链路比较脆弱、网络拓扑动态变化、节点计算能力、存储能力和能源有限、在无线通信过程中易受到干扰等特点，使得传统的安全机制无法应用到传感网络中。传感网组网技术面临的安全问题如表 6-1 所示。

表 6-1　传感网组网技术面临的安全问题

层　　次	受到的攻击
物理层	物理破坏、信息阻塞
线路层	制造碰撞攻击，反馈伪造攻击、耗尽攻击、线路层阻塞
网络层	路由攻击、虫洞攻击、女巫攻击、陷洞攻击、Hello 洪泛攻击
应用层	去同步，拒绝服务器等

目前传感器网络安全技术主要包括基本安全框架、密钥分配、安全路由和入侵检测和加密技术等。

1）安全框架主要有 SPIN（包含 SNEP 和 uTESLA 两个安全协议），Tiny Sec、参数化跳频、Lisp、LEAP 协议等。

2）加强对传感网机密性的安全控制。在传感网内部，需要有效的密钥管理机制，用于保障传感网内部通信的安全，机密性需要在通信时建立一个临时会话密钥，确保数据安全。例如在物联网构建中选择射频识别系统，应该根据实际需求考虑是否选择有密码和认证功能的系统。传感器网络的密钥分配主要倾向于采用随机预分配模型的密钥分配方案。

3）加强对传感网的安全路由控制。几乎所有传感网内部都需要不同的安全路由技术。安全路由技术常采用的方法包括加入容侵策略。传感网的安全需求所涉及的密码技术包括轻量级密码算法、轻量级密码协议、可设定安全等级的密码技术等。

4）加强入侵监测。一些重要传感网需要对可能被敌手控制的节点行为进行评估，以降低敌手入侵后的危害。敏感场合，节点要设置封锁或自毁程序，发现节点离开特定应用和场所，启动封锁或自毁，使攻击者无法完成对节点的分析。入侵检测技术常常作为信息安全的第二道防线，其主要包括被动监听检测和主动检测两大类。

5）加强节点认证。个别传感网（特别当传感数据共享时）需要节点认证，确保非法节点不能接入。认证性可以通过对称密码或非对称密码方案解决。使用对称密码的认证方案需要预置节点间的共享密钥，在效率上也比较高，消耗网络节点的资源较少，许多传感网都选用此方案；而使用非对称密码技术的传感网一般具有较好的计算和通信能力，并且对安全性要求更高。在认证的基础上完成密钥协商是建立会话密钥的必要步骤。

6）应构建和完善我国信息安全的监管体系。目前监管体系存在着执法主体不集中，多重多头管理，对重要程度不同的信息网络的管理要求没有差异、没有标准，缺乏针对性等问题，对应该重点保护的单位和信息系统无从入手实施管控。由于传感网的安全一般不涉及其他网路的安全，因此是相对较独立的问题，有些已有的安全解决方案在物联网环境中也同样适用。但由于物联网环境中传感网遭受外部攻击的机会增大，因此用于独立传感网的传统安全解决方案需要提升安全等级后才能使用，也就是说在安全的要求上更高。

（2）RFID 相关安全问题

对 RFID 系统的攻击主要集中于标签信息的截获和对这些信息的破解。在获得了标签中的信息之后，攻击者可以通过伪造等方式对 RFID 系统进行非授权使用。特别是对于没有可靠安全机制的电子标签，将会被邻近的读写器泄漏敏感信息，存在被干扰、窃听、中间人攻击、欺骗、重放、克隆、物理破解、篡改信息、拒绝服务攻击及 RFID 病毒等安全隐患。通常采用 RFID 技术的网络涉及的主要安全问题有：

1）标签本身的访问缺陷。任何用户（授权以及未授权的）都可以通过合法的阅读器读取 RFID 标签。而且标签的可重写性使得标签中数据的安全性、有效性和完整性都得不到保证。

2）通信链路的安全。

3）移动 RFID 的安全。

主要存在假冒和非授权服务访问问题。目前，实现 RFID 安全性机制所采用的方法主要有物理方法、密码机制以及二者结合的方法。

6.4.3　网络层安全

物联网网络层主要实现信息的转发和传送，它将感知层获取的信息传送到远端，为数据在远端进行智能处理和分析决策提供强有力的支持。考虑到物联网本身具有专业性的特征，其基础网络可以是互联网，也可以是具体的某个行业网络。物联网的网络层按功能可以大致分为接入层和核心层，因此物联网的网络层安全主要体现在两个方面。

（1）来自物联网本身的架构、接入方式和各种设备的安全问题

物联网的接入层将采用如移动互联网、有线网、Wi Fi 及 WiMAX 等各种无线接入技术。接入层的异构性使得如何为终端提供移动性管理、以保证异构网络间节点漫游和服务的无缝移动成为研究的重点，其中安全问题的解决将得益于切换技术和位置管理技术的进一步研究。另外，物联网接入方式将主要依靠移动通信网络。在移动网络中移动站与固定网络端之间的所有通信都是通过无线接口来传输的。然而无线接口是开放的，任何使用无线设备的个体均可以通过窃听无线信道而获得其中传输的信息，甚至可以修改、插入、删除或重传无线接口中传输的消息，达到假冒移动用户身份欺骗网络端的目的。因此，移动通信网络存在无线窃听、身份假冒和数据篡改等不安全的因素。

（2）进行数据传输网络的相关安全问题

物联网的网络核心层主要依赖于传统网络技术，其面临的最大问题是现有的网络地址空间短缺。主要的解决方法寄希望于正在推进的互联网协议第 6 版（IPv6）技术。IPv6 采纳

IPsec 协议，在 IP 层上对数据包进行了高强度的安全处理，提供数据源地址验证、无联接数据完整性、数据机密性、抗重播和有限业务流加密等安全服务。但任何技术都不是完美的，实际上，互联网协议第 4 版（IPv4）网络环境中的大部分安全风险在 IPv6 网络环境中仍将存在，而且某些安全风险随着 IPv6 新特性的引入将会变得更加严重：首先，分布式拒绝服务攻击（DDoS）等异常流量攻击仍然猖獗，甚至更为严重，主要包括 TCP-flood、UDP-flood 等现有 DDoS 攻击，以及 IPv6 协议本身机制缺陷所引起的攻击。其次，针对域名服务器（DNS）的攻击仍将继续存在，而且在 IPv6 网络中提供域名服务的 DNS 更容易成为黑客攻击的目标。第三，IPv6 协议作为网络层的协议，仅对网络层安全有影响，其他（包括物理层、数据链路层、传输层、应用层等）各层的安全风险在 IPv6 网络中仍将保持不变。此外，采用 IPv6 替换 IPv4 协议需要一段时间，向 IPv6 过渡只能采用逐步演进的办法，为解决两者间互通所采取的各种措施将带来新的安全风险。

6.4.4　应用层安全

物联网应用是信息技术与行业专业技术紧密结合的产物。物联网应用层充分体现物联网智能处理的特点，其涉及业务管理、中间件、数据挖掘等技术。考虑到物联网涉及多领域和多行业，因此广域范围的海量数据信息处理和业务控制策略将在安全性和可靠性方面面临巨大挑战，特别是业务控制、管理和认证机制、中间件以及隐私保护等安全问题上显得尤为突出。

1）业务控制和管理。

① 远程配置、更新终端节点上的软件应用问题。由于物联网中的终端节点数量巨大，部署位置广泛，人工更新终端节点上的软件应用则变得更加困难，远程配置、更新终端节点上的应用则更加重要，因此需要提高对远程配置、更新时的安全保护能力。此外，病毒、蠕虫等恶意攻击软件可以通过远程通信方式置入终端节点，从而导致终端节点被破坏，甚至进而对通信网络造成破坏。

② 配置管理终端节点特征时安全问题。攻击者可以伪装成合法用户，向网络控制管理设备发出虚假的更新请求，使得网络为终端配置错误的参数和应用，从而导致终端不可用，破坏物联网的正常使用。

③ 安全管理问题。在传统网络中，由于需要管理的设备较少，对于各种业务的日志审计等安全信息由各业务平台负责。而在物联网环境中，由于物联网终端无人值守，并且规模庞大，因此如何对这些终端的日志等安全信息进行管理成为新的问题。

2）隐私保护。在物联网发展过程中，大量的数据涉及个体隐私问题（如个人出行路线、消费习惯、个体位置信息、健康状况、企业产品信息等），因此隐私保护是必须考虑的一个问题。

① 隐私威胁。大量使用无线通信、电子标签和无人值守设备，使得物联网应用层隐私信息威胁问题非常突出。隐私信息可能被攻击者获取，给用户带来安全隐患，物联网的隐私威胁主要包括隐私泄漏和恶意跟踪。

② 身份冒充。物联网中存在无人值守设备，这些设备可能被劫持，然后用于伪装成客户端或者应用服务器发送数据信息、执行操作。例如针对智能家居的自动门禁远程控制系统，通过伪装成基于网络的后端服务器，可以解除告警、打开门禁进入房间。

③ 抵赖和否认。通信的所有参与者可能否认或抵赖曾经完成的操作和承诺。

当前隐私保护方法主要有两个发展方向：一是对等计算（P2P），通过直接交换共享计算机资源和服务；二是语义 Web，通过规范定义和组织信息内容，使之具有语义信息，能被计算机理解，从而实现与人的相互沟通。

3）应用层信息窃听/篡改。由于物联网通信需要通过异构、多域网络，这些网络情况多样，安全机制相互独立，因此应用层数据很可能被窃听、注入和篡改。此外，由于 RFID 网络的特征，在读写通道的中间，信息也很容易被中途截取。

4）业务滥用。物联网中可能存在业务滥用攻击，例如非法用户使用未授权的业务或者合法用户使用未定制的业务等。

5）重放威胁。攻击者发送一个目的节点已接收过的消息，来达到欺骗系统的目的。

6）信令拥塞。目前的认证方式是应用终端与应用服务器之间的一对一认证。而在物联网中，终端设备数量巨大，当短期内这些数量巨大的终端使用业务时，会与应用服务器之间产生大规模的认证请求消息。这些消息将会导致应用服务器过载，使得网络中信令通道拥塞，引起拒绝服务攻击。

6.4.5 物联网安全的非技术因素

目前物联网的发展在中国表现为行业性太强，公众性和公用性不足，重数据收集，轻数据挖掘与智能处理，产业链长，但每一环节规模效益不够，商业模式不清晰。物联网是一种全新的应用，要想得以快速发展，一定要建立一个社会各方共同参与和协作的组织模式，集中优势资源，这样物联网应用才会朝着规模化、智能化和协同化的方向发展。物联网的普及，需要各方的协调配合及各种力量的整合，这就需要国家的政策以及相关立法走在前面，以便引导物联网朝着健康、稳定、快速的方向发展。人们的安全意识教育也将是影响物联网安全的一个重要因素。

6.5 本章小结

信息安全是在技术和管理上为数据处理系统建立的安全保护，保护计算机硬件、软件和数据不因偶然和恶意的原因而遭到破坏、更改和泄露。信息安全包括以下几方面的内容，即保密性、完整性及有效性。信息安全包含了保密性、完整性、可用性、可控性及不可否认性等基本属性。

无线传感器网络（WSN）作为虚拟网络与现实世界联接的桥梁，在未来具有广阔的应用前景，其安全问题现已引起了国内外众多学者的注意。传感器网络安全是一个好的传感网络设计中的关键问题，没有足够的保护机密性、私有性、完整性以及防御 DOS 和其他攻击的措施，传感网络就不能得到广泛的应用，它只能在有限的、受控的环境中得到实施，这会严重影响传感器网络的应用前景。另外，在考虑传感器网络安全问题和选择对应安全机制的时候，必须在协议和软件的设计阶段就根据网络特点、应用场合等综合进行设计，试图在事后增加系统的安全功能通常被证明是不成功或功能较弱的。

RFID 技术安全问题是物联网技术发展需要解决的问题之一。RFID 面临的隐私威胁包括标签信息泄漏和利用标签的惟一标识符进行的恶意跟踪。RFID 系统根据分层模型可划分为应用层、通信层和物理层 3 层，恶意跟踪可分别在此 3 个层次内进行。现有的 RFID 安全和隐私技术可以分为两大类：一类是通过物理方法阻止标签与阅读器之间通信，另一类是通过逻辑方法增加标签的安全机制。

6.6　习题

1. 信息安全的内容是什么？
2. 信息安全的基本属性是什么？
3. 信息安全分为哪几类？
4. 传感网的安全威胁有哪些？有哪些防御措施？
5. RFID 技术存在哪些安全问题？

参 考 文 献

[1] 马建. 物联网技术概论[M]. 北京：机械工业出版社，2011.

[2] 刘海涛，马建，熊永平，等. 物联网技术应用[M]. 北京：机械工业出版社，2011.

[3] 张春红，裘晓峰，夏海轮，马涛，等. 物联网技术与应用[M]. 北京：人民邮电出版社，2011.

[4] 黄雅琦. RFID 关键技术的研究[D]. 北京：北京交通大学，2010.

[5] 中国四大物联网技术建物流园供应链管理平台[OL]. http://house.ifeng.com/loushi/guiyang/detail_2011_06/17/7081664_0.shtml.

[6] 陈俊. 卷烟物流配送中心物联网建设探索与实现[OL]. http://www.etmoc.com/look/looklist.asp?id=25522.

[7] 饶威，丁坚勇，李锐物. 联网技术在智能电网中的应用[OL]. http://www.rfidchina.org/news/readinfos-57651-317.html.

[8] 钱彬，莫日宏. 物联网技术在智能电网的应用[OL]. http://www.eccn.com/design_2010101809345419.htm.

[9] 基于物联网技术的智能家居控制系统实现方案[OL]. http://www.dzsc.com/data/html/2011-6-3/89701.html.

[10] 刘宴兵，胡文平，杜江. 基于物联网的网络信息安全体系[J]. 中兴通信技术. 2011（1）.

[11] 刘云浩. 物联网导论[M]. 北京：科学出版社，2010.

外科疾病
临床护理路径

主　编 尹安春　史铁英

副主编 孙　莉　戴　红　郭慧芳

编　者（按姓氏笔画排序）

王春敏　尹安春　史铁英　刘　卫　刘　瑶
刘薇薇　孙　莉　李　伟　李　巍　谷春梅
沈　莹　宋春利　张　宁　张　丽　张　娜
张秀杰　张轶姝　陆　靖　周　丹　贾立红
郭慧芳　隋　杰　蔡　玮　戴　红

人民卫生出版社

图书在版编目（CIP）数据

外科疾病临床护理路径 / 尹安春，史铁英主编 . —北京：
人民卫生出版社，2013

ISBN 978-7-117-18795-4

Ⅰ. ①外… Ⅱ. ①尹…②史… Ⅲ. ①外科－疾病－护理
Ⅳ. ①R473.6

中国版本图书馆 CIP 数据核字（2014）第 053219 号

人卫社官网	www.pmph.com	出版物查询，在线购书
人卫医学网	www.ipmph.com	医学考试辅导，医学数
		据库服务，医学教育资
		源，大众健康资讯

外科疾病临床护理路径

主　　编: 尹安春　史铁英
出版发行: 人民卫生出版社（中继线 010-59780011）
地　　址: 北京市朝阳区潘家园南里 19 号
邮　　编: 100021
E - mail: pmph @ pmph.com
购书热线: 010-59787592　010-59787584　010-65264830
印　　刷: 北京铭成印刷有限公司
经　　销: 新华书店
开　　本: 787 × 1092　1/16　　印张: 15　　插页: 2
字　　数: 365 千字
版　　次: 2014 年 5 月第 1 版　2014 年 5 月第 1 版第 1 次印刷
标准书号: ISBN 978-7-117-18795-4/R · 18796
定　　价: 38.00 元

打击盗版举报电话: **010-59787491**　**E-mail: WQ @ pmph.com**
（凡属印装质量问题请与本社市场营销中心联系退换）

主编简介

  尹安春,教授,主任护师、硕士研究生导师。现任大连医科大学护理学院副院长,大连医科大学附属第一医院护理教研室主任、护理部主任。从事临床护理、护理管理工作30年,在临床护理、护理管理、护理教学及科研方面颇有造诣。带领护理团队获批原卫生部首批"临床护理"重点专科、辽宁省"急症护理培训中心"。撰写了核心期刊护理论文四十余篇,主编、参编全国规划教材及专著十余部,主持、参与国家、省、市科研项目十余项,多次获得了省、市级"科技进步奖",主持的"自体外周血干细胞移植治疗脊髓损伤的整体方案与方法"2013年获辽宁省科学技术进步一等奖。多次被评为省、市级"优秀护理管理者"、"优秀共产党员",2010年被卫生部授予"优质护理服务"考核先进个人。

  兼任中华护理学会理事、辽宁省护理学会常务理事、大连市护理学会副理事长,中华护理学会、辽宁省护理学会多个专科委员会的副主任委员,中华护理学会、辽宁省护理学会专家库成员,辽宁省卫生系列高级专业技术资格评审委员会专家。

主编简介

史铁英,硕士、主任护师、硕士研究生导师。现任大连医科大学附属第一医院护理教研室副主任、护理部副主任。从事护理工作二十余年,主要专业方向为临床护理学和护理心理学,始终围绕着个体创伤后心理变化及护理干预方式进行探索与研究。发表论文二十余篇,主持、参与10项省、市级课题研究,主编、副主编、参编国家级规划教材及著作11部。

兼任辽宁省护理学会护理管理专业委员会委员、辽宁省护理学会专家库成员、辽宁省卫生系列高级专业技术资格评审委员会委员,大连市护理学会副秘书长。